凝煉知識品味閱讀

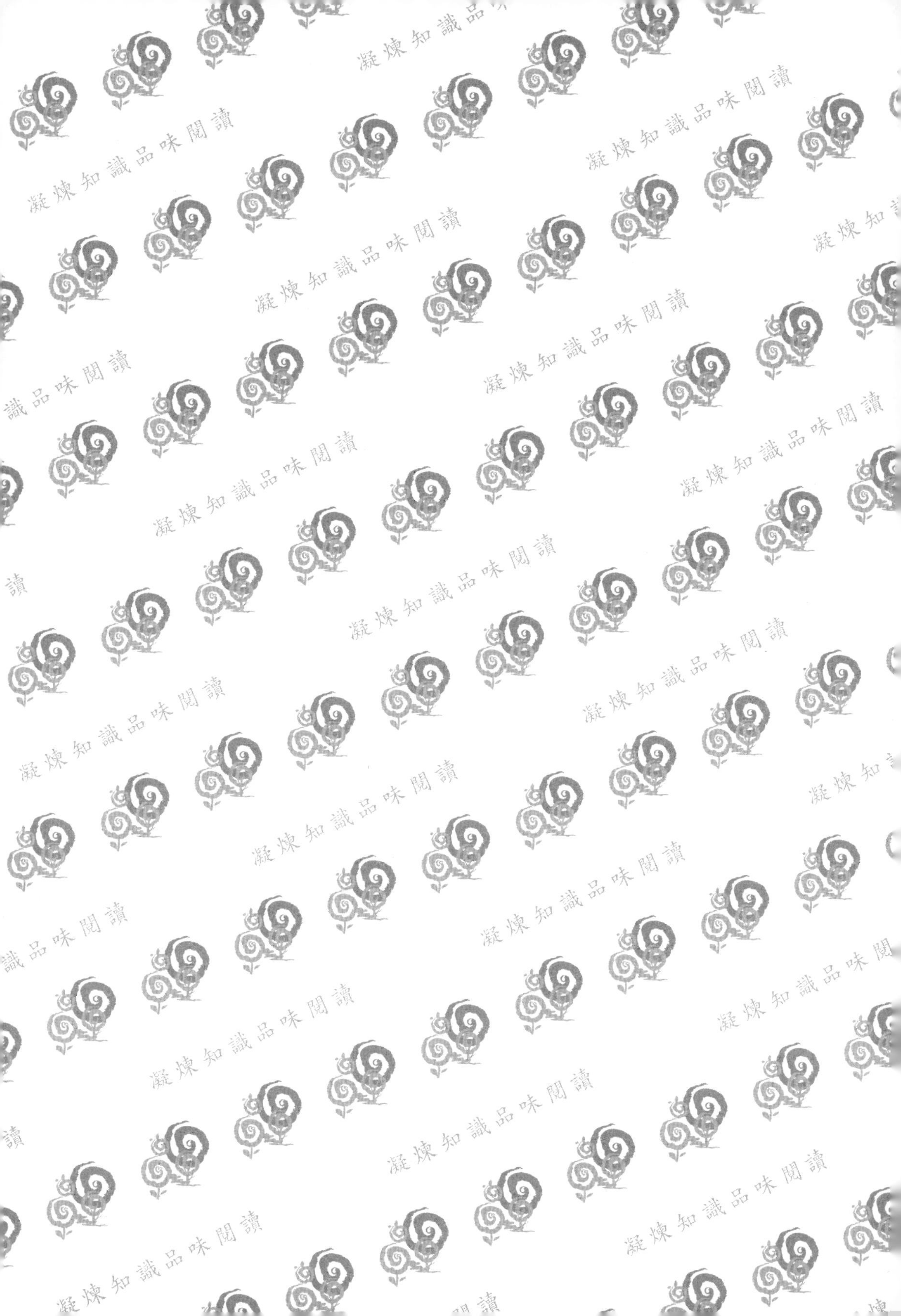

圖解系列

圖解

五南圖書出版公司 印行

實驗室品質管理系統 ISO 17025：2017實務

林澤宏、孫政豐／編著

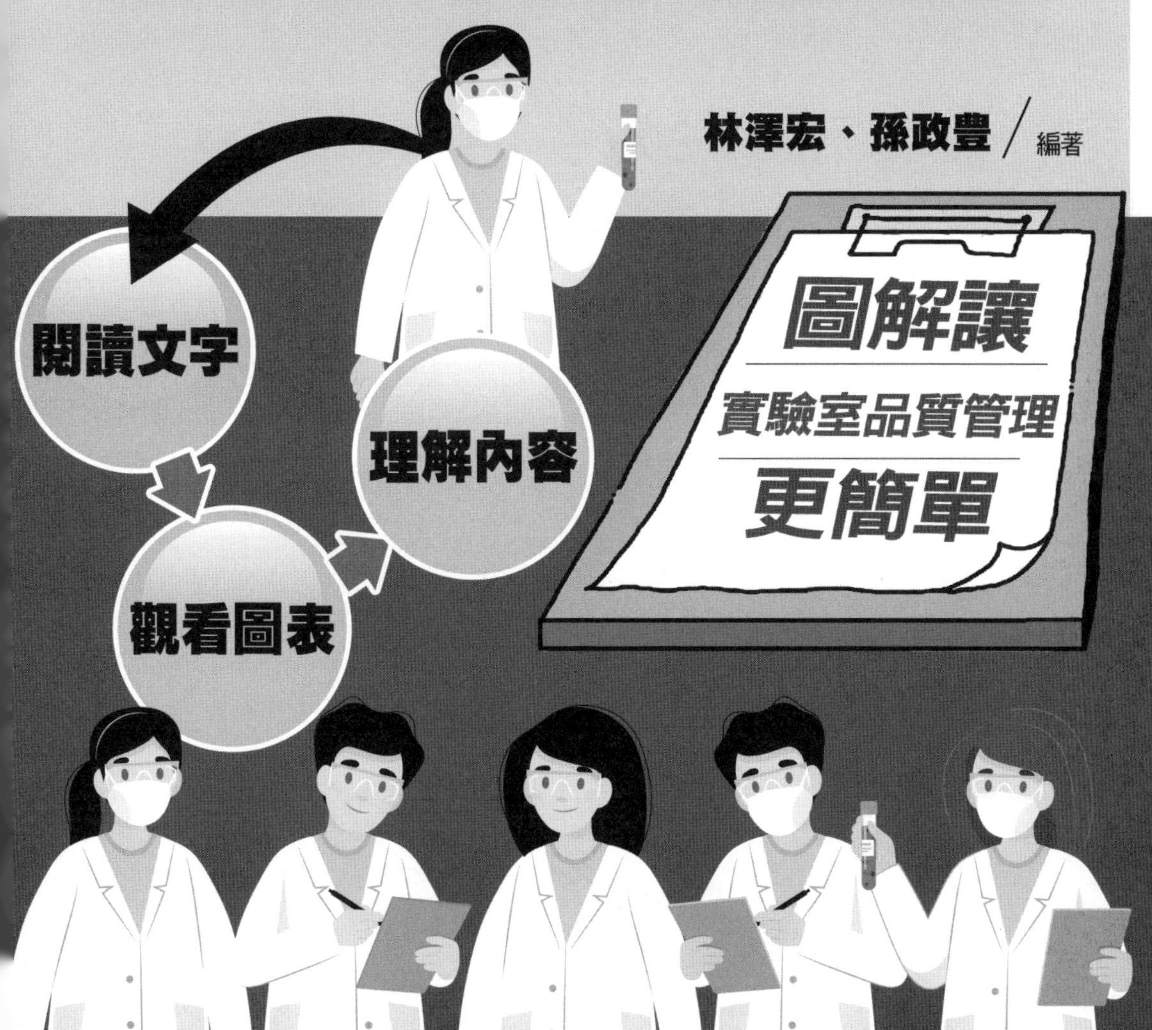

推薦序

「工欲善其事，必先利其器」，實驗乃在驗證理論原理的先期務實作業，評估成品生產製造的可行性，實踐產品設計商業化的先導技術演練。若欲讓實驗結果，能滿足理論設定的條件，必先擇其正確的實驗設備以為之，否則將陷入「輸入垃圾，輸出垃圾」（Garbage In Garbage Out）之謬誤製程。實驗室生產猶如工業界的先導工場（Pilot Plant），基於新技術開發之產品，採用少量生產的商業預生產系統，其主要目的是學習新技術，並沙盤推演般地演練各製程所面臨問題，提出解決方案，以期將所獲得的知識，用於全面生產的系統。

ISO 17025：2017係測試或校正（包括抽樣）實驗室的執行能力，涵蓋使用標準方法、非標準方法與實驗室自行開發的方法。適用於所有執行試驗或校正之所有實驗室，例如第一者、第二者及第三者實驗室，以及作為檢驗與產品驗證或校正之實驗室。ISO 17025：2017實驗室旨在發展品質、行政及技術系統以支配其作業。實驗室顧客、法規主管機關及認證機構可應用ISO 17025：2017來確定或承認實驗室之能力，以促進國際間認證體系相互認可。希望藉由對校正或測試實驗室的評鑑認證，達到實驗室符合國際標準與品質及技術提升之目的。

值得一提的是ISO 17025：2017所認可涵蓋領域範圍廣泛，且各領域實驗室狀態均有所不同，為使顧問更清楚了解實驗室的現況，實驗室於執行實驗或驗證之時，應確認以下資訊以求認證完備。

1. 校正件／測試件／檢體名稱。
2. 設備儀器清單。
3. 試驗項目／檢驗項目。
4. 校正／測試範圍。
5. 校正／測試／檢驗方法。
6. 現有實驗室管理規範。

執行實驗以驗證理論設計，操作者除了需具完備的本質學能，實驗過程所使用的儀器設備須正確選用，實驗參數也要能精準地設定，如此方能達到實驗效果，獲得科學真相。基於此，實驗室的品質優劣，需仰賴國際標準予以規範之。本書以圖文並茂方式，深入淺出地介紹ISO 17025：2017實驗室品質的基本概念，條列實驗室品質管理系統要求，並運用實例介紹各種檢查方法，猶如業者茫茫大海中的指引明燈。作者林澤宏博士別出心裁地編排本書，嘉惠初習者不淺，數其對業界貢獻，實是功不唐捐。

頡創科技有限公司

總經理

鄭錦文博士

2023年2月

推薦序

主筆林博士是國立勤益科技大學工程學院與台北科技大學工管系畢業校友，曾服務於半導體產業鏈、經濟部產業碳足跡顧問師與學術界深耕多年，分別從產官學研不同視角著手實務教學與應用，對於如何將國際品質標準規範ISO管理系統生活化更有獨到的見解，且過去對於輔導自行車產品進行碳足跡與碳標籤之推廣不遺餘力。此次將其在國際品質規範中的實驗室品質管理系統（ISO 17025：2017）的個案研究，以深入淺出的文字搭配圖文並茂圖解式內容，讓讀者能迅速的一窺實驗室檢測專業知識入門專書。

尤其對實驗室檢驗機構主管之要求，其主管機關於財團法人全國認證基金會認證規範中，明確實驗室檢驗機構認證中之責任與所須具備之條件。2016年TAF-CNLA-R07(4)特別要求檢驗機構主管應具備之條件能力有(1)實驗室檢驗機構主管應熟悉實驗室檢驗機構運作，實驗室檢驗機構主管須能以回答對其提出有關實驗室檢驗機構運作之實務問題，來展現其熟悉實驗室/檢驗機構運作。(2)實驗室檢驗機構主管應監督實驗室檢驗機構滿足本會權利義務規章與認證規範，實驗室檢驗機構主管須能回答對其提出之相關問題，展現其具備此條件。(3)醫學實驗室主管另應具備條件有2項:實驗室主管應滿足ISO 15189：2012第4.1.1.4節要求，亦應具參與實驗室品質管理與醫學檢驗/檢查相關訓練證明;實驗室主管應確保實驗室維持於認可時的品質系統與技術能力水準，並依據檢驗/檢查技術屬性，指派適當報告簽署人。

ISO 17025：2017條文的要求是具有嚴謹的系統性，透過本書作者群的精闢個案研究補充與案例圖說，讓消費者、企業經營者、實驗室主管、工程師、高職或大學實驗室管理教職員等對於ISO 17025：2017實驗室品質管理有興趣的相關人員，皆能快速有效率地認識相關條文與實驗室管理精髓，成為導入ISO 17025：2017重要的敲門磚。因此，對於有志於此的讀者能為未來學習帶來更大便利與明確的指引，此系列性圖解ISO專書確實是一本值得推薦的口袋書。

國立勤益科技大學
智慧自動化工程系
汪正祺　特聘教授兼系主任
推薦
2023年2月

作者序

本於教育初衷，本圖解ISO 17025：2017專書延續ISO 9001：2015版與ISO 45001：2018版內容融合ISO條文要求由個案研究中引導讀者，能簡單生活化瞭解ISO國際標準條文。ISO 17025：2017版，條文中第5章架構要求中，明確要求實驗室應為一合規組織，明訂組織管理架構，以及管理與技術人員之工作權責。組織的目的就是指派人員工作任務，協調相關人員協力團隊合作，以最大工作效率達成預定目標，引導如何建立一個組織實驗室權責清楚，實驗室除專業性的提供測試服務外，能夠具公正性、具客觀性且能贏得客戶信任之保密性，落實執行實驗室品質政策，達成品質目標之組織，是非常重要的日常工作。

融合國際標準基石ISO 9001品質管理系統要項七大管理原則強調，列舉其中@領導（Leadership）原則，實驗室所有階層的領導建立一致的目標和方向，並創造使工程師參與達成組織建置實驗室品質目標的測試標準程序。主要管理重點：建立一致的目標方向和工程師參與，使組織能夠統合其策略、政策、流程及有限資源以達成目標。@員工參與（Engagement of people）組織所有人員要能勝任，被適宜授權即能從事以創造價值，有授權即能參與的工程師，透過組織強化其員工能力以創造價值。主要管理重點：有效率地管理組織，讓所有階層的員工參與服務品質提升及測試環境維護其參數一致性，並尊重團隊成員在職訓練適切發展重要性。認知、授權和強化技能和知識，促進工程師的參與，並融合ISO 17025：2017以達成組織的實驗室品質目標。

本書最大的宗旨就是從產業個案研究實驗室管理角度與國際標準規範基本要求，將由淺入深圖解ISO 17025：2017導入實務心法撰寫而成，藉由簡單可行文件化資訊深化進入實驗室程序文件日常管理，分享給讀者學習如何將制式的ISO 17025：2017國際標準規範轉換為實務作法，對於產業鏈、學術界、研究單位之ISO 17025：2017實驗室品質管理系統化程序實務推動與學術教學能有所提升。

最後，感謝求學中的恩師良友於編撰期間對圖文稿參考例諸多提點，同時一併在此致謝五南出版社編輯校稿群的辛勞。本書配合企業實務推動ISO國際標準規範需求提供實用可行的跨管理系統融合對照文件範例，若有疏忽掛漏之處，期許後續ISO種子師資培訓更加完整，仍有待亦師亦友專家學者的賜教指正。

林澤宏、孫政豐

2023年3月

iesony88@gmail.com

Line id:iesony88

本書目錄

本書目錄

本書目錄

本書目錄

本書目錄

本書目錄

第 1 章

國際標準介紹

章節體系架構

Unit 1-1 品質管理系統簡介

中小企業推動品質管理系統範圍，依公司場址所有產品與服務過程管理，輸入與輸出作業皆適用之。列舉電動自行車產業包括一階委外加工供應商、客供品管理、風險管理與品質一致性車輛審驗作業等。

中小企業爲確保組織環境品質系統之程序及政策得以落實；有效的執行品質保證責任，以滿足客戶之需求，達成公司之目標與品質政策，需制訂文件程序化。品質管理系統定義，即爲落實公司品質管理而建立之組織架構、工作職掌、作業程序等，並將其文件化管理。

一般中小企業品質系統依據當地政府法令與ISO國際標準規範要求；以追求客戶滿意需求過程導向，公司之品質政策制定之，其**文件架構一般採四階層文件**來進行整體組織程序文件規劃。各部門依據品質文件系統架構及權責分工，制訂各類品質文件，部門間程序文件互有牴觸時，以上階文件爲管理基準。

品質管理系統之執行，組織部門各項文件需有管制，且分發至各相關部門依此品質管理系統規定有效確實執行。各部門於執行期間若遇執行困難或是更合適之作業方式時，得依其「文件管制程序」之原則方法提出修訂。

品質管理系統之稽核，可由管理代表依公司內部稽核程序，指派合格稽核人員，進行實地現況查核。稽核後，對於不合事項應提書面報告交由該權責部門進行矯正再發管制程序辦理。

一般程序文件架構——四階層文件

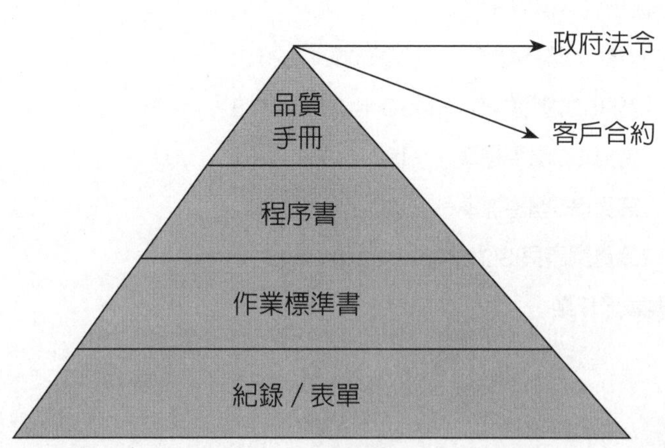

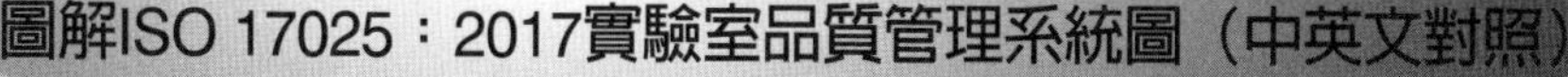

實驗室運作流程圖

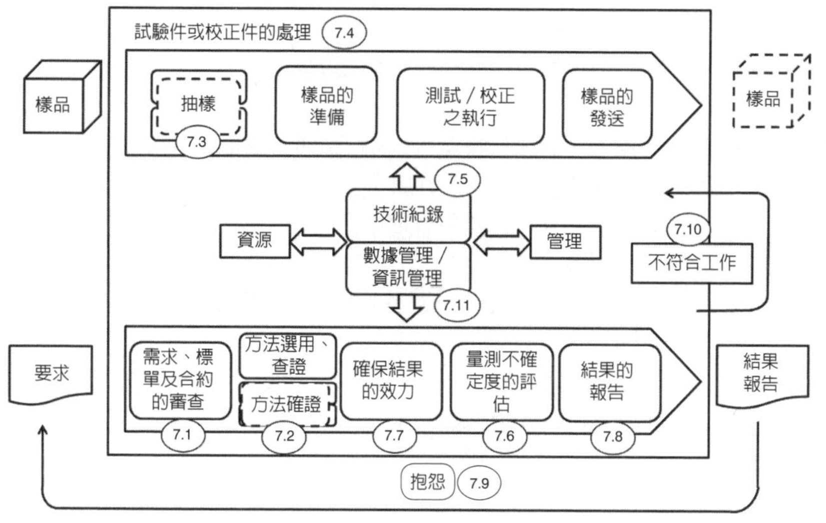

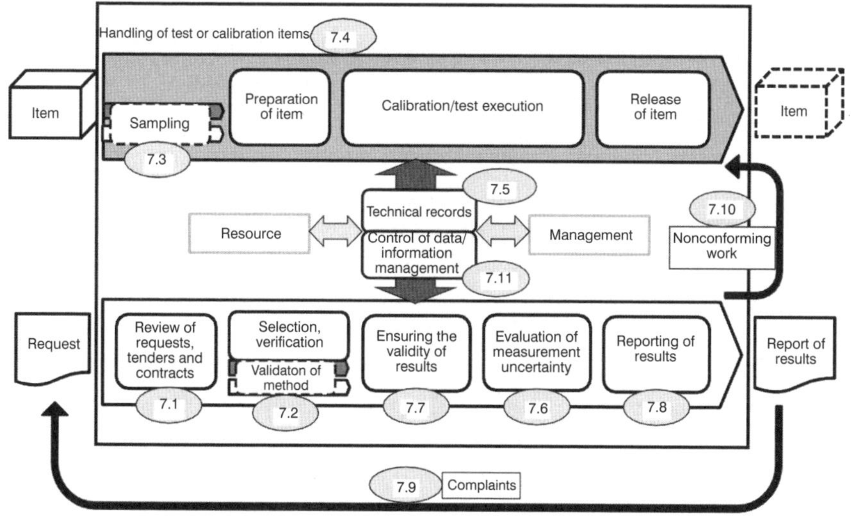

國際標準參考：https://www.iso.org/standard/

Unit 1-2 品質管理系統ISO 9001：2015

ISO 9001品質管理系統標準，經過多年的市場驗證，並透過ISO國際組織的檢視，於2015年9月發布FDIS全新版ISO 9001：2015條文。本次內容變化幅度較大，也是近十年ISO變動最大版本，對企業推動ISO國際標準衝擊最大、影響深遠。而導入新版ISO 9001：2015預估可帶給企業六大好處：

1. 將經營管理與品質管理，落實日常重點管理結合。
2. 強化品質經營，提升績效管理。
3. 強化經營規劃：包括風險評估與經營環境變遷納入系統管理。
4. 運用整合系統打造組織核心經營體系。
5. 高階經營者領導承諾投入（commitment and engagement）與員工認知與職能提升（awareness and competence）是新版成功基礎。
6. 具彈性適合於複數管理系統標準之融合。

鼓勵所有中小企業完成ISO專案改版活動。本書除著重於條文解說，採先以系統發展爲基礎，同時提供圖表與個案式內容輔助解釋作爲學習入門與企業人才培育所需，最後實務個案依企業組織使用上針對系統驗證與經營提出可行方案，藉以創造組織經營效益。幫助企業組織掌握條文標準要點，提升企業競爭力。

ISO是國際標準化組織（International Organization for Standardization）之簡稱，於1947年2月正式成立，其總部設在瑞士日內瓦，成立之主因是歐洲共同市場爲了確保流通全歐洲之產品品質令人滿意，而制訂世界通用的國際標準，以促進標準國際化，減少技術性貿易障礙。

回顧1987年，ISO 9000系列是一種品保認證標準，由ISO/TC 176品質管理與品質保證技術委員會下所屬SC2品質系統分科委員會所編訂。於1987年3月公布。ISO 9000系列由ISO 9000、ISO 9001、ISO 9002、ISO 9003、ISO 9004所構成，是一項公平、公正且客觀的認定標準，藉由第三者的認定，提供買方對產品或服務品質的信心，減少買賣雙方在品質上的糾紛及重複的邊際成本，提升賣方產品的品質形象。

ISO 9001品質管理系統是ISO管理體系中最基本國際標準要求，應用範圍最廣、發證量最多的國際標準證書；從1987年發布了第一版，1994年第二版、2000年第三版、2008年第四版。

組織除了考量全面品質管理效益，執行品質系統應在乎改善經營績效，故在ISO 9001：2015中於0.1 General章節中已納入考量：A robust quality management system help an organization to improve its overall performance and forms an integral component of sustainable development initiative.

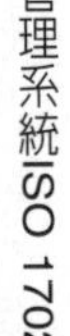

ISO 9001：2015國際標準品質管理系統圖（個案參考例）

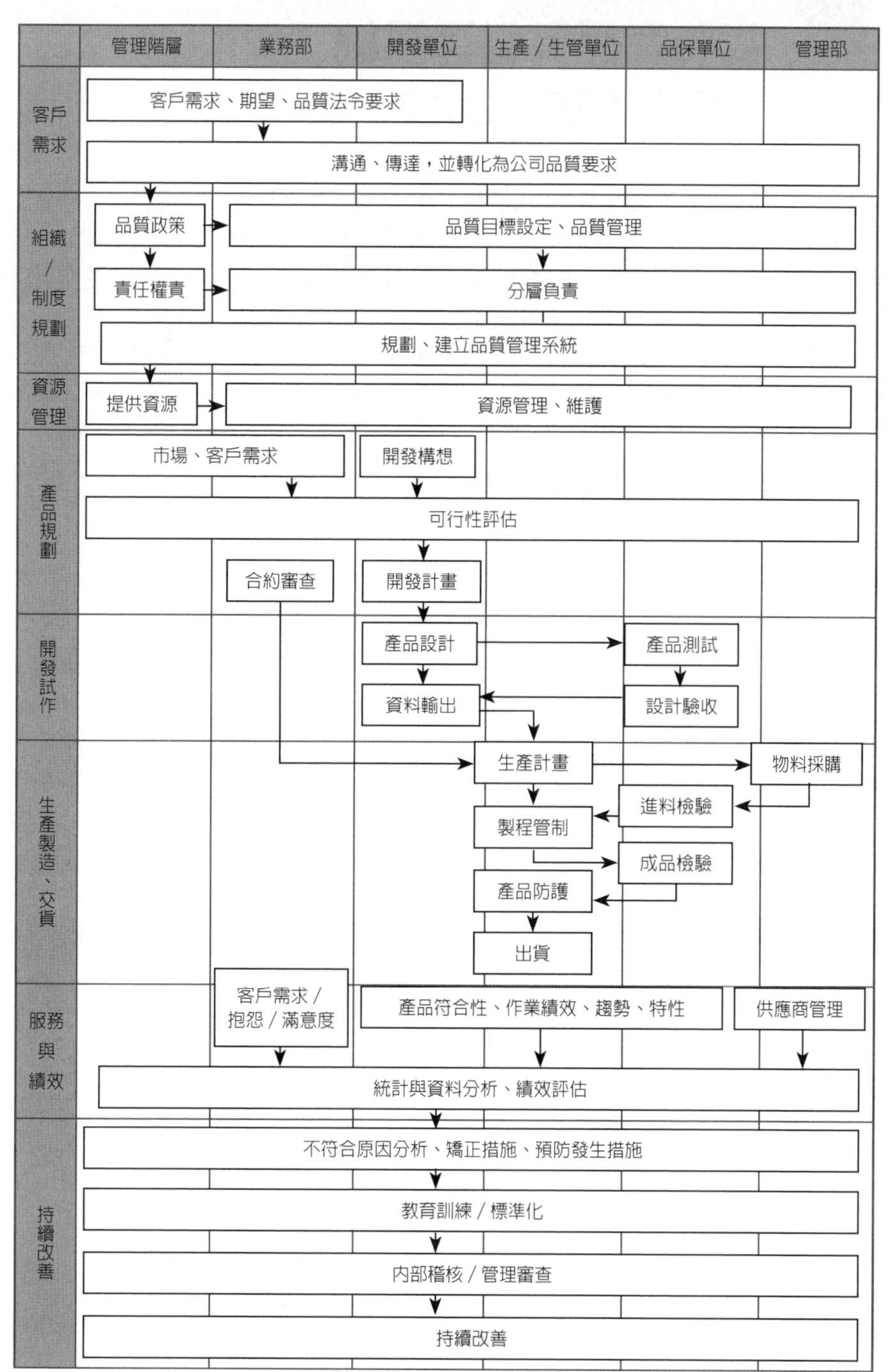

Unit 1-3 實驗室品質管理系統 ISO 17025：2017

ISO 17025：2017制定了實驗室能力、公正性和一致性操作的一般要求。

無論人員數量多少，ISO 17025：2017適用於所有執行實驗室活動的組織。

實驗室客戶、監管機構、使用同行評估機構和認證機構的組織和計畫使用ISO 17025：2017來確認或認可實驗室的能力。

財團法人全國認證基金會（TAF）推動國內各類驗證機構、檢驗機構及實驗室各領域之國際認證，建立國內驗證機構、檢驗機構及實驗室之品質與技術能力的評鑑標準，結合專業人力評鑑及運用能力試驗，以認證各驗證機構、檢驗機構及實驗室，提升其品質與技術能力，並致力人才培訓與資訊推廣，強化認證公信力，拓展國際市場，提升國家競爭力。

全國認證基金會成立宗旨在建立符合國際規範並具有公正、獨立、透明之認證機制，建構符合性評鑑制度之發展環境，以滿足顧客（政府、工商業、消費者等）之需求，提供全方位認證服務，促進與提升產業競爭力及民生消費福祉。

TAF主要任務在建立及維持國內認證制度之實施與發展，確保本會之認證運作符合國際規範ISO/IEC 17011之要求，以公正、獨立、透明之原則，提供有效率及值得信賴的認證服務，滿足顧客之期望。持續維持與運用國際認證組織之相互承認協議機制，積極參與國際或區域認證組織之認證活動或主辦國際認證活動，建立符合WTO及APEC符合性評鑑制度之基礎架構，有利經貿發展。

建構全國符合性評鑑資料庫及知識服務體系（http://www.grb.gov.tw），提供認證品質及技術之專業網絡及資訊服務。加強推廣國家及產業需求之符合性評鑑認證方案，健全國內符合性評鑑制度之發展環境。

ISO 17025：2017認證效益（TAF）：

- 確保實驗室／檢驗機構之能力與檢驗數據之正確性。
- 提升實驗室／檢驗機構品質管理效率。
- 檢測數據爲國內外相關單位所接受。
- 減少重複校正／測試／檢驗之時間與成本。

ISO 17025：2017國際標準藍圖

4.一般要求
- 4.1公正性
- 4.2保密性

5.架構要求
- 5.1法律實體
- 5.2管理階層
- 5.3活動範圍
- 5.4滿足要求（標準、顧客、主管機關、認可組織）
- 5.5組織架構及關聯程序
- 5.6權力及資源
- 5.7承諾（顧客溝通及管理系統完整性）

6.資源要求
- 6.1概述
- 6.2人員
- 6.3設施與環境條件
- 6.4設備
- 6.5計量追溯性附錄A
- 6.6外部供應產品與服務

7.過程要求
- 7.1要求、標單與合約的審查
- 7.2方法的選用、查證與確認
- 7.3抽樣
- 7.4試驗或校正件之處理
- 7.5技術紀錄
- 7.6量測不確定度的評估
- 7.7確保結果的有效性
- 7.8結果報告
- 7.9抱怨
- 7.10不符合工作
- 7.11數據管制－資訊管理

8.管理系統要求
- 8.1選項（選項A或B）
- 8.2管理系統文件化（選項A）
- 8.3管理系統文件的管制（選項A）
- 8.4記錄管制（選項A）
- 8.5風險與機會因應措施（選項A）
- 8.6改進（選項A）
- 8.7矯正措施（選項A）
- 8.8內部稽核（選項A）
- 8.9管理審查（選項A）
- 附錄A計量追塑性
- 附錄B管理系統選項

ISO 17025：2017

備註：

選項A：第8章管理系統要求事項章節。

選項B：實驗室依據ISO 9001要求建立與維持一套管理系統。

ISO 17025：2017測試實驗室認證通過廠商列舉

技術類別	測試領域_產業學習標竿
音響	國家中山科學研究院資訊通信研究所水下科技組、金頓科技股份有限公司
生物	光泉牧場股份有限公司、財團法人食品工業發展研究所
化學	國家中山科學研究院航空研究所、財團法人金屬工業研究發展中心
電性	國家中山科學研究院電子系統研究所、台灣電力公司綜合研究所
游離輻射	行政院原子能委員會核能研究所、台灣電力股份有限公司
營建	經濟部水利署南區水資源局、國立雲林科技大學
機械	中國鋼鐵股份有限公司、國家中山科學研究院航空研究所
非破壞	中國鋼鐵股份有限公司、中國非破壞檢驗有限公司 台灣金屬材料品管有限公司
光學	財團法人工業技術研究院、經濟部標準檢驗局第六組
溫度	財團法人塑膠工業技術發展中心、內政部建築研究所
鑑識科學	中華電信股份有限公司電信研究院、衛生福利部食品藥物管理署

ISO 17025：2017校正實驗室認證通過廠商列舉

代碼	項目	校正領域_產業學習標竿
KA	長度（Length）	中國鋼鐵股份有限公司、財團法人工業技術研究院、正新橡膠工業股份有限公司
KB	振動量／聲量（Vibration & Acoustics）	財團法人工業技術研究院、台灣電力股份有限公司電力修護處
KC	質量／力量（Mass/Force）	經濟部標準檢驗局、中國鋼鐵股份有限公司、中華航空股份有限公司
KD	壓力量／真空量（Pressure/Vacuum）	交通部中央氣象局、正新橡膠工業股份有限公司
KE	溫度／濕度（Temperature/Humidity）	財團法人工業技術研究院、交通部中央氣象局、財團法人台灣大電力研究試驗中心、正新橡膠工業股份有限公司
KF	電量（Electricity）	財團法人工業技術研究院、財團法人台灣大電力研究試驗中心
KG	電磁量（Electromagnetics）	財團法人工業技術研究院、財團法人台灣商品檢測驗證中心
KH	流量（Flow）	台灣中油股份有限公司煉製研究所、行政院環境保護署環境監測及資訊處
KI	化學量（Chemical）	財團法人台灣商品檢測驗證中心、財團法人工業技術研究院
KJ	時頻（Time and Frequency）	財團法人工業技術研究院、中華電信研究所、量測科技股份有限公司
KK	游離輻射（Ionizing Radiation）	台灣電力股份有限公司、中華航空股份有限公司、國立清華大學原子科學技術發展中心

✚ 知識補充站

非破壞檢測項目與檢測方式

非破壞檢測技術	檢測方式	說明	通過認可廠商
射線檢測（Radiographic Testing）	X射線	X射線（通常稱為X光）係由高速電子流撞擊物質靶而產生，X射線的能量依管電壓大小而定，亦即正極靶與負極燈絲間的電壓差而定，X射線能量愈高則其穿透能力愈強，X射線透照時間短、速度快，檢查厚度小材料，顯示缺陷的靈敏度高，但設備複雜、費用大，穿透能力比γ射線小	台灣金屬材料品管有限公司、財團法人金屬工業研究發展中心、中國非破壞檢驗有限公司、台灣電力股份有限公司電力修護處等21家廠商
	γ射線	伽瑪射線是由不穩定同位素之衰變所產生的高能量電磁波，這些同位素可以是天然的，也可以是人造的，所發出的伽瑪射線是同一能階或數種一定能階，γ射線能透照較厚的鋼板，透照時不需要電源，方便戶外工作，環縫時可一次曝光，但透照時間長，不宜用於小工件構件的透照。	
超音波檢測（Ultrasonic Testing）	傳統超音波檢測	超音波是頻率高於20千赫的機械波。在超音波探傷中常用的頻率為0.5～5兆赫。這種機械波在材料中能以一定的速度和方向傳播，遇到聲阻抗不同的異質介面（如缺陷或被測物件的底面等）就會產生反射	台灣金屬材料品管有限公司、中國鋼鐵股份有限公司、財團法人金屬工業研究發展中心、中國非破壞檢驗有限公司等32家廠商
	新式超音波檢測	相位陣列（或相控陣）超音波檢測（Phased Array Ultrasonic Testing (PAUT)）、飛行時間繞射（或時差繞射）（Time-of-Flight Diffraction (TOFD)）超音波檢測、自動爬升器輔助（Automatic Climbing Robot）超音波檢測等	
磁性檢測（Magnetic Testing）	傳統磁粒檢測	將磁粒適當地施用於經過磁化物件表面，以檢測該物件表面附近的瑕疵，由於須將物件適當地磁化，方能實施，因此磁粒檢測只適用於鐵磁性材料的試件	台灣金屬材料品管有限公司、中國鋼鐵股份有限公司、財團法人金屬工業研究發展中心、中國非破壞檢驗有限公司等31家廠商

非破壞檢測技術	檢測方式	說明	通過認可廠商
	傳統磁漏檢測	當材料存在切割磁力線的缺陷時，材料表面的缺陷或組織狀態變化會使磁導率發生變化，由於缺陷的磁導率很小，磁阻很大，使磁路中的磁通發生畸變，磁感應線流向會發生變化，除了部分磁通會直接通過缺陷或材料內部來繞過缺陷，還有部分磁通會泄漏到材料表面上空，通過空氣繞過缺陷再進入材料，於是就在材料表面形成了漏磁場。	
	新式磁性檢測	水下潛水員（Diver）磁性檢測等	
液滲檢測（Liquid Penetrant Testing）	染色法	使用紅色滲透液，施加於被檢物表面，待足夠的滲透時間之後，以清洗劑適當地清洗之，然後施加白色顯像劑上，此時如果被檢物表面有瑕疵，則紅色滲透液蔓延出來，明顯地顯在白色顯像劑上，如此可以清易地判斷。	台灣金屬材料品管有限公司、中國鋼鐵股份有限公司、財團法人金屬工業研究發展中心、中國非破壞檢驗有限公司等30家廠商
	螢光法	係滲透液中含有螢光劑，在施加顯像劑後，以特殊光譜的紫外線（黑光燈）探照物件表面，得以很清楚地判斷瑕疵	
渦電流檢測（Eddy Current Testing）	傳統渦電流檢測	透過測量線圈中阻抗的變化來測量對象的電導率、磁導率以及檢測缺陷。缺陷的存在會引起渦電流的相位以及振幅的變化，這些變化可以透過測量線圈中阻抗的變化來判斷。渦電流檢測有非常廣泛的應用。因為渦電流檢測的本質來自於物質的電性，所以它僅適用於導電材料。並且它還有產生渦電流及滲透深度的物理限制。	台灣金屬材料品管有限公司、台灣電力股份有限公司電力修護處、台灣電力股份有限公司核能發電處、中國鋼鐵股份有限公司等5家廠商
	新式渦電流檢測	脈衝渦電流（Pulsed Eddy Current (PEC)）檢測、交流磁場量測（Alternating Current Field Measurement (ACFM)）檢測、水下潛水員（Diver）交流磁場量測（ACFM））檢測等。	

非破壞檢測技術	檢測方式	說明	通過認可廠商
目視檢測（Visual Testing）	傳統目視檢測	利用眼睛的視覺或加上輔助工具、儀器等來進行直接或間接的偵查及檢視各種物件表面的瑕疵的一種非破壞檢測方法，如觀察物件表面的腐蝕情況、銲接補強高度、表面處理等。	台灣金屬材料品管有限公司、中國鋼鐵股份有限公司、財團法人金屬工業研究發展中心、中國非破壞檢驗有限公司等26家廠商
	新式目視檢測	水下遙控無人器輔助（Remotely Operated Vehicle (ROV)）目視檢測、無人機輔助（Drone Supported）目視檢測、水下潛水員（Diver）目視檢測、自動爬升器輔助（Automatic Climbing Robot）目視檢測等。	
洩漏檢測（Leak Testing）	氣泡、壓力變化、鹵素二極管和質譜儀	真空壓差測試、肉眼觀察、氣體追蹤、內部視覺檢測方法、壓力測試方法、真空洩漏方法、染料滲透方法	

範例：液滲檢測（LPT）順序

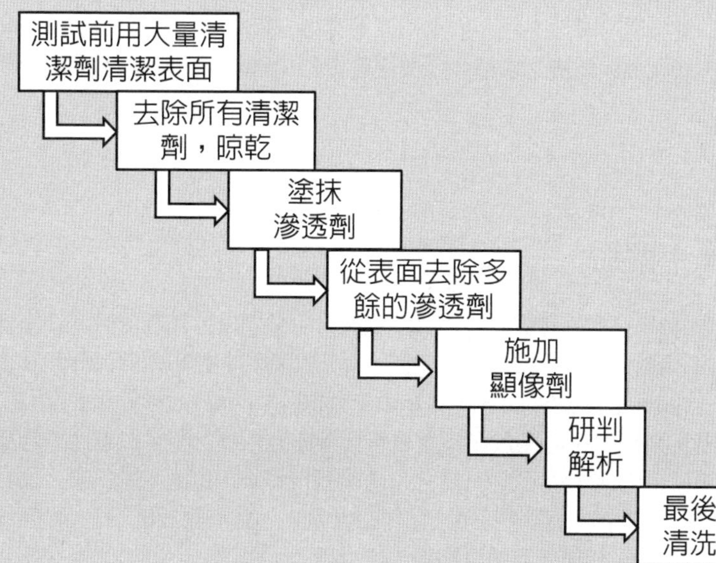

Unit 1-4 環境管理系統ISO 14001：2015

ISO 14001：2015規定組織可以用來提高其環境績效的環境管理系統的要求。旨在供組織尋求以系統化方式管理其環境責任的使用，從而有助於實現可持續發展的環境支柱。

ISO 14001：2015爲環境幫助組織實現其環境管理系統的預期成果，組織本身和相關方提供價值。根據組織的環境政策，環境管理體系的預期成果包括：提高環境績效；履行合乎法規義務；實現環境目標。

ISO 14001：2015適用於任何組織，無論其規模、類型和性質如何，適用於組織認爲它可以控制的活動、產品和服務的環境方面或考慮到生命週期的影響。ISO 14001：2015是實現環境管理系統，沒有規定具體的環境表現標準。國際標準參考https://www.iso.org/standard/60857.html。

台灣松下電器公司政策曾宣示，公司自覺環境使命在於善盡企業社會責任，從推動環境管理系統開始，即藉由ISO 14001精神，以預防污染、持續改善、塑造綠色企業、生產綠色商品、滿足顧客需求，對內追求提高競爭力、對外提升企業形象以及拓展商機，實踐達成永續經營的環境目標。

台灣檢驗科技公司SGS黃世忠副總裁曾說，在台灣中小企業推動ISO 14001具顯著成功，證明此標準符合衆多台灣公司企業需求。透過實施環境管理系統可使企業組織對於自身環境管理運作，包括活動、產品與服務，有更深入的了解，也更能有效使用有限資源。更重要的是，藉由推動ISO 14001環境管理系統之循環運作，從執行活動中發現議題，進而解決問題，跨部門合作，達到持續改善，邁向提升競爭力之目標。因此推動實施環境管理系統，追求不只是獲得一紙證書，而是組織眞正能從過程中持續改善，成就企業組織之永續發展與經營優勢，正向循環獲得客戶與消費者肯定與支持。

小博士解說 個案研究

2017年企業社會責任報告書中揭露，台橡要求合作夥伴應遵守當地法令不得強迫勞工、違反合法工時、薪資和福利。台橡對於供應商評選已包含ISO 9001、ISO 14001、RoHS（HSF）、QC 080000、OHSAS 18001及CNS 15506乃至於企業社會責任等重要指標，要求供應商遵守集會結社自由、禁用童工可杜絕強迫勞動等規範，以維護基本人權。2017年生產原料類供應商已有30家發行CSR報告。其中對2家原料供應商執行定期評估，結果並無違反事項。

ISO 14001：2015國際標準環境管理系統圖（個案參考例）

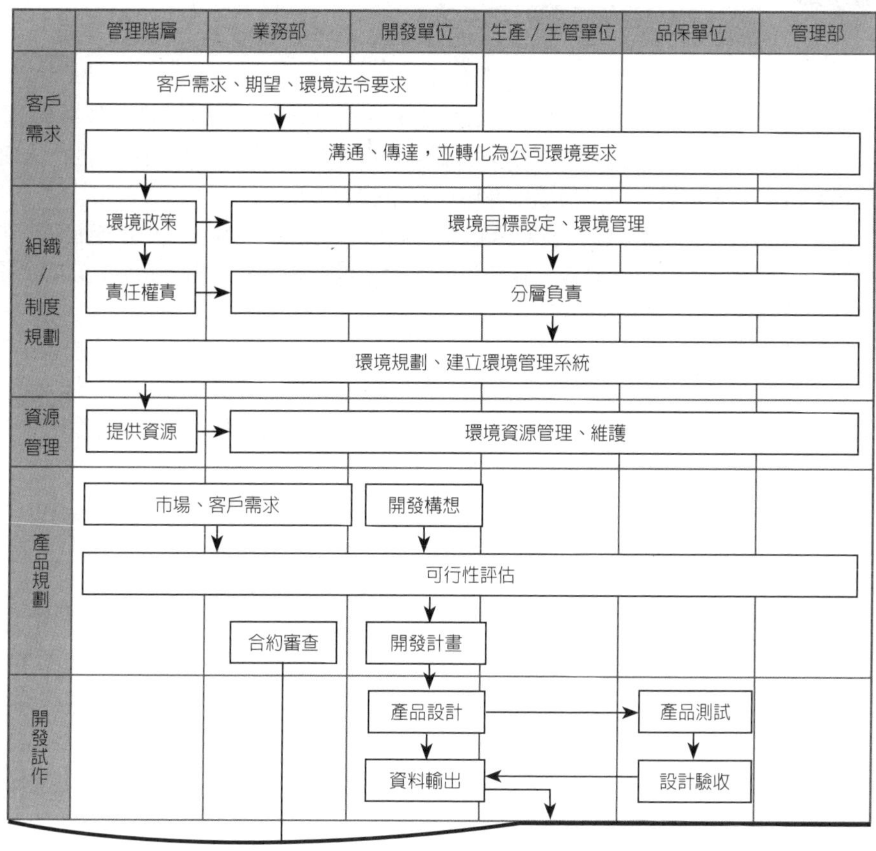

ISO 14001：2015通過廠商列舉

產業業態	產業學習標竿
橡膠業	建大輪胎、正新輪胎、中橡、台橡
塑膠業	介明塑膠股份有限公司、胡連精密股份有限公司
金屬加工業	中鋼公司、豐祥金屬
化工業	東聯化學、台灣中華化學、大勝化學
電信業	台灣大哥大、遠傳電信
運輸業	台灣高鐵、豐田汽車

Unit 1-5 職安衛管理系統ISO 45001：2018

ISO 45001：2018是新公布國際標準規範，全球備受期待的職業健康與安全國際標準（OH&S）於2018公布，並將在全球範圍內改變工作場所實踐。ISO 45001將取代OHSAS 18001，這是全球工作場所健康與安全的參考。

ISO 45001：2018職業健康與安全管理系統指引要求，爲改善全球供應鏈的工作安全提供了一套強大有效的流程。旨在幫助各種規模和行業的組織，新的國際標準預計將減少世界各地的工傷和疾病。

根據國際勞工組織（ILO）2017年的計算，每年工作中發生了278萬起致命事故。這意味著，每天有近7,700人死於與工作有關的疾病或受傷。此外，每年大約有3.74億非致命性工傷和疾病，其中許多導致工作缺勤。這爲現代工作場所描繪了一幅清醒的畫面——工作人員可能因爲「幹活」而遭受嚴重後果。

ISO 45001希望改變這一點。它爲政府機構，工業界和其它受影響的利益相關者提供有效和可用的指導，以改善世界各國的工作者安全。通過一個易於使用的框架，它可以應用於專屬工廠和合作夥伴工廠和生產設施，無論其位置如何。

ISO 45001的制訂委員會ISO/PC 283主席David Smith認爲，新的國際標準將成爲數百萬工人的眞正遊戲規則：「希望ISO 45001能夠帶來工作場所實踐的重大轉變並減少全球範圍內發生的與工作有關的事故和疾病的慘痛代價」。新標準將幫助組織爲員工和訪客提供一個安全健康的工作環境，持續改善他們的OH&S表現。

由於ISO 45001旨在與其它ISO管理系統標準相結合，確保與新版本ISO 9001（品質管理）和ISO 14001（環境管理）的高度兼容性，已經實施ISO標準的企業將有所依循與融合。

新的OH&S標準基於ISO所有管理系統標準中的常見要素，並採用簡單的「規劃—執行—查核—行動」（PDCA）模式，爲組織提供了一個框架，用於規劃他們需要實施的內容並儘量減少傷害的風險。這些措施應解決可能導致長期健康的問題、缺勤的問題以及引發事故的問題。

國際標準參考https://www.iso.org/news/ref2272.html。

ISO 45001：2018通過廠商列舉

產業業態	產業學習標竿
金融業	玉山銀行、中國信託銀行
工程承攬業	中鼎公司、世久營造探勘工程股份有限公司
塑膠業	台灣積層工業股份有限公司
科技製造業	精遠科技、台灣櫻花、帆宣系統科技
電信業	中華電信行動通信分公司
醫院	桃園聯新國際醫院
學校	中原大學

ISO 45001：2018職業安全衛生管理系統圖（個案參考例）

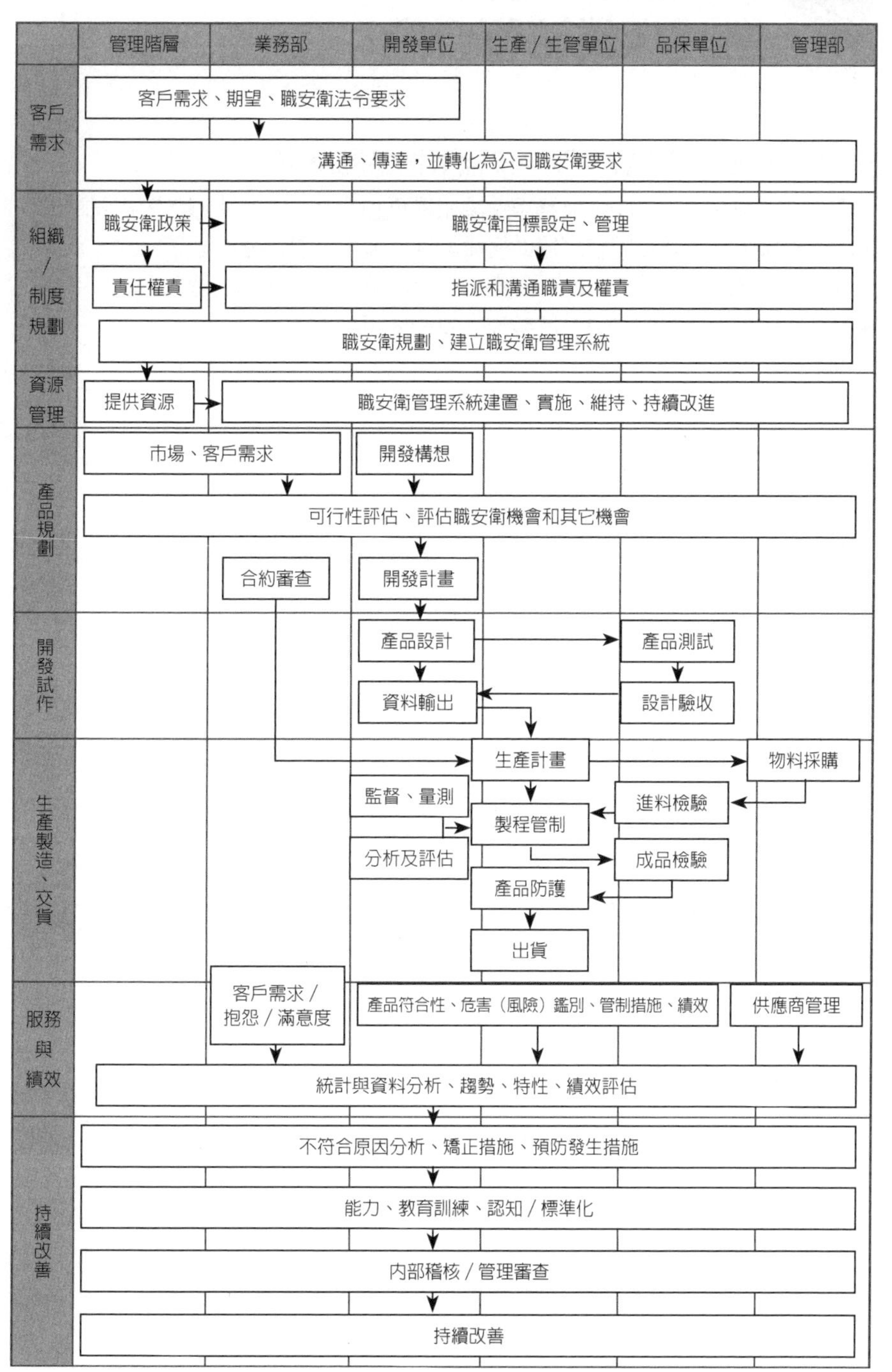

Unit 1-6 驗證作業流程介紹

品質管理系統驗證步驟（以中央標準檢驗局為例）

中小企業嚴謹透過ISO 9001驗證會讓組織更加蓬勃。無論組織想開拓國際市場或擴充國內服務版圖，驗證證書可協助組織對客戶展現品質的基本承諾。

- 透過內外部稽核定期追查可確保貫徹、監督和持續改善組織的管理系統。
- 驗證可使組織提高整體品質系統績效，並拓展市場機會。
- 驗證申請步驟如下：

步驟1. 準備申請資訊

步驟2. 正式申請

步驟3. 主導評審員文件審查與訪談

選派評審員負責審核所有申請文件，並評估其內容與ISO 9001標準要求的差異，並擇期赴組織現場進行免費之訪談活動以了解運作現況。訪談結果如果可以進行下一階段之正式評鑑，組織與主導評審員可一起決定評鑑最佳日期。

步驟4. 評鑑

正式評鑑將由主導評審員帶領評鑑小組執行。它包括對申請者之品質系統進行全面的抽樣，以查核實施的效果。

步驟5. 驗證確認

根據主導評審員的建議，將配合您所提出之矯正計畫經過本局複審小組審核後，被本局正式確認後獲得證書，本局將以正式公文通知查核結果。

步驟6. 持續年度追查

獲得驗證後，每年均有追查小組定期查核，以促進系統改進並確保系統符合標準要求。

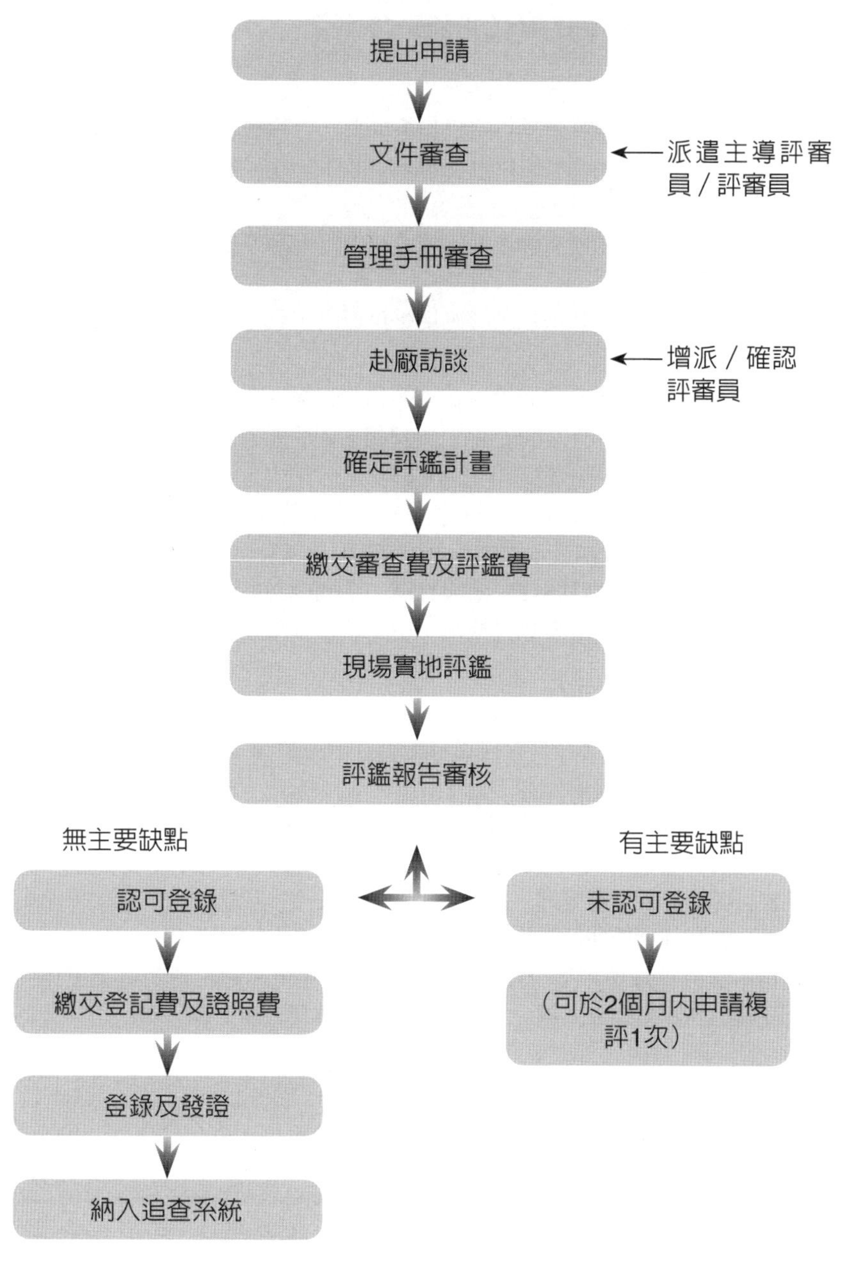
參照CNS一般性驗證流程
提出申請
文件審查
派遣主導評審員／評審員
管理手冊審查
赴廠訪談
增派／確認評審員
確定評鑑計畫
繳交審查費及評鑑費
現場實地評鑑
評鑑報告審核
無主要缺點
有主要缺點
認可登錄
繳交登記費及證照費
登錄及發證
納入追查系統
未認可登錄
（可於2個月內申請複評1次）

Unit 1-7 稽核員證照訓練介紹

ISO 19011:2011對管理系統稽核提供指導綱要，包括稽核原則、管理稽核計畫和進行管理系統稽核，以及參與稽核過程的個人能力評估指導，包括管理稽核人員計畫、稽核員和稽核小組。

ISO 19011:2011適用於所有需要對管理系統進行內部或外部稽核或管理稽核程序的組織。

ISO 19011:2011對其它類型的稽核應用是可行的，只要特別考慮所需的具體能力即可。

ISO 10019:2005爲選擇品質管理系統顧問和服務提供之指導綱要，它旨在幫助組織選擇品質管理系統顧問。它對評估品質管理體系顧問能力的過程提供指導，並提供相信組織對顧問服務的需求和期望得到滿足的信心。

ISO合格證書與登錄作業是由各國家所成立的認證團體（Accreditation body）執行，如台灣TAF、日本JAB、韓國KAB、香港HKAS、中國大陸CNACR、澳洲JAS-ANZ、瑞士SAS、義大利SIT、德國TGA、法國COFRAC、英國UKAS、加拿大SCC、美國ANSI、美國RAB等認證機構。由認證機構依ISO規範稽核當地驗證機構（Certification body）。

當地中小企業產品驗證與ISO管理系統，由合格ISO驗證機構進行產品驗證、管理系統稽核與稽核人員訓練，一般稱之爲第三者國際驗證單位，如SGS、AFNOR、B.V、BSI、DNV等驗證機構。

有關稽核員登錄作業，是合格稽核員國際註冊（IRCA）授證機構，位於英國倫敦，是國際品質保證協會IQA的分支機構，是客觀且獨立運作的機構。目前IRCA的稽核員登錄主要是針對品質管理、環境管理、食品安全、風險管理、職業安全衛生、資訊安全與軟體開發等管理系統的稽核員進行登錄。

一般稽核員的登錄要求可分爲六大要件，包括品質經驗年資、專業工作經驗年資、學歷資格、稽核員訓練課程、實際稽核經驗與有利證明文件。

ISO 17025：2017實驗室品質管理系統——實驗室評審員初始訓練課程（以TAF為例）

課程目的	課程大綱
評審員是實驗室評鑑活動的核心基礎，為確保實驗室評審員了解實驗室認證規範與評鑑要求，並提升執行評鑑工作的能力及技巧，進而展現公正及信賴的評鑑結果	• ISO 17025：2017基本評鑑運作知識 • 資訊系統之專區線上操作 • 評鑑流程實務操作技巧的案例討論 • 評審員應有態度與責任的分享與說明

ISO 45001：2018職安衛管理系統——內部稽核員訓練課程（SGS為例）

課程目的	課程大綱
職業安全衛生管理系統內部稽核之管制重點有完整與基本的認知，並結合職業安全衛生管理系統運作機制之應用演練，建立學員回到企業後可運用ISO 45001：2018內部稽核手法，在符合標準基礎上進行有效持續改善之能力	• 職安衛管理之稽核基本介紹（條文要求） • ISO 45001與OHSAS 18001標準文件化資訊之差異概述 • 稽核計畫安排與準備演練（Annex SL架構） • 稽核演練（風險與機會、新版查檢表製作） • 稽核之執行、報告與跟催 • 課程回饋與結論

Unit 1-8 常見ISO國際標準——ISO 50001：2018

有效利用能源有助於組織節省資金，並有助於保護有限資源和面對環境氣候變化。ISO 50001能源管理系統（EnMS），支持所有產業的組織更有效地使用能源。

ISO 50001：2018國際標準建立、實施、維護和改進能源管理系統（EnMS）的要求，預期的結果是使組織能夠採用系統的方法來實現能源績效和能源管理體系的持續改進。ISO 50001：2018文件：

(a) 適用於任何組織，無論其類型、規模、複雜程度、地理位置、組織文化或其提供的產品和服務如何；
(b) 適用於受組織管理和控制的影響能源績效的活動；
(c) 適用於所消耗的能量的數量、用途或類型；
(d) 要求證明持續的能源性能改進，但沒有定義要實現的能源性能改進水平；
(e) 可以獨立使用，也可以與其它管理系統對齊或融合。

ISO 50001基於持續改進的管理系統，也用於其它標準，如ISO 9001或ISO 14001，使組織更容易將能源管理融合到改善品質和環境管理的整體工作中。ISO 50001：2018為組織提供了以下要求的框架，包括制定更有效利用能源政策、修復目標和滿足政策要求、善用數據能更好地理解和決定能源使用、測量結果、審查政策的運作情況，以及持續改進能源管理。

ISO 50001實務推動流程

- 成立能源管理團隊，並界定相關權責與分工；
- 召開專案計畫啓始會議，邀請最高管理階層制定能源政策；
- 實施能源審查，分析重大能源使用及項目，並建立能源基線及能源管理績效指標；
- 執行節能技術診斷，以制定能源管理目標、標的及行動計畫；
- 依據ISO 50001國際標準發展能源管理制度，包括：程序文件、操作規範及紀錄表單；
- 舉辦教育訓練與落實溝通，提升人員對能源管理的認知與能力；
- 落實監測、量測及分析，以掌握重大能源使用之關鍵特性；
- 實施內部稽核，以強化管理系統運作機能；
- 召開管理階層審查會議，與融合當地國家能源政策，以檢討能源管理系統之運作成效。

ISO 50001國際標準藍圖

ISO 50001能源管理系統

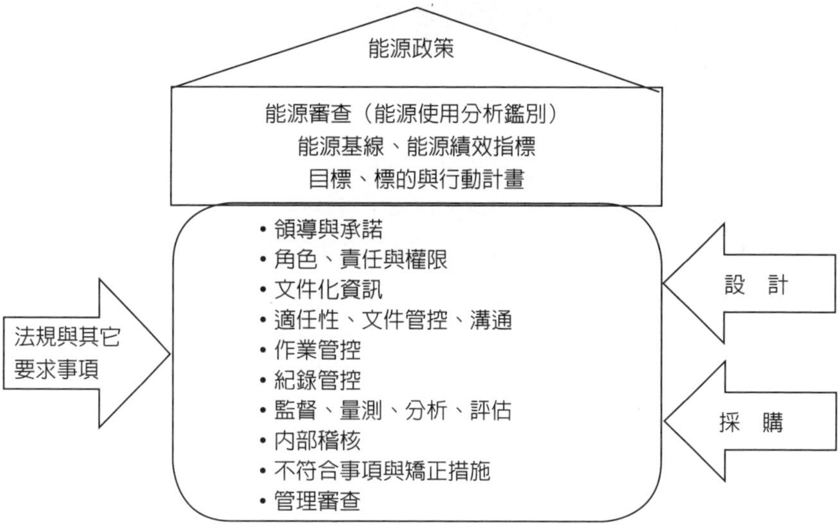

能源政策

能源審查（能源使用分析鑑別）
能源基線、能源績效指標
目標、標的與行動計畫

- 領導與承諾
- 角色、責任與權限
- 文件化資訊
- 適任性、文件管控、溝通
- 作業管控
- 紀錄管控
- 監督、量測、分析、評估
- 內部稽核
- 不符合事項與矯正措施
- 管理審查

法規與其它要求事項

設計

採購

能源管理分級評估

層級	政策	能源管理組織	動機	資訊系統	教育與行銷	設備投資
4	高階主管經常有能源政策、行動計畫與定期審視的承諾	能源管理完全整合入管理結構，有為能源消耗負責的能源代表團	各階層的能源管理者有經常性的正式與非正式溝通	有明確的目標、監測、耗能、除錯、量化節能與預算追蹤系統	由內部與外部行銷能源效率的價值與能源管理的績效	所有新建或改裝機會都願意有肯定的綠色
3	有正式的能源政策但沒有來自頂層管理授權的行動	能源管理者對能源行動，向有代表全體使用者的董事負責	用主流的管道傳遞能源行動直接與大部份的使用者知道	根據分表的資料傳給個別的使用者，但節能未能有效地傳遞給使用者	有提高職員能源認知的計畫以及經常性的公衆推廣運動	採用與其它投資同樣的回收標準
2	資深部門主管或能源經理有自行的能源政策	有正職的能源管理者，對明確的能源行動報告，但產線經理不明確此行動	根據監測的的電表數據寫監測與目標報告	能源單位被確實地列入到預算中	確實的職員訓練	只採用能短期回收的投資標準
1	有粗略的能源指南	兼職的或權限有限的能源管理者	工程師與少數使用者有非正式的接觸	根據採購單資料回報能源成本，工程師整理報告給內部技術部門使用	使用非正式管道來推廣能源效率	僅採取低價的行動方案
0	沒有清楚的能源政策	沒有能源管理系統或沒有正式的能源消耗管理者	沒有接觸使用者	沒有能源資訊系統也沒有能源消耗紀錄	沒有提倡能源效率	沒有打算投資或改善能源效率

Unit 1-9 常見ISO國際標準——ISO 14067：2018

產品碳足跡，可提供企業組織實施盤查製造單一產品，從原料製造運輸到銷售與使用，活動數據即投入使用資源耗用與輸出廢水廢棄物所排放之數據，與科學量化之暖化潛值加權，所計算之碳足跡排放量，簡稱二氧化碳當量。

ISO 14067根據國際生命週期評估標準（ISO 14040和ISO 14044）對產品碳足跡（CFP）進行量化和傳播的原則，要求和指南進行了定量和環境標籤以及用於通訊的聲明（ISO 14020，ISO 14024和ISO 14025）。還提供了產品部份碳足跡的量化、宣傳要求和準則（部份CFP）。

基於這些研究的結果，ISO 14067適用於CFP研究和CFP宣傳的不同選擇。

如果根據ISO 14067報告CFP研究的結果，則提供程序以支持透明度和可信度，並且允許知的選擇。ISO 14067：2018以符合國際生命週期評估標準（LCA）（ISO 14040和ISO 14044）的方式規定了產品碳足跡（CFP）的量化和報告的原則、要求和指南。三陽工業二輪事業協理陳邦雄表示，爲了對產品溫室氣體做更有效率的管理，並實踐塑造「年輕、環保、科技」的產品形象，故於業界率先以 E-Woo電動機車作爲標的產品，於2013年1月成立盤查小組，進行產品碳足跡盤查，依循公司永續發展策略及英國PAS 2050之標準程序進行溫室氣體盤查、數據蒐集、排放量計算、文件製作、減量行動計畫，並委託BSI英國標準協會進行第三方查證，以確認E-Woo電動機車的溫室氣體排放數據有一致性、完整性與準確性。

此次盤查係依據電動機車在整個生命週期過程中所直接與間接產生的溫室氣體總量，並統一用二氧化碳當量（CO_2e）標示，三陽邀約49家廠商共同參與盤查，依據產品生命週期盤查原材料階段、製造加工階段、配銷運輸階段、使用階段及最終處置階段，查證結果爲搖籃到大門（cradle to gate）每輛475kg CO_2e，搖籃到墳墓（cradle to grave）每輛549kg CO_2e。（節錄2013年12月03日工商時報郭文正）

ISO 14067企業逐步推動永續發展藍圖

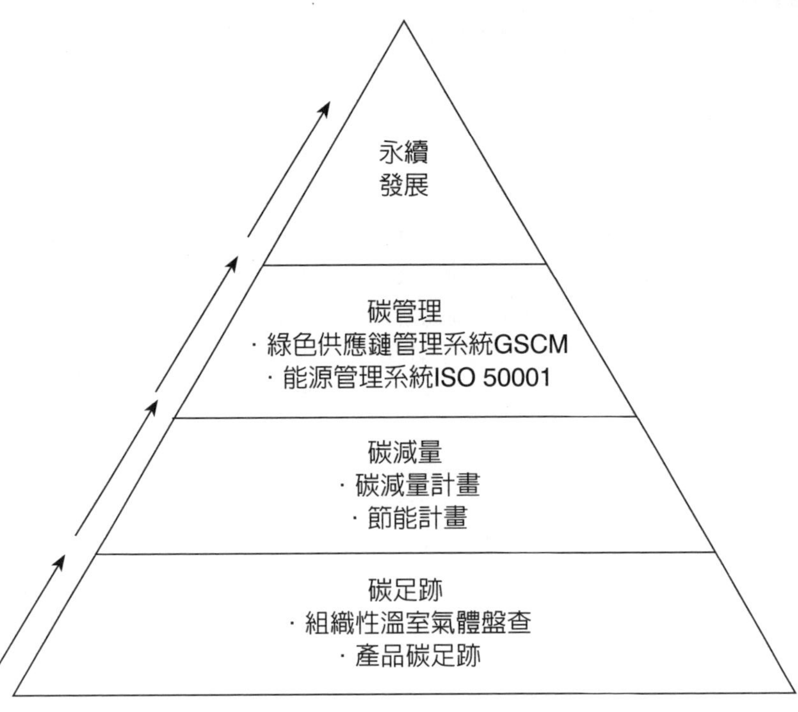

ISO 14067（PAS 2050）產品碳足跡通過廠商列舉

產業業態	產業學習標竿
運輸業	台灣高鐵車站間旅客運輸碳足跡
金融業	玉山銀行、元大銀行
食品業	軒記集團台灣肉乾王、舊振南食品鳳梨酥
飲品業	統一企業、黑松沙士、味丹礦泉水
製造業	日月光半導體、大愛感恩科技、世堡紡織、宏洲窯業、聚隆纖維、茂迪太陽能電池
自行車業	美利達Merida、桂盟KMC、亞獵士科技、建大輪胎、固滿德輪胎、政豪座墊
電動二輪車	三陽工業SYM、可愛馬科技

Unit 1-10 常見ISO國際標準——ISO 14064

ISO 14064-1：2018制定了組織層面溫室氣體（GHG）排放量和清除量的量化和報告的原則和要求。它包括組織溫室氣體清單的設計、開發、管理、報告和驗證要求。

ISO 14064-2：2019制定了原則和要求，並在項目層面提供指導，用於量化、監測和報告，其目的在減少溫室氣體（GHG）減排或提高其活動。它包括規劃溫室氣體項目，確定和選擇與項目和基線情境相關的溫室氣體源，sinks and reservoirs (SSRs)、監測、量化、記錄和報告溫室氣體項目績效和管理數據品質的要求。

ISO 14064-3：2019制定了原則和要求，並爲驗證和確認溫室氣體（GHG）聲明提供了指導。它適用於組織、項目和產品溫室氣體報表。

ISO 14060標準系列是溫室氣體計畫中立的。 如果溫室氣體計畫適用，該溫室氣體計畫的要求是ISO 14060標準系列要求的補充。此溫室氣體制定，實務盤查可應用在家庭型、社區型、企業型、城市型與國家型溫室氣體。

BSI國際驗證機構公開認爲，企業永續發展鼓勵進行ISO 14064溫室氣體排放查證／確證，是建立溫室氣體排放交易可爲執行減量最有效的方式之一。依據ISO 14064查證／確證組織溫室氣體排放系統，能爲組織帶來以下優勢：

1. 找出節省能源的可能性
2. 找出改善方式的可能性
3. 讓您更了解不同部門、職務和工業程序間的互動方式
4. 提供數種方式，幫助您有效將對環境的不利衝擊降至最低
5. 提升公司的正面形象
6. 增加投資者的獲利
7. 提供金融市場和保險公司可靠的資訊

ISO 14064溫室氣體排放查證步驟

BSI查驗程序將確保企業所提出的 GHG 排放數據正確無誤，而BSI查驗方式則能確保排放報告可靠無誤、透明公開，並且前後一致。BSI驗證7個步驟程序如下：

1. 申請查驗
2. 決定查驗範圍
3. 簽約
4. 文件審查
5. 第一階段查驗
6. 第二階段查驗（如於此階段有缺失事項則需進行修正並確認）
7. 發出查證聲明書

資料摘錄：https://www.bsigroup.com

ISO 14064組織溫室氣體藍圖

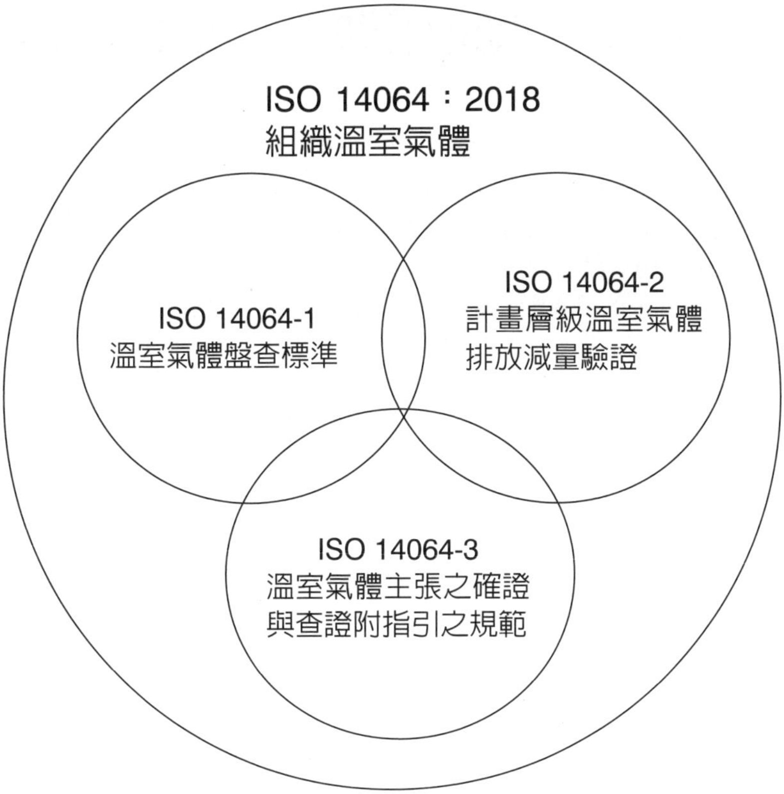

ISO 14064：2018
組織溫室氣體

ISO 14064-1
溫室氣體盤查標準

ISO 14064-2
計畫層級溫室氣體
排放減量驗證

ISO 14064-3
溫室氣體主張之確證
與查證附指引之規範

ISO 14064組織溫室氣體驗證通過廠商列舉

產業業態	產業學習標竿
百貨業	遠東SOGO百貨
政府機關	台南市政府、台電公司、臺灣港務公司、南港展覽館
製造業	英全化工、福懋興業、明安國際、大統新創
自行車業	巨大機械Giant、新呈工業
金融證券業	元大證券、兆豐金控、玉山銀行、台中商業銀行
壽產險業	中國人壽、新光人壽、台灣人壽、新安東京
建築業	遠雄建設

Unit 1-11 常見ISO國際標準——ISO 14046：2014

ISO 14046：2014制定了與基於生命週期評估（LCA）的產品，過程和組織的水足跡評估相關的原則、要求和指南。

ISO 14046：2014提供了將水足跡評估作爲獨立評估進行和報告的原則、要求和指南，或作爲更全面的環境評估的一部份。評估中只包括影響水質的空氣和土壤排放量，並不包括所有的空氣和土壤排放量。

水足跡評估的結果是影響指標結果的單一個值或簡介。雖然報告在ISO 14046：2014範圍內，但水足跡結果的溝通（例如以標籤或聲明的形式）不在ISO 14046：2014的範圍之內。

BSI對水足跡ISO 14046查證認爲，在水資源匱乏及需求不斷增長的今日，水的使用和管理對於任何組織來說都是一個值得思考的重要關鍵。水資源管理不論是在任何一個地方或是全球各地，都需要一個一致性的評估方法。ISO 14046水足跡標準即是一個一致性的且值得信賴的評估方法。國際水足跡標準是適用於評估組織產品生命週期查證報告的規範和指引。ISO 14046提供環境評估一個更廣泛及獨立計算水足跡報告的規範和指引。

ISO 14046水足跡效益，BSI認爲水的評估是鑑別未來管理風險的方法之一，以做好因爲水的使用而對環境的影響提高產品的流程效率和組織層級分享知識和最佳實踐於產業和政府滿足顧客的期望提升對環境保護的責任。

BSI國際驗證機構公開認爲，在水資源匱乏及需求不斷增長的今日，水的使用和管理對於任何組織來說是一個值得思考的重要關鍵。水資源管理不論是在任何一個地方或是全球各地，都需要一個一致性的評估方法。ISO 14046水足跡標準即是一個一致性的且值得信賴的評估方法。

水足跡查核是關於水對於潛在環境的影響。ISO 14046國際標準準則，爲水足跡提供了一個獨立的研究，以思考水所帶來的影響。同時提供一個思考生命週期評估對環境的影響。

企業推動ISO 14046水足跡的效益，水的評估是鑑別未來管理風險的方法之一，組織以做好因爲水的耗用而對環境所造成的影響，提高產品的流程效率、組織層級分享知識、最佳實踐於產業和政府滿足顧客的期望提升對環境保護的責任。

資料摘錄：https://www.bsigroup.com

ISO 14046國際標準藍圖

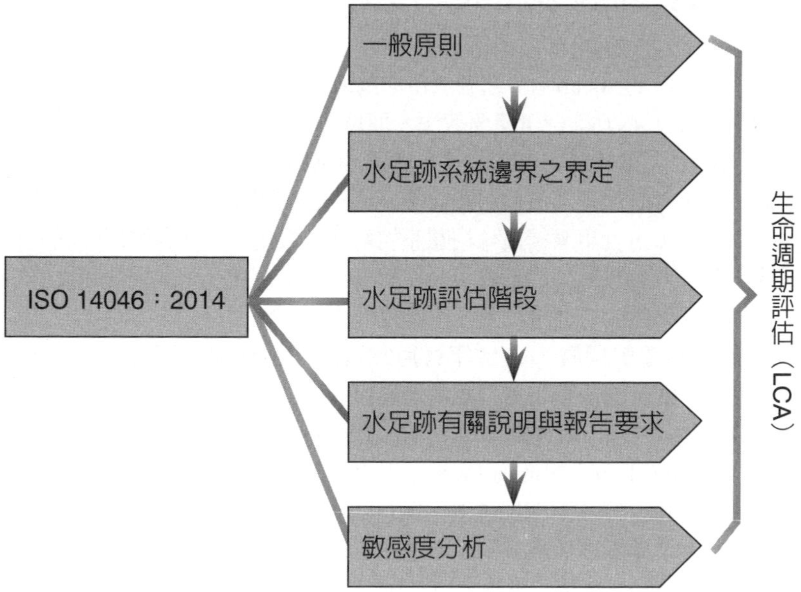

ISO 14046水足跡查證通過廠商列舉

產業業態	產業學習標竿
製造業	興普科技、明安國際、清淨海生技
太陽能源業	茂迪太陽能電池片、新日光
飲料食品業	三皇生技
半導體科技業	新唐科技晶圓、日月光
金融證券業	玉山金控

Unit 1-12 清真認證與ISO 22000：2018

清眞認證（Halal Certification）起源於伊斯蘭教法，舉凡穆斯林教友日常生活食用或碰觸身體的產品，必須符合伊斯蘭教法，即爲「清眞（Halal）」，避免碰觸不潔之物（豬、酒精）。關於豬與酒精的違反清眞的議題，另衍生出一些日常生活注意的事項：豬方面，凡是涉及豬成分相關製品、豬成分相關添加物，都相當敏感。酒精方面，除了酒類外，可食用酒精成分相關添加物之劑量規定，在各國清眞認證的標誌上呈現差異。其中，豬以外其它動物，必須特別留意是否違反可蘭經規範之屠宰方式，不只是豬肉，任何動物之血液以及死肉皆違反清眞。

經濟部投資業務處曾揭露，2017年11月23日於「世界清真高峰會」（World Halal Summit）暨**「第五屆伊斯蘭合作組織清真展」**（the 5th Organization of Islamic Cooperation Halal Expo）在伊斯坦堡舉行，大約逾80國150項品牌參展。

峰會會長（Summit head）Yumus Ete表示，土耳其欲提高在全球清眞商務（halal business）的市占率由2～5%至10%，金額由現1,000億美元爲4,000億美元。

Ete會長指，全球清眞市場現共有約4兆美元規模，其中2兆美元屬「伊斯蘭金融」（Islamic finance）、1兆屬「清眞食品產業」（Halal food industry）、2,500億美元屬「清眞旅遊」（Halal tourism）、其餘（7,500億美元）屬「清眞藥療化妝品及紡織品」（medicine cosmetics and textiles）等。

土耳其「食品檢驗暨認證研究協會」（Food Auditing and Certification Research Association, GIMDES），土耳其獲清眞認證（halal certification）商品僅占其總商品的30%。

有關「清眞旅遊」（Halal tourism）近年在亞洲、歐洲及中東地區興起「清眞旅館」（Halal hotels），對虔誠的穆斯林旅客不供酒及豬肉，男、女分池游泳，旅館員工穿著也需符合伊斯蘭慣例（customs），電視亦不播放未符伊斯蘭價値觀的頻道節目。

清眞（Halal）對於穆斯林食用或碰觸身體的產品，必須追溯源頭，從原物料開始，到產品處理、工廠設施、製造機械、包裝、保管儲藏、物流，甚至最終端零售賣場，都必須符合「清眞（Halal）」，這就是清眞認證提倡的「從農場到餐桌」概念（From Farm to Fork）。根據AFNOR國際驗證規範，遵循伊斯蘭教法精神，採用全球首例在國際管理系統認證要求的基礎上加入伊斯蘭教法規定的中東地區清眞認證規範進行驗證，並提供具有阿拉伯聯合大公國國家清眞標章的認可證書，其接受範圍涵蓋眾多國家和地區，包括中東地區各國、東南亞、大陸及歐美日韓等。除了清眞認證證書外，也可根據產業別同時獲得ISO 22000（食品安全）、HACCP（危害分析與關鍵管制點）、GMP（優良生產規範）、ISO 22716（化妝品優良製造規範）等國際標準認可證書，產官學研合作協助中小企業推廣清眞產品、開拓國際清眞市場，行銷台灣友善環境。

融合ISO 9001：2015與ISO 22000：2018條文對照表

ISO 9001：2015品質管理系統	ISO 22000：2018食品安全管理系統
0.簡介	0.簡介
1.適用範圍	1.適用範圍
2.引用標準	2.引用標準
3.名詞與定義	3.名詞與定義
4.組織背景	4.組織背景
4.1了解組織及其背景	4.1了解組織及其背景
4.2了解利害關係者之需求與期望	4.2了解利害關係者之需求與期望
4.3決定品質管理系統之範圍	4.3決定食品安全管理系統之範圍
4.4品質管理系統及其過程	4.4食品安全管理系統及其過程
5.領導力	5.領導力
5.1領導與承諾	5.1領導與承諾
5.1.1一般要求	
5.1.2顧客為重	
5.2品質政策	5.2食安政策
5.2.1制訂品質政策	5.2.1制訂食安政策
5.2.2溝通品質政策	5.2.2溝通食安政策
5.3組織的角色、責任和職權	5.3組織的角色、責任和職權
6.規劃	6.規劃
6.1處理風險與機會之行動	
6.2規劃品質目標及其達成	6.2規劃食安目標及其達成
6.3變更之規劃	6.3變更之規劃
7.支援	7.支援
7.1資源	7.1資源
7.1.1一般要求	7.1.1一般要求
7.1.2人力資源	7.1.2人力資源
7.1.3基礎設施	7.1.3基礎設施
7.1.4流程營運之環境	7.1.4工作環境
7.1.5監督與量測資源	
7.1.6組織的知識	
7.2適任性	7.2適任性
7.3認知	7.3認知

7.4溝通	7.4溝通
	7.4.1一般要求
	7.4.2外部溝通
	7.4.3內部溝通
7.5文件化資訊	7.5文件化資訊
7.5.1一般要求	7.5.1一般要求
7.5.2建立與更新	7.5.2建立與更新
7.5.3文件化資訊之管制	7.5.3文件化資訊之管制
8.營運	8.營運
8.1營運之規劃與管制	8.1營運之規劃與管制
8.2產品與服務要求事項	8.2 前提方案（PRPs）
8.2.1顧客溝通	
8.2.2決定有關產品與服務之要求事項	
8.2.3審查有關產品與服務之要求事項	
8.2.4產品與服務要求事項變更	
8.3產品與服務之設計及開發	8.3追蹤系統
8.3.1一般要求	
8.3.2設計及開發規劃	
8.3.3設計及開發投入	
8.3.4設計及開發管制	
8.3.5設計及開發產出	
8.3.6設計及開發變更	
8.4外部提供過程、產品與服務的管制	8.4緊急事件準備與回應
8.4.1一般要求	8.4.1一般要求
8.4.2管制的形式及程度	8.4.2緊急情況及事件處理
8.4.3給予外部提供者的資訊	
8.5生產與服務供應	8.5危害控制
8.5.1管制生產與服務供應	8.5.1實施危害分析預備步驟
8.5.2鑑別及追溯性	8.5.2危害分析
8.5.3屬於顧客或外部提供者之所有物	8.5.3管制措施及其組合的確認
8.5.4保存	8.5.4危害控制計畫
8.5.5交付後活動	

8.5.6變更之管制	
8.6產品與服務之放行	8.6更新規定PRP及危害控制計畫的資訊
8.7不符合產出之管制	8.9產品與流程不符合的控制
	8.9.1一般要求
	8.9.2更正
	8.9.3矯正措施
	8.9.4潛在不安全產品之處理
	8.9.5撤回／召回
	8.8關於PRPs及危害控制計畫的查證
9.績效評估	
9.1監督、量測、分析及評估	8.7監督及量測的控制
9.1.1一般要求	
9.1.2顧客滿意度	
9.1.3分析及評估	
9.2內部稽核	9.2內部稽核
9.3管理階層審查	9.3管理階層審查
9.3.1一般要求	9.3.1一般要求
9.3.2管理階層審查投入	9.3.2管理階層審查投入
9.3.3管理階層審查產出	9.3.3管理階層審查產出
10.改進	10.改進
10.1一般要求	10.1一般要求
10.2不符合事項及矯正措施	10.3食安管理系統的更新
10.3持續改進	10.2持續改進

個案討論

分組組員團隊合作，查閱公開資訊一組織或一公司，如ISO 9001品質手冊（或ISO 17025實驗室品質手冊），分組選定一專題研究個案。

章節作業

分組查閱通過ISO國際標準規範要求並驗證公開於公司官網，進行產業學習標竿，列舉進行說明。

ISO 17025：2017通過廠商有哪些？

ISO 45001通過廠商有哪些？

ISO 50001通過廠商有哪些？

ISO 14001通過廠商有哪些？

ISO 14067通過廠商有哪些？

ISO 14064通過廠商有哪些？

ISO 14046通過廠商有哪些？

ISO 20400通過廠商有哪些？

ISO 27001通過廠商有哪些？

ISO 56001通過廠商有哪些？

第 2 章

品質管理系統要項

章節體系架構

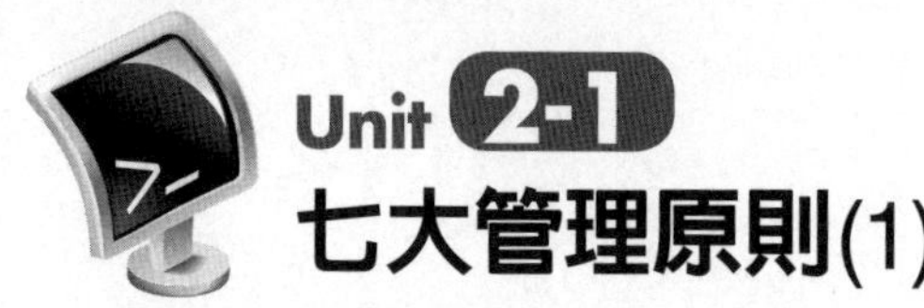

Unit 2-1 七大管理原則(1)

一、顧客導向（Customer Focus）

品質管理主要重點是滿足顧客要求，並致力於超越顧客的期望。

主要重點：與客戶互動的每個層面提供機會爲客戶創造更多的價值（商機）。了解當前和未來客戶及其它利益關係人的潛在需求有助於組織的永續發展。

二、領導（Leadership）

所有階層的領導建立一致的目標和方向，並創造使員工參與達成組織建置品質目標的友善環境。

主要重點：建立一致的目標，方向和參與，使組織能夠統合其策略、政策、流程及有限資源以達成目標。

三、員工參與（Engagement of people）

組織所有人員要能勝任，被適宜授權即能以創造價值，有授權即能參與的員工，透過組織強化其員工能力以創造價值。

主要重點：有效率地管理組織，讓所有階層的員工參與，並尊重他們個體適切發展是很重要的。認知、授權和強化技能和知識，促進員工的參與，以達成組織的目標。

所謂「參與」，是在不同程度上讓員工投入組織的改善決策過程及各種管理。

也就是讓他們與企業管理者處於平等的位置共同研究和腦力激盪討論問題，以良善影響組織的績效和改善員工的工作心態。

重視員工方面所遇到的重大挑戰包括：(1)整合人力資源的做法：甄選育用留才、績效衡量、表揚、訓練、生涯升遷等；(2)依據策略性的改變過程調整人力資源管理，例如輪調工作環境安全性、疫情人力調節。

員工參與的好處，舉凡有助於改進品質和提升生產力，因爲他們會全力以赴；如果員工在其中扮演一部份專案角色，則較會推動和支援決策；較容易找出業務上有待改善的領域；較容易做出業務上立即的改進行動等。

七大品質管理原則藍圖

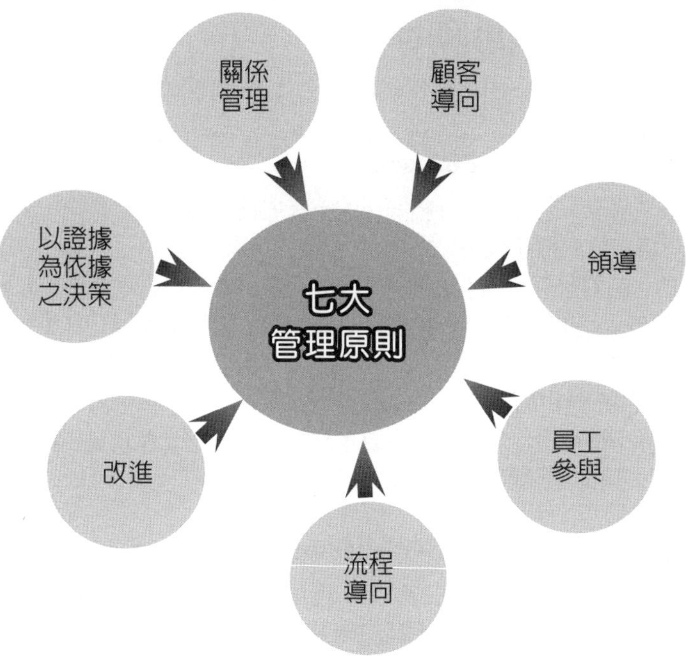

個案：防蝕系統設計製造安裝

七大原則	個案學習
顧客導向	客製提供陰極防腐蝕產品服務
領導	合理價格、高品質與快速服務
員工參與	上下目標一致、團隊合作
流程導向	TQM、Lean production
改進	提供安全穩定快樂職場環境
以證據為依據之決策	精確、持續改進、及時
關係管理	曾被評為最佳供應商

七大管理原則(2)

四、流程導向（Process approach）

當活動被了解及被管理成有互相關係的流程成爲一個具連貫系統，一致的及可預測的結果可以更有效率被達成。

主要重點：品質管理系統是由互相關聯流程所構成。了解系統是如何產生其結果，包括所有流程、資源、管制和相互作用產生的，能使組織優化其績效。

五、改進（Improvement）

成功的組織不斷地專注於改進。主要重點：基本上，改進是讓組織維持目前的績效水準，反映內部和外部環境的改變，並創造新的機會。

六、以證據為依據之決策（Evidence-based decision making）

基於數據和資訊的分析和評估的決策，更可能產生預期的結果。

主要重點：了解因果關係及非預期的後果很重要。在決策時，事實、證據和數據分析帶來更大的客觀性與商機。

七、關係管理（Relationship management）

對於永續發展，組織管理其與利益團體的關係，如供應商、客戶等等關鍵利益團體（利害關係人）。關係管理要點，組織管理其與利益團體的關係以優化其績效的影響，永續發展實現的可能性更大。加強與供應商和夥伴的網絡關係管理往往是特別重要的。

推薦標竿學習企業

產業業態	國內產業學習標竿
橡膠業	建大輪胎、正新輪胎、中橡、台橡
塑膠業	上緯企業、鼎基化學、興采實業、員全
金屬加工業	三星科技、巧新科技、鐵碳企業、桂盟
化工業	台灣永光化學、長興化學、南光化學、生達化學
自行車產業	巨大機械、美利達、太平洋自行車、亞獵士科技、桂盟國際

IPO流程範例

2. 輸入 Input

產品需求
請購單
模治具規格
圖面（設計）

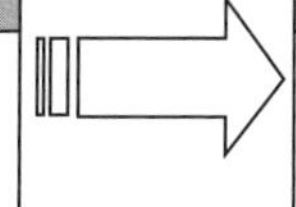

1. 流程 Process

治工具管理流程

3. 輸出 Output

訂購單
驗收單
治工具點檢表

預防保養系統流程 Prevent maintain management

5. 藉由什麼？ What（材料／設備）

三用電表
3D量測平台
游標卡尺
潤滑防鏽油
電力分析儀

6. 藉由誰？ Who（能力／技巧／訓練）

專業技術工程師
具電子、自控、機械維護能力

2. 輸入 Input

年度計劃表 plan
人力配置 manpower
訂單預測 forecast
保養治工具 tooling

1. 流程 Process

預防保養作業
prevent maintain

3. 輸出Output

設備保養紀錄
維修履歷表
部品採購、領用作業
碳排、能源耗用紀錄

4. 如何做？ How（方法／程序／指導書）

模治具維護保養準則
預防保養準則
量測分析作業準則
職業安全作業準則

7. 藉由哪些重要指標？ Result（衡量／評估）

稼動率
修機率
部品耗用費
節能減碳量

Unit 2-3 內部稽核

內部稽核目的爲落實企業國際標準管理系統之運作，各部門能確實而有效率合時合宜之執行，以達成經營管理與管理系統之要求，並能於營運過程實行中發現產品品質異常或服務不到位，能即時督導矯正以落實管理系統運作與維持。

ISO 9001：2015_9.2 internal audit條文要求

9.2.1 組織應在規劃的期間執行內部稽核，以提供品質管理系統達成下列事項之資訊。
(a) 符合下列事項。
(1) 組織對其品質管理系統的要求事項。
(2) 本標準要求事項。
(b) 品質管理系統已有效地實施及維持。
9.2.2 組織應進行下列事項。
(a) 規劃、建立、實施及維持稽核方案，其中包括頻率、方法、責任、規劃要求事項及報告，此稽核方案應將有關過程之重要性、對組織有影響的變更，及先前稽核之結果納入考量。
(b) 界定每一稽核之稽核準則（audit criteria）及範圍。
(c) 遴選稽核員並執行稽核，以確保稽核過程之客觀性及公正性。
(d) 確保稽核結果已通報給直接相關管理階層。
(e) 不延誤地採取適當的改正及矯正措施。
(f) 保存文件化資訊以作爲實施稽核方案及稽核結果之證據。
備註：參照CNS 14809指引。

小博士解說

面對組織內外部稽核作業，稽核員應具備能力，需不斷終身學習。

人格特質	處事的能力
心胸開闊、客觀open mind 正確判斷與堅毅不搖 對於評鑑範圍內規則的敏感性 對於壓力情境能夠有效反應 Open/close meeting掌握度 對缺失與觀察報告解析條理 專注、成熟 傾聽	有效撰寫與傾聽的技巧 主持／控制會議的能力 計畫、組織及排程的能力 化解衝突的能力 決策的能力 獲得合作的能力 保存事實的能力 取捨最適圓滿解

查檢表或稽核流程

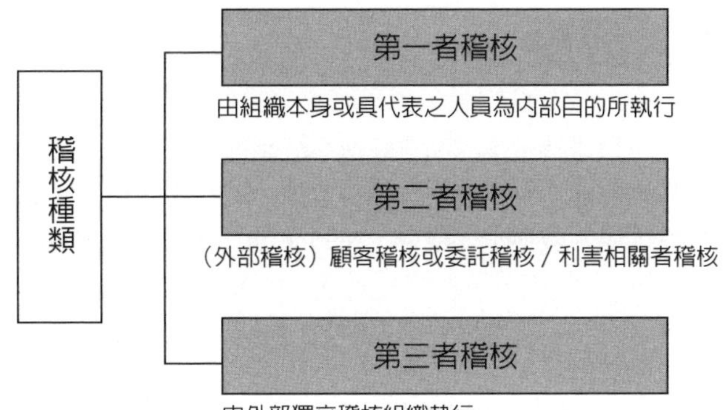

註1（稽核依據）：法令規章、標準、標準程序書、管理辦法、作業指導書、作業說明書、共通規範、特定規範、相關之紀錄、表單、報告及實際操作之要求。

註2（稽核原則）：廉潔、公平陳述、專業、保密性、獨立性、證據為憑。

內部稽核實施流程

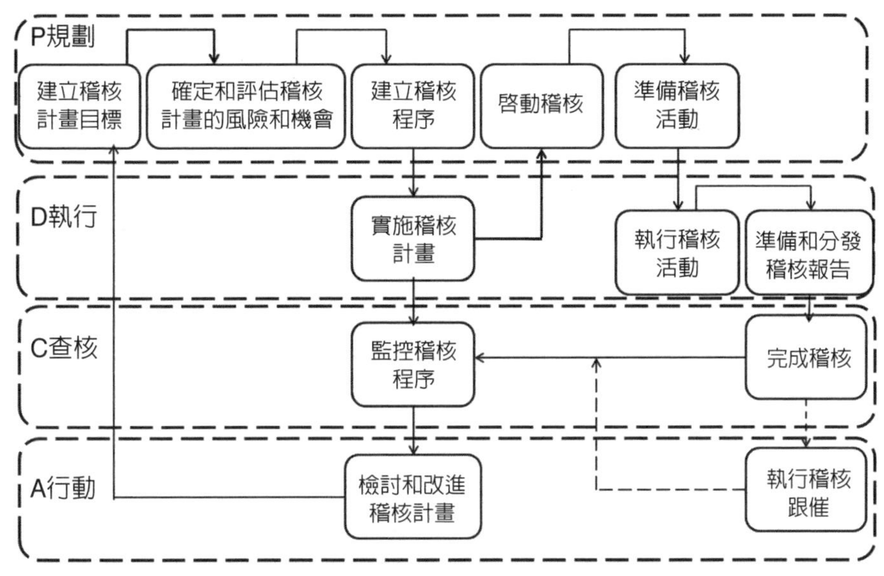

參考資料：ISO 19011

Unit 2-4 管理審查

管理審查之目的，爲維持企業的品質管理系統制度，以審查組織內外部品質管理系統活動，以確保持續的適切性、充裕性與有效性，結合內部稽核作業輸出與管理審查會議討論，能即時因應風險與掌握機會，達到品質改善之目的並與組織策略方向一致。

一、管理審查議題（參考例）：

1. 顧客滿意度與直接相關利害相關者之回饋。
2. 品質目標符合程度並審視上次審查會議決議案執行結果。
3. 組織過程績效與產品服務的符合性。
4. 不符合事項及相關矯正再發措施。
5. 監督及量測結果（如法規、車輛審驗）。
6. 內外部品質稽核結果。
7. 外部提供者之績效（如客供品）。
8. 處理風險及機會所採取措施之有效性。
9. 改進之機會。
10. 其它議題（知識分享、提案改善）。

二、參加會議對象（參考例）：

1. 總經理爲管理審查會議之當然主席。
2. 管理代表爲會議之召集人。
3. 各部門主管，幹部及經理指派相關人員爲出席會議之成員。

三、管理審查事項之執行（參考例）：

1. 管理代表負責管理審查會議中決議事項之執行工作。
2. 決議事項及完成期限應記載入會議紀錄中。
3. 審查事項輸出的決策行動，包括系統過程及產品有效性之改善及相關投入資源之需要。

流程圖

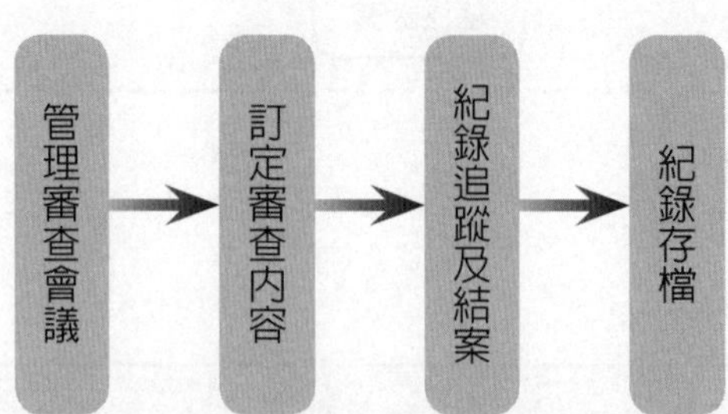

ISO 9001：2015_9.3 Management review條文要求

9.3.1 一般

最高管理階層應在所規劃之期間審查組織的品質管理系統，以確保其持續的適合性、充裕性、有效性，並與組織的策略方向一致。

9.3.2 管理階層審查之投入

管理階層審查的規劃及執行應將下列事項納入考量。

(a) 先前管理階層審查後，所採取的各項措施之現況。

(b) 與品質管理系統直接相關的外部及內部議題之改變。

(c) 品質管理系統績效及有效性的資訊，包括下列趨勢。

(1)顧客滿意及來自於直接相關利害關係者之回饋。(2)品質目標符合程度。(3)過程績效及產品與服務之符合性。(4)不符合事項及矯正措施。(5)監督及量測結果。(6)稽核結果。(7)外部提供者之績效。

(d) 資源之充裕性。

(e) 處理風險及機會所採取措施之有效性（參照條文6.1）。

(f) 改進之機會。

9.3.3 管理階層審查之產出

管理階層審查之產出應包括如下之決定及措施。

(a)改進機會。(b)若有需要，改變品質管理系統。(c)所需資源。

組織應保存文件化資訊，作為管理階層審查結果之證據。

＋知識補充站

因應全球智能化供應鏈管理挑戰，企業面對中長期推動方案，並追求供應鏈符合國際環保規範，從管理審查建議管理階層因應措施參考如下：

1. 建立原物料成分管制物質清單，並依國際環保法規及有害物質管制要求適時更新，作為公司自我要求並與國際環保潮流趨勢銜接之基準。
2. 建立供應商原物料成分管制保證書，要求原物料供應商切結銷售公司之產品未含環境有害物質，確保公司之產品於供應鏈體系中可符合國際要求。
3. 建立供應商設施風險管理評鑑，增列公司供應商評鑑之範圍。
4. 供應商管制程序管理審查評鑑及落實供應商產品檢驗報告分類彙整，強化現有供應商環保資訊之建檔管理。
5. 將公司對供應商之綠色產品相關要求，透過採購管制程序優先列入採購對象，落實執行綠色採購管理。
6. 加強製程作業與委外加工廠作業安全風險管理評估。
7. 因應技術人才培訓與管理儲備留才，逐步建立智慧管理績效指標。
8. 附加於機械設備導入機聯網、生產管理可視化與智慧化科技應用，如機聯網智慧機上盒，進而提升供應鏈強度。並具備資料處理、儲存、通訊協定轉譯及傳輸，以及提供應用服務模組功能之軟硬體整合系統。

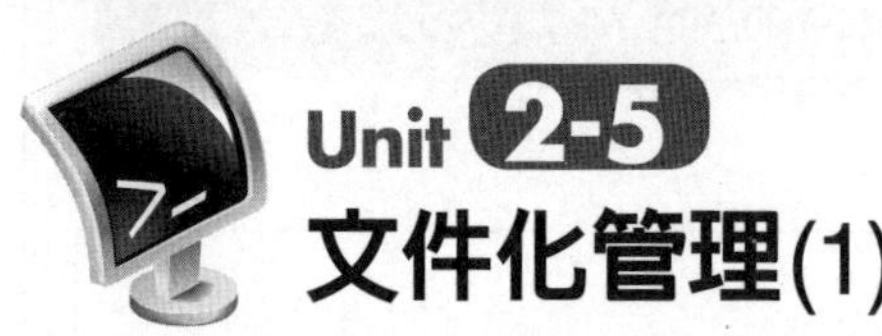

Unit 2-5 文件化管理(1)

文件化管理之目的為使公司所有文件與資料，於內部能迅速且正確的使用及管制，以確保各項文件資料之適切性與有效性，以避免不適用文件與資料被誤用。確保文件與資料之制訂、審查、核准、編號、發行、登錄、分發、修訂、廢止、保管及維護等作業之正確與適當，防止文件與資料被誤用或遺失、毀損，進行有效管理措施。

文件化管理藍圖

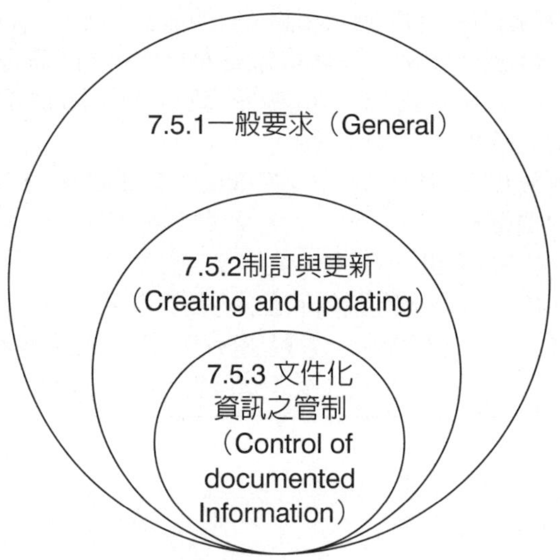

ISO 9001：2015_7.5 文件化資訊（Documented information）條文要求

7.5.1 一般

組織的品質管理系統應有以下文件化資訊。

(a) 本標準要求之文件化資訊。

(b) 組織為品質管理系統有效性所決定必要的文件化資訊。

備註：各組織品質管理系統文件化資訊的程度，可因下列因素而不同。

－組織規模，及其活動、過程、產品及服務的型態。

－過程及過程間交互作用之複雜性。

－人員的適任性。

7.5.2 建立與更新

組織在建立及更新文件化資訊時，應確保下列之適當事項。

(a) 識別及敘述（例：標題、日期、作者或索引編號）。

(b) 格式（例：語言、軟體版本、圖示）及媒體（例：紙本、電子資料）

(c) 適合性與充分性之審查及核准。

文件制修訂與報廢流程範例

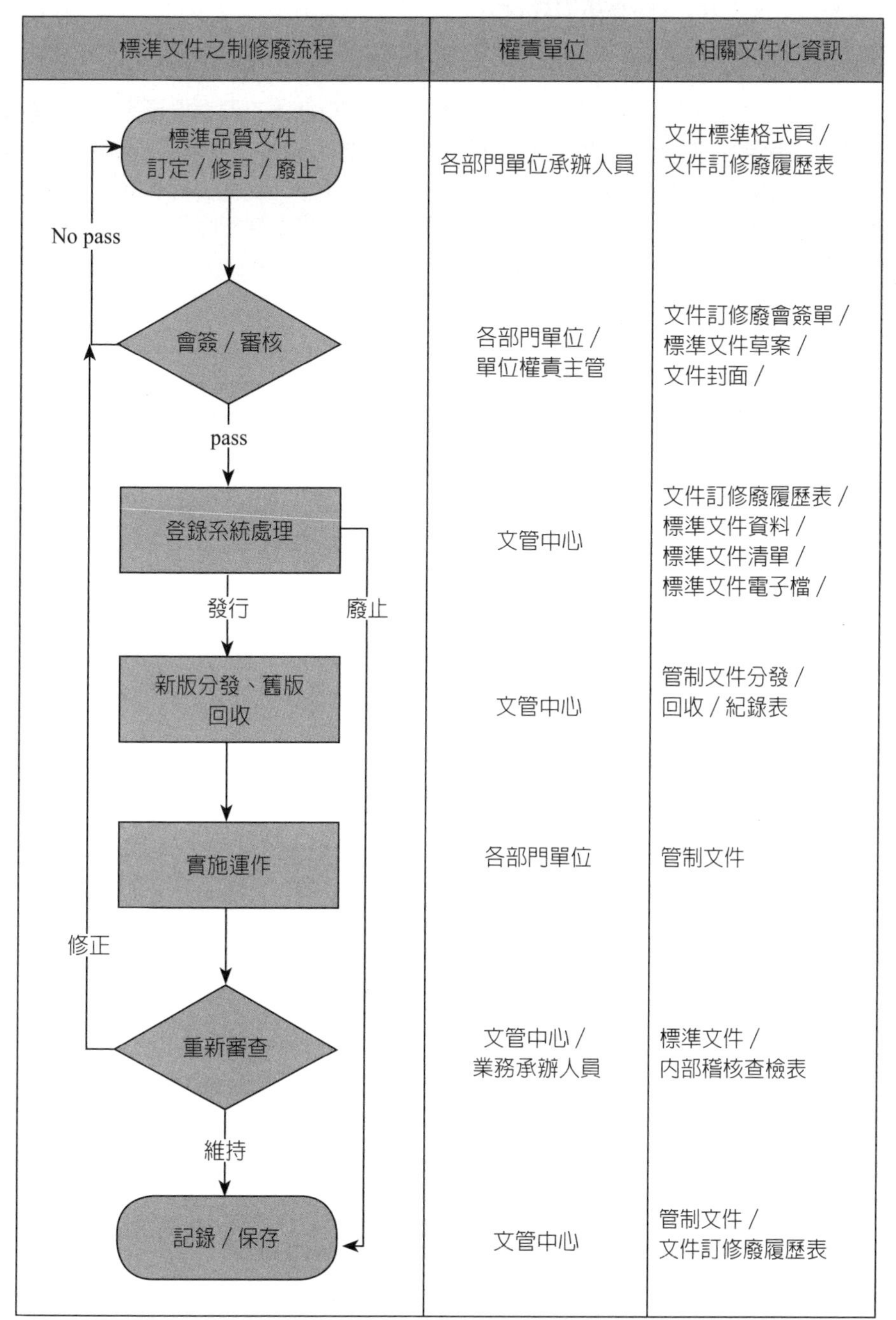

Unit 2-6 文件化管理(2)

有關外部文件管制，凡與產品品質相關之法規資料如國家標準規範等，均由企業內文管中心管制並登錄於「文件管理彙總表」，並隨時主動向有關單位查詢最新版之公告資料。如有外部單位需要有關文件時，文管中心應於「文件資料分發回收簽領記錄表」登錄，並於發出文件上加蓋「僅供參考」，以確實做好相關管制，以免誤用。

文件化管理其目的、範圍與內容，列舉參考：

一、目的：為實踐公司品質政策與目標，而制訂品質手冊、程序書、標準書、品質記錄等文件資料，以發行文件管理之一致性、可溯性，並防止舊版文件被誤用與不當使用。

二、範圍：有關內外部之品質管理系統文件，其編號、制訂、審核、發行、修改、作廢等作業均屬之。

三、內容：

3.1 品質管理系統文件包括：

3.1.1 制訂品質政策及品質目標。

3.1.2 品質手冊、程序書、標準書、品質記錄等文件資料。

3.1.3 ISO國際標準所要求之所有文件、記錄。

3.1.4 為確保流程能有效運作之有關文件。

3.2 文件之架構與內容，係考量下列因素：

3.2.1 公司之規模與作業型態。

3.2.2 產品流程之複雜程度、相互關係。

3.2.3 過程管理程度與人員之能力。

3.2.4 客戶要求。

7.5.3 文件化資訊的管制（Control of documented information）條文要求

7.5.3.1

品質管理系統與本標準所要求的文件化資訊應予以管制，以確保下列事項。

(a) 在所需地點及需要時機，文件化資訊已備妥且適用。

(b) 充分地予以保護（例：防止洩露其保密性、不當使用，或喪失其完整性）。

7.5.3.2

對文件化資訊之管制，適用時，應處理下列作業。

(a) 分發、取得、取回及使用。

(b) 儲存及保管，包含維持其可讀性。

(c) 變更之管制（例：版本管制）。

(d) 保存及放置。

已被組織決定為品質管理系統規劃與營運所必須的外來原始文件化資訊，應予以適當地鑑別及管制。
保存作為符合性證據的文件化資訊，應予以保護防止被更改。
備註：取得管道隱含僅可觀看文件化資訊，或允許觀看並有權變更文件化資訊的決定。

標準文件之分類管制

文件名稱	說　明
原版文件	審核通過後，存檔備查使用
管制文件	文件發行後，據以遵循實施
參考文件	供參考使用，未具任何效力
作廢文件	不符合需求，已改版或作廢

備註1（管制單位）：標準文件不得自行列印、複印、塗改。
備註2（管制章範例）：管制文件章、參考文件章、作廢文件章，應包含單位名稱及日期。

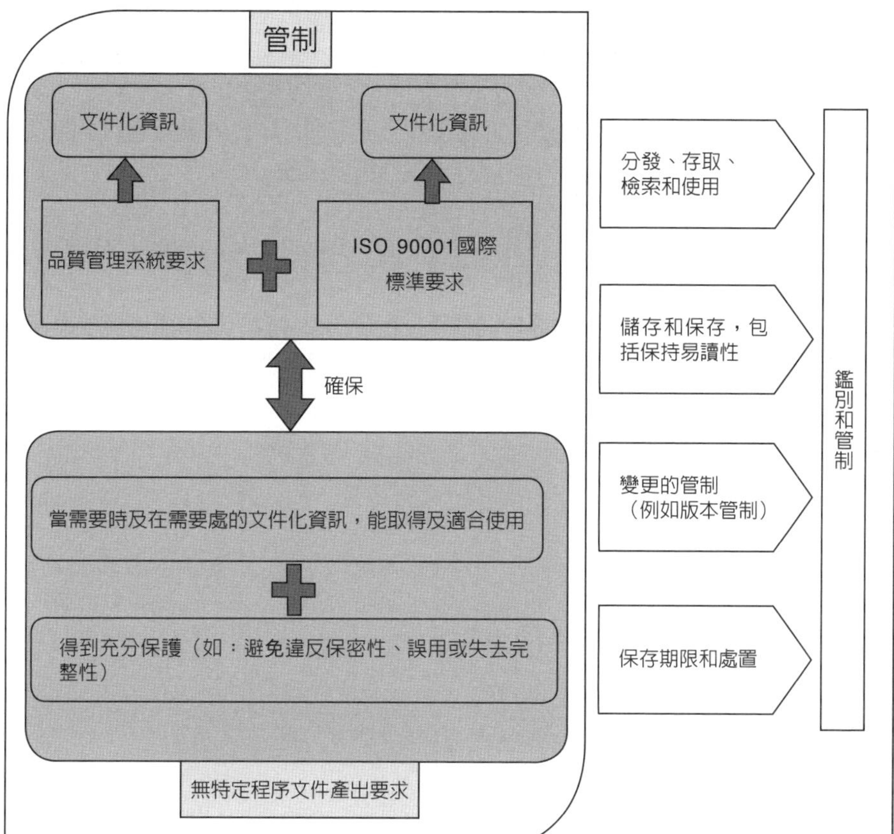

Unit 2-7 知識管理

知識經濟的時代，企業所要面對的是一個更複雜、快速的環境。近年來全球許多企業紛紛投入知識管理的熱潮中，可見得企業欲透過知識管理創造價值的期待及渴望。多數企業對知識管理的認知仍停留在文件管理及系統建置階段，且不知從何處強化或改善，無法眞正落實及發揮知識管理的精神及效益。因此，經濟部工業局主導規劃「知識管理評量機制」，希望透過技術服務業及標竿企業多年來推動知識管理的實務經驗，根據企業知識管理發展過程而設計一套評量機制，可作爲企業自我檢視推動現況，並據以調整導入策略及實施做法。

從工業時代到資訊時代，再到知識經濟時代，社會變得更加多元，充滿了不確定性。不過，愈懂得善用知識的人，愈會發現處處充滿商機。現今透過網路資訊隨時隨地唾手可得，但是哪一些才是企業眞正需要的資訊呢？又要如何去蕪存菁地創造企業知識進而爲企業帶來財富？又要如何將企業過去成功的經驗傳承下去？這些都是今日面臨全球化競爭的企業所要面對的基本課題。

根據管理大師許士軍教授的分析，台灣企業正面臨以下的困境：組織喪失創新的動力、組織與外界產生隔閡、集權管理結果喪失彈性、基層員工與管理者的無力感。基於多年的產業輔導顧問經驗，認爲企業文化的不合時宜，與這些困境互爲因果關係，更是企業的通病。如何讓企業文化從僵化到充滿彈性，從被動回應到主動因應，從問題解決模式到預防問題機制，從墨守成規到創新突破，在在都是經營者必須擁有的經營觀念。

知識分享目的，可配合企業中長期業務發展，激勵員工藉由知識分享管理進行軟性內部外部溝通，透過知識文件管理、知識分享環境塑造、知識地圖、社群經營、組織學習、資料檢索、文件管理、入口網站等文化變革面、資訊技術面或流程運作面之相關專案導入與推動工作，跨專長提供問題分析、因應對策或其它策略規劃建議，內化溝通型企業文化，營造知識創造與創新思維。

知識管理IPO流程範例

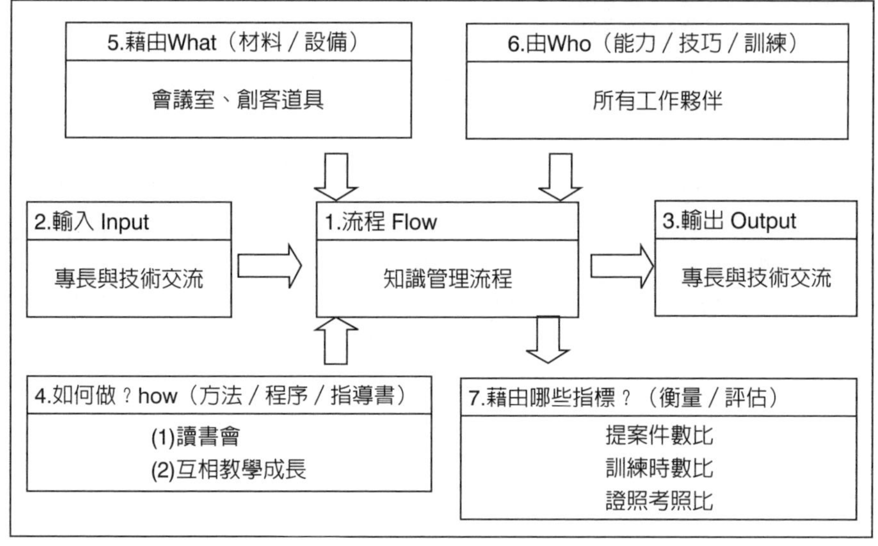

實務推動KM問題解決

項目	常見可能遭遇之問題	問題解決方式
企業文化	組織成員對KM知識管理重要性之認知度需要加強	1. 以業務單位為KM推動示範單位，成立推動委員會 2. 以Work-out方式進行策略共識
營運流程管理	業務行銷部門中關鍵作業隱性知識較無法具體表達	1. 建立作業標準書與文件管理分類 2. 挑選部門種子技術教師 3. 推動培養部門師徒導師制
資訊科技硬體方面	電腦設備不足，員工多人共用一部電腦與未能有效進行資訊分享	1. 依Web-ISO平台分享知識，內部提供共用資料使用教學課程 2. Web-ISO平台統一編碼管理與識別
人員素質	業務員工資訊能力強，業務行銷流程未能聚焦產品行銷定位，將產業趨勢資訊轉換成知識書面文件是有困難的	1. 進行業務作業KM分類與盤點 2. 具體規劃產業分析報告KM資料庫 3. 具體規劃產品行銷市場定位圖

Unit 2-8 風險管理

風險是不確定性對預期結果的影響，並以風險爲基礎的思維理念，始終隱含在ISO 9001：2015的國際標準，使基於風險的思路更加清晰，並運用它建立與實施，維持和持續要求完善的品質管理系統。

企業可以選擇發展更廣泛基於風險的方法要求本國際標準，以ISO 31000提供了正式的風險管理指引，可以適當運用在組織環境。

風險管理之目的爲在可接受的風險水準下，積極從事各項業務，設施風險評估提升產品之質量與人員職業安全衛生。加強風險控管之廣度與深度，力行制度化、電腦化及紀律化。組織部門應就各業務所涉及系統及事件風險、市場風險、信用風險、流動性風險、法令風險、作業風險和制度風險做系統性有效控管，總經理室應就營運活動持續監控及即時回應，年度稽核作業應進行確實查核，以利風險即時回應與適時進行危機處置，制定程序文件。

1. 風險（Risk）：潛在影響組織營運目標之事件，及其發生之可能性與嚴重性。
2. 風險管理（Risk Management）：爲有效管理可能發生事件並降低其不利影響，所執行之步驟與過程。
3. 風險分析（Risk Analysis）：系統性運用有效資訊，以判斷特定事件發生之可能性及其影響之嚴重程度。

其中風險評估的整體過程及目的要辨識和瞭解組織的所有工作環境及所有作業活動過程可能出現的危害，並確保這些危害對人員的風險已受到適當評估及處理，並控制在可接受的程度。爲達此目的，組織在執行風險評估之前，必須先建立風險評估管理計畫或程序，明確規定如何推動風險評估工作，包含組織內相關部門及人員在風險評估工作上之權責與義務。

在風險評估管理計畫或程序中，必須明確規定執行風險評估的時機，列舉：(1)建立安全衛生管理計畫或職業安全衛生管理系統時；(2)採用新的化學物質、機械、設備或作業活動等導入時；(3)機械、設備、作業方法或製程條件等變更時；(4)法令與客戶要求設計變更時。

風險評估方法實務應用不盡相同，視組織依其規模、特性及安全衛生法規的要求，考量可用資料合宜性、可用資源（包含人力、技術、財務及時間）等因素，選擇適切於本身需求的方法。

組織在執行風險評估時須鼓勵該項作業的員工參與，使評估結果可符合實際情況，並內化員工瞭解其相關工作的危害、控制措施、異常或緊急狀況等之處理，確保其能安全的執行工作。

國際標準——風險管理參考

項次	國際規範	名稱
1	ISO 31000：2009-Risk management-Principles and guidelines	風險管理：原則與指引
2	ISO/TR 31004：2013 provides guidances for organizations on managing risk effectively by implementing ISO 31000：2009	風險管理：執行ISO 31000之指導綱要
3	ISO/IEC 31010：2009 Risk Management-Risk assessment techniques	風險管理：風險評估技術
4	ISO 14971：2007 Risk Management Requirements for Medical Devices	風險管理：醫療器材之產品

ISO風險評估（以金屬製品製造流程為例）

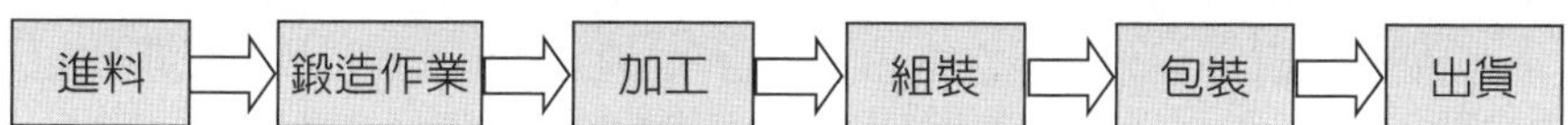

作業說明：此為一金屬零件製造工廠主要製程，包括進料、鍛造作業、加工、組裝、包裝、出貨。進料時先以堆高機自碼頭貨車上將貨物載至倉庫，再以固定式起重機吊掛至定位；接下來以鍛造爐進行零件鍛造，進行熱處理後再以衝床、車床、研磨機及鑽孔機等加工，最後以輸送帶包裝出貨。

嚴重度等級	可能性等級			
	P4	P3	P2	P1
S4	5	4	4	3
S3	4	4	3	3
S2	4	3	3	2
S1	3	3	2	1

個案討論

分組研究個案，試說明符合七大原則中的哪幾項？

章節作業

七大品質管理原則與ISO 9001標準條文關係，請列出說明。

個案學習：防蝕系統設計製造安裝

七大原則	個案學習	條文
顧客導向	客製提供陰極防腐蝕產品服務	
領導	合理價格、高品質與快速服務	
員工參與	上下目標一致、團隊合作	
流程導向	TQM、Lean production	
改進	提供安全穩定快樂職場環境	
以證據為依據之決策	精確、持續改進、及時	
關係管理	曾被評為最佳供應商	

列舉標竿學習個案——優於競爭對手五大領域

顧客服務	
客戶關係	
績效卓越	
工作環境	
成長機會高	

第3章

ISO 17025：2017 概述

章節體系架構▼

Unit 3-1 簡介

通過ISO 17025：2017認證之組織使實驗室能夠證明組織團隊能夠勝任運作並產生有效的結果，從而在國內和國際間提升對其工作的信心。

它還有助於促進國家間對結果的更廣泛接受，從而促進實驗室與其它機構之間的合作。測試報告和證書可以讓跨國間互相進行國際間承認，而無需進一步測試，並可促進國際間貿易。

ISO 17025：2017對於執行**測試**、**抽樣或校正**並希望獲得可靠結果的任何組織都很有用。這包括所有類型的實驗室，無論它們是由政府、產業或實際上任何其它組織擁有和營運的。該標準對大學、財團法人研究中心、政府、監管機構、檢驗機構、產品認證機構和其它需要進行測試、抽樣或**校正**的合格評定機構也很有幫助。（資料來源：https://www.iso.org/ISO-IEC-17025-testing-and-calibration-laboratories.html）

國際標準不隱含以下要求：

1. 不同的品質管理系統在架構上的均一性。
2. 文件化必須與國際標準章節架構具有一致性。
3. 在組織內使用國際標準的特定用語。

國際標準所規定的品質管理系統要求事項，和產品與服務要求事項有互補作業。其使用過程導向，其中包括「計畫P－執行D－檢核C－行動A」循環及基於風險之思維。過程導向讓組織有能力規劃其過程及過程之交互作用。

小博士解說

ISO管理系統標準MSS（Management System Standards）通過指定組織有意識地實施的可重複步驟來幫助組織提高其績效，以實現其目標和目的，並創建一種組織文化，該文化本能地參與自我評估、糾正和改進PDCA提高員工意識和管理領導力和承諾來提高流程和流程之系統運作。

有效管理體系對組織的好處包括：

- 更有效地利用資源並改善財務業績。
- 改進風險管理以及對人員和環境的保護。
- 提高提供一致和改進的服務和產品的能力，從而為客戶和所有其它利益相關者增加價值。

MSS是在全球管理、領導力戰略以及高效和有效的流程和實踐方面具有專業知識的國際專家達成共識的結果。MSS標準可以由任何組織實施，無論大小。

資料來源：https://www.iso.org/management-system-standards.html

SIPOC系統思維

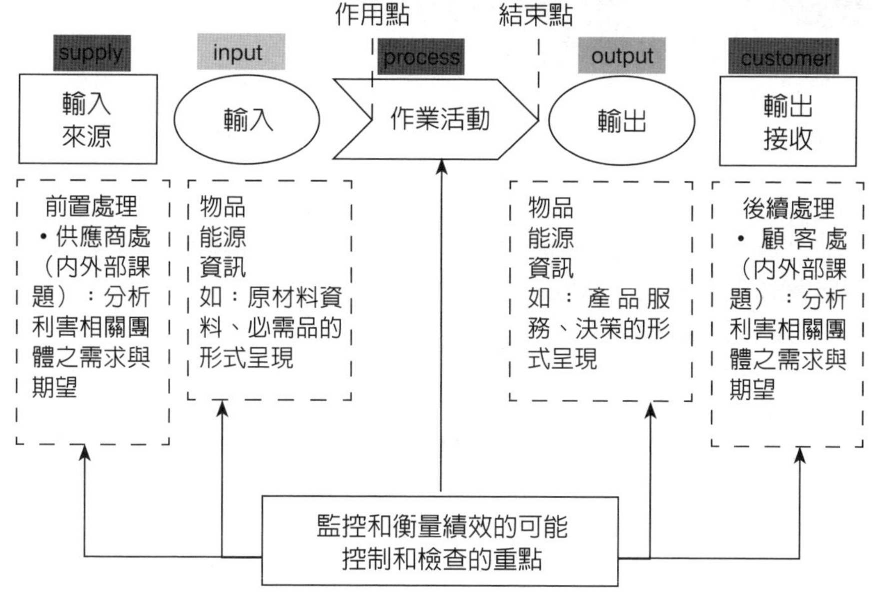

SIPOC系統（範例）

Supplier	Input	Process	Output	Customer
實驗流程供應者	實驗有形及無形的投入	實驗過程之活動、程序、設備、方法及技術	實驗有形及無形的產出	實驗流程之客戶與需求
6.5計量追溯性 6.6外部提供的產品與服務 7.1需求事項、標單及合約之審查	4.1公正性 4.2保密 5.架構要求 7.1需求事項、標單及合約之審查 7.2方法的選用、查證與確證 7.3抽樣 7.4試驗件或校正件的處理 8.2管理系統文件化（選項A） 8.3管理系統的文件管制（選項A）	7.1需求事項、標單及合約之審查 7.2方法的選用、查證與確證 7.3抽樣 7.4試驗件或校正件的處理 7.10不符合工作 8.7矯正措施（選項A） 8.8內部稽核（選項A）	7.6量測不確定度的評估 7.8結果的報告 8.4紀錄的管制（選項A） 8.6改進（選項A） 8.9管理階層審查（選項A）	7.8結果的報告

Unit 3-2 PDCA循環

「計畫P—執行D—檢核C—行動A」循環，可一體應用於所有過程及品質管理系統。

PDCA循環，簡易說明如下：

Plan計畫：依據顧客要求事項及組織政策，鑑別並處理風險及機會，確立品質管理系統目標及其過程，以及爲輸出結果所需要的資源。

Do執行：將計畫逐步實施。

Check檢核：針對政策、目標、要求事項及所規劃的活動，監督及量測過程、產品與服務，並報告結果。

Action行動：必要時採取矯正措施改進績效。

連貫的和可預測的結果得以實現更有效活動時，被理解和運用一個連貫的系統相互連結的管理過程。標準鼓勵採用過程方法進行發展，實施和改進品質管理系統的有效性，通過滿足顧客要求，增強顧客滿意。國際標準中ISO 9001：2015條文4.4，包括認爲必須採用過程方法的具體要求。過程方法的應用過程及其相互作用系統的定義和管理，以達到符合質量方針與組織的策略方向的預期（PDCA）的方法，ISO 17025：2017條文8.5進行全面的集中「基於風險的思維」，旨在防止不良後果來實踐的流程和系統作爲一個整體的管理。

管理系統圖解方式說明將ISO 17025：2017條文第4章至第8章與ISO 9001：2015條文第4章至第10章納入PDCA循環架構內。

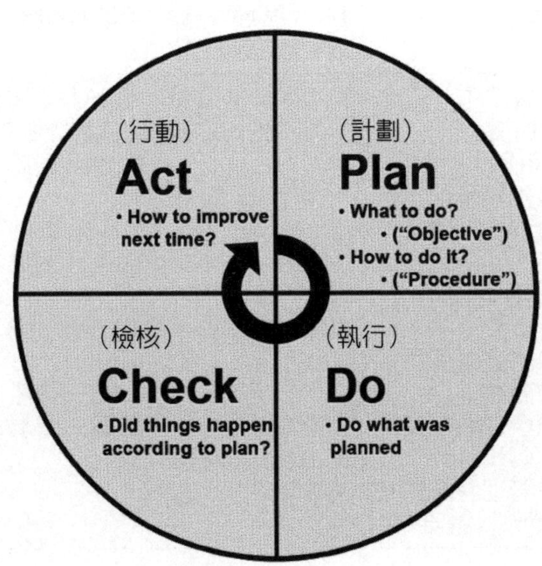

圖解ISO 17025：2017系統圖

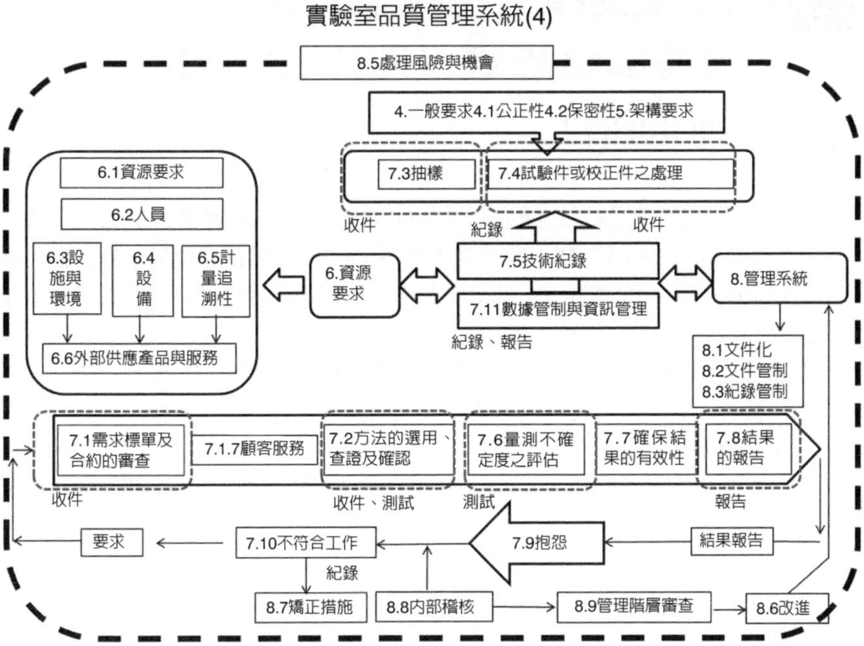

實驗室品質管理系統(4)
8.5處理風險與機會
4.一般要求4.1公正性4.2保密性5.架構要求
7.3抽樣
7.4試驗件或校正件之處理
收件
紀錄
收件
6.1資源要求
6.2人員
6.3設施與環境
6.4設備
6.5計量追溯性
6.6外部供應產品與服務
6.資源要求
7.5技術紀錄
7.11數據管制與資訊管理
紀錄、報告
8.管理系統
8.1文件化
8.2文件管制
8.3紀錄管制
7.1需求標單及合約的審查
7.1.7顧客服務
7.2方法的選用、查證及確認
7.6量測不確定度之評估
7.7確保結果的有效性
7.8結果的報告
收件
收件、測試
測試
報告
要求
7.10不符合工作
7.9抱怨
結果報告
紀錄
8.7矯正措施
8.8內部稽核
8.9管理階層審查
8.6改進

圖解ISO 9001：2015系統圖

品質管理系統(4)
支援(7)
營運(8)
計畫（PLAN）
執行（DO）
組織與背景(4)
顧客要求(6)
利害相關者之需求及期望(4)
規劃(6)
領導力(5)
績效評估(9)
顧客滿意度
品質管理系統之結果
產品與服務
行動（ACT）
檢核（CHECK）
改進(10)

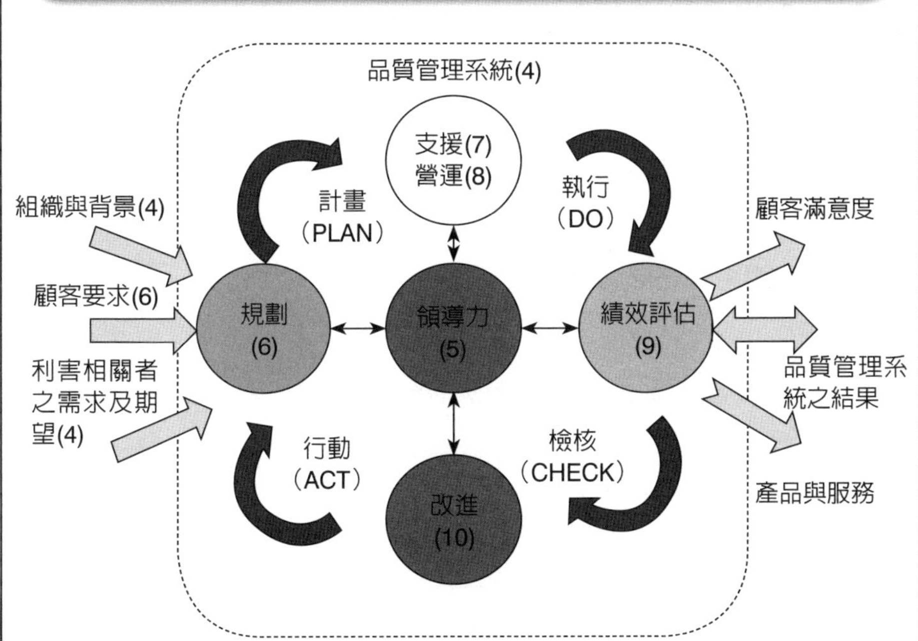

Unit 3-3 考量風險思維（Risk-based thinking）

基於風險之思維（A.4）是達成有效ISO 9001：2015品質管理系統所不可或缺的。它的概念隱含於ISO 17025：2017版本中條文8.5風險與機會處置措施，例：執行預防措施以消除潛在不符合事項、分析已發生的任何不符合事項，並採取適合於防止不符合後果的措施以預防再發生。

為符合國際標準要求事項，組織有需要規劃並實施處理風險及機會之措施，同時處理風險及機會兩者，可建立增進實驗室管理系統有效性的基礎、達成改進結果及預防負面效應，如測試報告顧客抱怨與退件。

有利於達成預期結果的情況，可能帶來機會，例如：吸引增加客源、開發新產品與服務、減少廢棄物或改進整體生產力。處理機會之措施也可將相關風險納入考量。風險是不確定性的效應，且任何不確定性可能有其正面或負面效應，風險的正向偏離可能形成機會，但並非所有風險的正向效應都能形成機會。

風險機會系統性評估方法，可採評估專案報告提交管理審查會議討論與產業環境風險機會之因應，如PEST分析是利用環境掃描分析總體環境中的政治（Political）、經濟（Economic）、社會（Social）與科技（Technological）等四種因素的一種分析模型。市場研究時，外部份析的一部份，給予公司一個針對總體環境中不同因素的概述。運用此策略工具也能有效的了解市場的成長或衰退、企業所處的情況、潛力與營運方向。

常見五力分析是定義出一個市場吸引力高低程度。客觀評估來自買方的議價能力、來自供應商的議價能力、來自潛在進入者的威脅和來自替代品的威脅，共同組合而創造出影響公司的競爭力。

風險基準，常用評估風險等級表

嚴重度等級	可能性等級			
	P4	P3	P2	P1
S4	5	4	4	3
S3	4	4	3	3
S2	4	3	3	2
S1	3	3	2	1

風險評鑑對風險管理過程

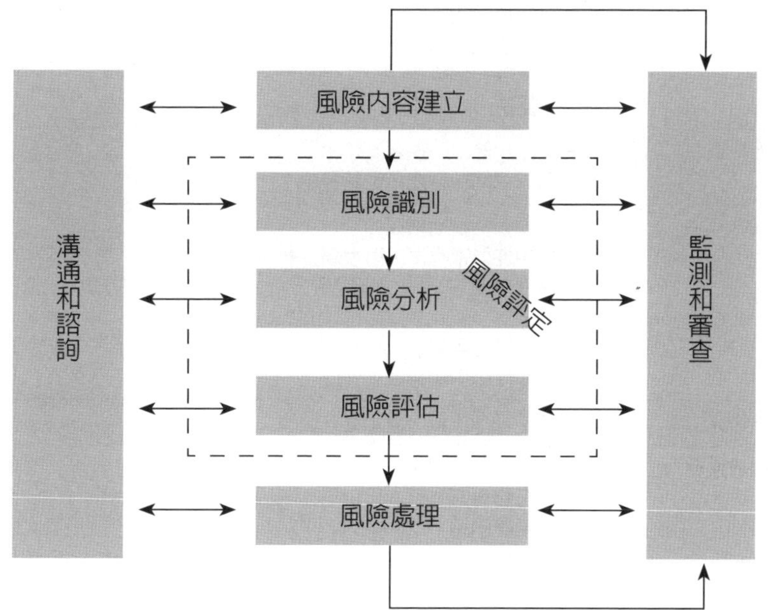

ISO風險評估（以塑橡膠製品製造流程為例）

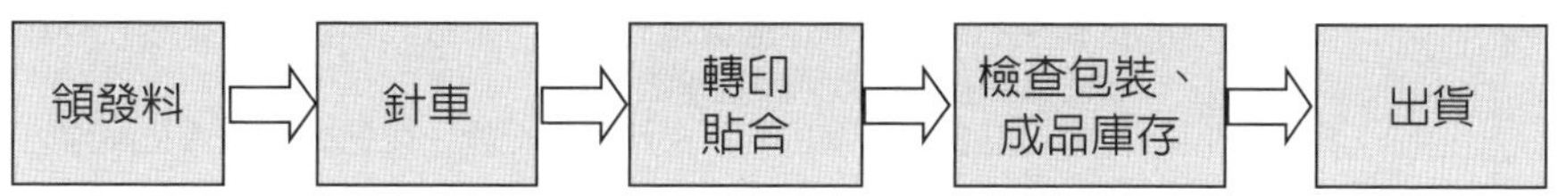

ISO風險管理架構

1.	風險內容建立	(a) 建立環境要素 (b) 建立組織要素 (c) 風險管理架構 (d) 發展風險評量標準 (e) 定義風險分析對象
2.	風險識別	(a) 會發生什麼？ (b) 如何、為何、何處、何時發生？
3.	風險分析	(a) 列出現有的控制機制 (b) 評估事件影響程度，以及事件發生的機率。 (c) 風險包括定性分析、半定量分析、定量分析或是綜合上述三種方法的分析 (d) 評估風險之等級 (e) 找出事件的影響程度
4.	風險評估	(a) 與風險基準比較，設定優先順序
5.	風險處裡	(a) 列出可行風險對策 (b) 評估風險對策 (c) 選擇風險對策 (d) 準備處理計畫 (e) 執行處理計畫
6.	諮詢與溝通	(a) 參與政策及程序之建立以管理風險 (b) 在有任何改變會影響組織業務或執行風險的情況時被諮詢 (c) 被告知風險管理相關事務
7.	績效量測與監督	(a) 適合組織需求之定性與定量的量測 (b) 監督組織風險管理目標之達成程度 (c) 主動性的績效量測以監督風險管理方案、作業準則及適用之法令規章要求的符合性 (d) 被動性的績效量測以監督意外事件、事故（包括虛驚事件）及其它以往風險管理績效不足的事證 (e) 足夠之監督與量測的資訊與結果之紀錄，以進行後續矯正與預防措施的分析

ISO風險鑑別技術（參考CNS 31010附錄B）

1	腦力激盪	腦力激盪含有激發與鼓勵一組知識豐富的人員之間自由交流的對話，以鑑別可能的失效模式與相關的危害、風險、決策之準則及／或處理之選項
2	結構化或半結構化面談	在結構化的面談中，個人受訪者被詢問一組備妥的問題提示單，鼓勵受訪者由不同之觀點審視情況，然後再由此觀點鑑別風險。半結構化面談相同，但允許更自由地對話以探究所產生之議題
3	德爾菲技術（Delphi）	德爾菲（Delphi）技術係由一組專家取得可信賴意見的共識之程序。雖然此用語現在經常廣泛地用以泛指任何形式的腦力激盪，德爾菲（Delphi）技術主要之特徵，如同原始明確陳述者，係專家在過程進行中，當接收到其它專家的意見時，個別與不具名地表達其意見
4	查檢表	查檢表為依先前風險評鑑結果或依過去失效的結果之經驗，發展出的危害、風險或控管失效一覽表
5	初期危害分析（PHA）	PHA為一簡單、歸納的分析方法，其目標係鑑別特定的活動、設施或系統可造成傷害的危害與危害情況及事件
6	危害與可操作性研究（HAZOP）	HAZOP係危害（HAZard）與可操作性（OPerability）研究之頭字語，係對經規劃的或目前的產品、過程、程序或系統之結構化與系統化檢查。HAZOP係一種鑑別人員、設備、環境及／或組織的目標之風險的技術。唯亦期望研究小組在可能時提供處理此風險之解決方案
7	危害分析與關鍵管制點（HACCP）	危害分析與關鍵管制點（HACCP）提供鑑別危害，並在過程的所有相關部份恰當地置放管制之架構，以對此危害防護並維持產品品質之可靠度與安全
8	毒性評鑑	此處使用環境風險評鑑以涵蓋在評鑑植物、動物及人類暴露在某一範圍的環境危害中時應遵循的過程。風險管理提及包括風險評估與風險處理的決策過程
9	結構化之「如果這樣會怎樣」技術（SWIFT, Structured “What-if” Technique）	結構化之「如果這樣會怎樣」技術（SWIFT）最初發展作為HAZOP之較簡易的替代技術
10	情境分析	係對未來的可能發展，發展出其敘述模式。情境分析可透過考量未來的可能轉換及發掘其連帶影響，以鑑別風險。可以使用情境組合以反應，如「最佳狀況」、「最壞狀況」及「預期狀況」分析每一情境的可能後果及其機率，以之作為分析風險時的一種敏感度分析形式
11	企業衝擊分析（BIA）	企業衝擊分析亦熟知為企業衝擊評鑑，用以分析主要的破壞性風險可能如何影響組織的營運，並鑑別與量化管理所需的能力，特別地，企業衝擊分析提供下列獲得認同的了解
12	根本原因分析（RCA）	主要損失以防止其再度發生的分析，通常稱為根本原因分析（RCA）、根本原因失效分析（RCFA）或損失分析

13	失效模式與效應分析（FMEA）及失效模式與效應及關鍵性分析（FMECA）	失效模式與效應分析（FMEA）係一種技術，用以鑑別分項、系統或過程可能無法符合其設計目的之途徑
14	失效（故障）樹分析（FTA）	失效（故障）樹分析（FTA）係鑑別與分析可造成特定不期望事件（稱為「頂端事件」）的因素之一種技術
15	事件樹分析（ETA）	事件樹分析（ETA）是一種圖解技術，可用以顯示某一起始事件之後續事件相互之間排他性，依所設計用以緩解其影響的各種系統之運作功能／不運作功能
16	因果分析	因果分析係失效（故障）樹與事件樹分析之組合，因果分析由關鍵性事件開始並藉由「是／否」邏輯閘組合之方式分析結果，「是／否」閘係為緩解起始事件後果的系統可能有作用或失效狀況之表示。狀況有作用或失效之緣由透過失效（故障）樹工具予以分析
17	原因與效應分析	原因與效應分析係鑑別不期望事件或問題可能的原因之結構化方法
18	保護層分析（LOPA）	保護層分析（LOPA）係估計與不期望的事件或情境有關的風險之半定量方法
19	決策樹分析	決策樹係為在考量不確定結果之下，以依序之方式表示決策之替代方案與後果
20	人因可靠度評鑑（HRA）	人因可靠度評鑑（HRA）論及人類對系統績效的影響，並可用以評估人為錯誤對系統之影響
21	蝴蝶結分析	蝴蝶結分析為描述與分析風險由原因至後果的途徑之簡單圖示方式
22	可靠度中心維護（RCM）	以可靠度為中心之維護係鑑別需實施以管理失效的政策之方法，以使有效能與有效率地達成所要求之所有類型的設備操作之安全性、可用性及經濟性
23	潛行分析（SA）與潛行路徑分析（SCA）	潛行分析（SA）為鑑別設計錯誤的方法；潛行狀況係指可能導致產生不希望的事件或可能抑止不期望的事件，且並非因零件失效所導致的潛伏硬體、軟體或整體之狀況
24	馬可夫（Markov）分析	馬可夫分析用於系統的未來狀態僅視其目前的狀態而定，通常用以分析可能存在多種狀態之可修復系統，且此系統並不適合使用可靠度方塊分析做充分分析
25	蒙地卡羅模擬分析	在使用分析技術予以模式化時，許多系統因不確定性之效應而過於複雜，但其可藉由考慮將輸入作為隨機變數予以評估，並藉由取樣輸入進行N次的數值計算（通稱為模擬），以獲得希望的結果之N種可能結果
26	貝氏統計法（Bayesian statistics）與貝氏網路（Bayes Nets）	貝氏統計法歸功於Thomas Bayes，其前提是任何已知的資訊（先驗者）可與後續的量測（後驗者）結合建立整體機率

27	FN曲線	FN曲線係以圖形表示對特定群體造成特定程度傷害的事件之機率，最通常為提及意外事故發生數目設定之下的頻率
28	風險指數	風險指數為風險之半定量量測，其為以座標標度，使用記分方式導出的估算值。風險指數可用以評定一系列的風險，使用相同準則使其可予以比較
29	後果／機率矩陣	後果／機率矩陣為組合定性或半定量的後果與機率之分級，以產生風險等級或風險分級之方法
30	成本／效益分析（CBA）	成本／效益分析可用於風險評估，將總成本期望值與總效益期望值相互比較，以選擇最佳或最有利的選項
31	多準則決策分析（MCDA）	目標為使用一系列相關判斷標準客觀地與透明地評鑑一組選項之整體價值

Unit 3-4 與其他管理系統標準之關係

ISO 17025：2017延續ISO 9001：2015之品質管理系統精神，在實驗室管理運作上，採用過程導向，將「計畫—執行—檢核—行動（PDCA）」基本循環及基於風險之思維運用於實驗室活動的投入（例：顧客／法規主管機關、認證組織、相關利害關係者等所委託之物件）至產出（例：結果報告產出）的過程中。依據ISO 9001：2015，過程導向促使組織有能力規劃其過程及過程之交互作用，並藉由PDCA循環，可使組織有能力確保其過程有充裕資源並納入管理，決定改進的機會且加以執行。在管理系統運作過程中，整體聚焦於基於風險之思維，致力於利用機會並預防不期望的結果。

ISO 9001：2015國際標準條文規定要求事項，主要目的係對組織所提供的產品與服務建立信心，並藉以提高顧客滿意度。正確地實施亦可預期將帶給組織其它益處，例如：改進內部溝通、更佳地了解及管制組織的過程。又本標準架構制定，以便融合管理系統標準間的一致性。

ISO 9001：2015讓組織有能力使用過程導向，連結PDCA循環及考量風險之思維，以使其品質管理系統與其它管理系統標準的要求事項一致或整合。

ISO 9001不包括專用於其它管理系統之要求事項，例ISO 14001、ISO 45001之要求事項。

參考附錄3，ISO 9001：2015與ISO 17025：2017跨系統對照表

跨系統融合ISO 9001＋ISO 14001＋ ISO 27001＋ISO 45001

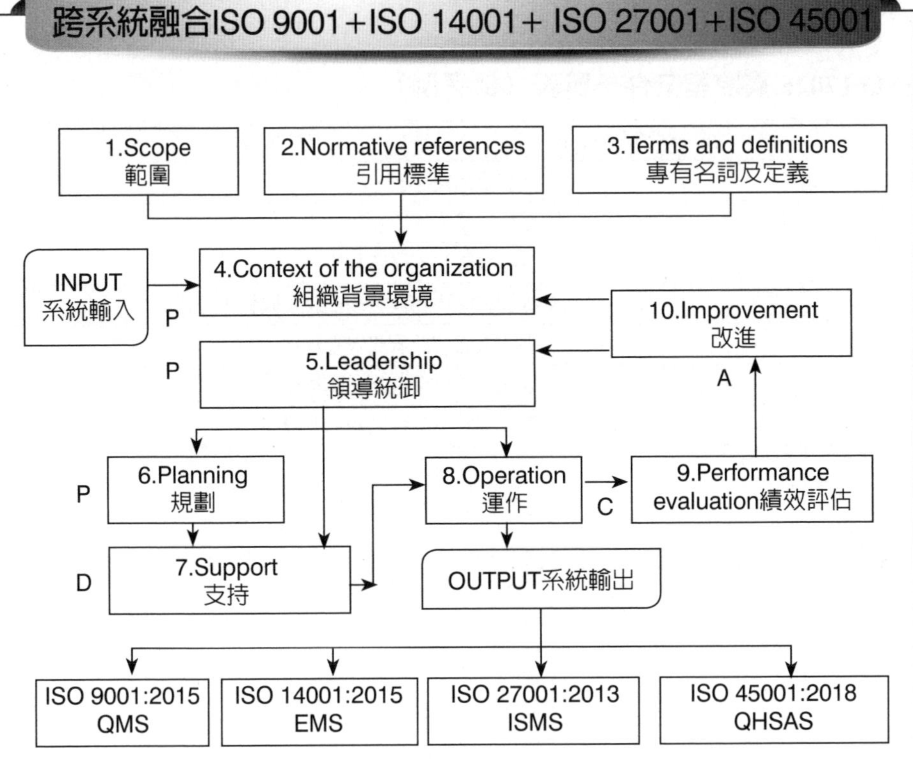

ISO 17025 實驗室文件一覽表（參考例）

NO	文件編號	文件化程序
0		實驗室品質手冊
1		委託試驗文件管制程序
2		委託試驗合約審查程序
3		委託試驗服務與耗用品之採購管理程序
4		委託試驗客戶服務管理程序
5		委託試驗客戶抱怨處理程序
6		委託試驗不符合試驗管制程序
7		委託試驗管理系統提案改善程序
8		委託試驗矯正措施程序
9		委託試驗紀錄管制程序
10		ISO 17025內部稽核管理程序
11		管理審查程序
12		委託試驗組織人員管理程序
13		實驗室人員訓練考核管理程序
14		設施與環境條件管制程序
15		試驗方法及方法確認管制程序
16		委託試驗量規儀器查驗管理程序
17		量測追溯管制程序
18		委託試驗客戶財產管制程序
19		委託試驗結果保證管制程序
20		委託試驗結果報告管制程序
21		測試設備保養與追溯程序
22		量測不確定度評估程序
23		能力試驗管制程序
24		CNLA認證項目及價格表
25		委託試驗客戶資料保密管制辦法
26		委託試驗職權及代理人員名單
27		委託試驗實驗室出入管制辦法
28		分厘卡操作說明書
29		CNS6863 耐壓試驗作業程序
30		BS EN344-1 耐穿刺測試作業程序
31		CNS1274 厚度測試作業程序
32		CNS1278 皮革抗拉測試作業程序

NO	文件編號	文件化程序
33		CNS1279 皮革撕裂測試作業程序
34		BS EN12568 耐穿刺測試作業程序
35		BS EN344 耐穿刺測試針校正作業程序
36		分厘卡校正作業指導書
37		治具查驗作業指導書
38		材料試驗機速率校正作業指導書
39		馬錶校正作業指導書
40		荷重元校正作業指導書
41		恆溫恆濕機校正作業指導書
42		游標卡尺操作說明書
43		游標卡尺校正作業指導書
44		厚度計操作說明書
45		厚度計校正作業指導書
46		CNS1278皮革抗拉試驗用裁刀查驗作業指導書
47		CNS1279皮革撕裂試驗用裁刀查驗作業指導書
48		材料試驗機速率查驗作業指導書
49		委託試驗報告管理系統作業程序
50		BS EN12568耐穿刺測試針查驗作業程序
51		CNS1274厚度測試品質管制程序
52		耐穿刺測試品質管制程序
53		耐壓扁測試品質管制程序
54		CNS1278皮革抗拉測試品質管制程序
55		CNS1279皮革撕裂測試品質管制程序
56		CNS6863耐壓扁試驗量測不確定度評估程序
57		BS EN344-1耐穿刺測試量測不確定度評估程序
58		CNS1274厚度試驗量測不確定度評估程序
59		CNS1278皮革抗拉試驗量測不確定度評估程序
60		CNS1279皮革撕裂試驗量測不確定度評估程序
61		BS EN12568耐穿刺測試量測不確定度評估程序
62		道德規範管制程序
63		利益迴避管制程序
64		外部供應者評鑑與考核辦法
65		研究紀錄簿填寫作業辦法
66		風險與永續管制程序

個案討論

分組研究個案，從ISO 17025：2017融合ISO 9001，如何進行跨系統條文融合。

章節作業

分組實作展開一SIPOC系統流程。

第4章

一般要求事項

章節體系架構▼

Unit 4-1 公正性

阿波羅機電實業公司曾揭露「實驗室公正性聲明」，有：(1)實驗室嚴格執行各項品質規章，保證以法律、法規爲準則，在已經獲認證業務範圍內開展測試工作，並在ISO 17025：2017要求之原則下執行測試活動，作爲管理系統的最高指導原則。依據各測試作業程序，獨立展開測試活動；(2)實驗室主管承諾，以優良專業實務及測試品質服務顧客，對所有測試之公正性負責，以維護顧客之權益爲本實驗室宗旨；(3)本實驗室確保全體人員的作業、數據和結果，不與任何利益相關，亦不受任何行政干預或其它來自內外部的不正當壓力和影響，防止商業、財務或其它壓力危害到公正性，測試報告結果以測試數據爲準則；(4)本實驗室不提供任何影響或可能導致公正性風險之服務；(5)本實驗室透過內部稽核、管理階層審查及風險管理流程，持續確保與遵守本公正性政策。

TAF要求實驗室要制定能力試驗參與計畫的要求，在TAF-CNLA-G29制定能力試驗參與計畫指引中，提示實驗室根據量測技術、待測特性與待測產品決定技術領域，再依據風險程度，規劃每一個技術領域參加能力試驗之最低頻率。通常實驗室在考慮如品管製程能力措施完整性、測試次數與技術人員流動率等等考量因素，評估風險後，而決定參加能力試驗之最低頻率。

ISO 31000：2018供通過管理風險、制定決策、設定和實現目標以及提高績效在組織中創造和保護價值的人使用。風險管理是反覆進行，可幫助組織制定戰略、實現目標和做出明智的決策。管理風險是治理和領導力的一部份，是組織如何在各個層面進行管理的基礎。管理風險是與組織相關的所有活動的一部份，包括與利益相關者的互動。管理風險考慮組織的外部和內部環境，包括人類行爲和文化因素。有關標準自願性的解釋、與合格評定相關的ISO特定術語和表達的涵義，以及有關ISO在技術貿易障礙（TBT）中遵守世界貿易組織（WTO）原則的資訊，可參閱www.iso.org/iso/foreword.html。

ISO 31000由ISO/TC 262風險管理技術委員會編寫，取代了經過技術修訂的第一版（ISO 31000：2009）。主要變化如下：

(a) 審查風險管理原則，這是其成功的關鍵標準；
(b) 強調最高管理層的領導和風險管理的整合，從組織的治理開始；
(c) 更加強調風險管理的替代性質，注意到新的經驗、知識和分析可以導致在過程的每個階段對過程要素、行動和控制進行修訂；
(d) 精簡內容，更加注重維持開放系統模型以適應多種需求和環境。

ISO 17025：2017條文4.1要求

4.1 公正性

4.1.1 實驗室活動應公正進行，並藉由架構與管理防護公正性。

4.1.2 實驗室管理階層應承諾達成公正性。

4.1.3 實驗室應對其實驗室活動的公正性負責，且不應允許商業、財務或其它壓力危害到公正性。

4.1.4 實驗室應持續鑑別對其公正性的風險。此等風險應包括來自實驗室活動或實驗室的關係或其人員的關係。此關係不必然使實驗室面臨公正性的風險。

備考：威脅實驗室公正性的關係可能來自於所有權、管轄權、管理階層、人員、共用資源、財務、合約、行銷（品牌），以及給付銷售佣金或介紹新顧客的其它誘因等。

4.1.5 若公正性的風險已被鑑別，實驗室應能展現如何消除此類風險或降低。

ISO CASCO符合性評鑑機構相關標準的共同要素

國際標準／共同要素	公正性	保密性	抱怨及申訴	資訊揭露及透明化	管理系統
測試／校正實驗室 ISO 17025：2017	第4.1章之公正性	第4.2章之保密	第7.9章之抱怨	條文無要求	第8.1章之選項至第8.9章之管理階層審查（選項A）
認證機構 ISO/IEC 17011：2017	第4.4章公正性要求	第8.1章之保密資訊	第7.12章之抱怨 第7.13章之申訴	第8.2章之公開資訊	第9.1章之一般至第9.8章之管理審查
檢驗機構 ISO/IEC 17020：2012	第4.1章 公正性和獨立性 附錄A：獨立性要求 （A型和B型）	第4.2章之保密	第7.5章之抱怨和申訴	條文無要求	第8.1章之選項至第8.8 預防措施（選項A）
ISO/IEC 17021-1：2015	第4.2章之公正性 第5.2章之公正性管理	第4.6章之保密 第8.4章之機密	第9.7章之申訴 第9.8章之抱怨	第4.5章之開放性 第8.1章之公開資訊	第10.1章之選項至第10.3章之選項B：符合 ISO 9001 的管理體系要求
人員驗證機構ISO/IEC 17024：2012	第4.3章之公正性管理	第7.3章之保密	第9.8章之對認證決定提出申訴 第9.9章之抱怨	第7.2章之公開資訊	第10.1章之一般至第10.2章之一般管理體系要求

國際標準／共同要素	公正性	保密性	抱怨及申訴	資訊揭露及透明化	管理系統
產品驗證機構ISO/IEC 17065：2012	第4.2章之公正性管理	第4.5章之保密	第7.13章之抱怨和申訴	第4.6章之公開資訊	第8.1章之選項至第8.8章之預防措施（選項A）
確證與查證機構ISO/IEC 17029：2019	第4.3.1章之公正性 第5.3章之公正性管理	第4.3.3章之保密 第10.4章之保密	第4.3.6章之對投訴的回應 第9.9章之申訴的處理 第9.10章之投訴的處理	第4.3.4章之開放性 第10.1章之公開資訊 第10.2章之其它可用資訊	第11.1章之一般至第11.6章之文件化資訊

公正性的整體原因及其風險控制

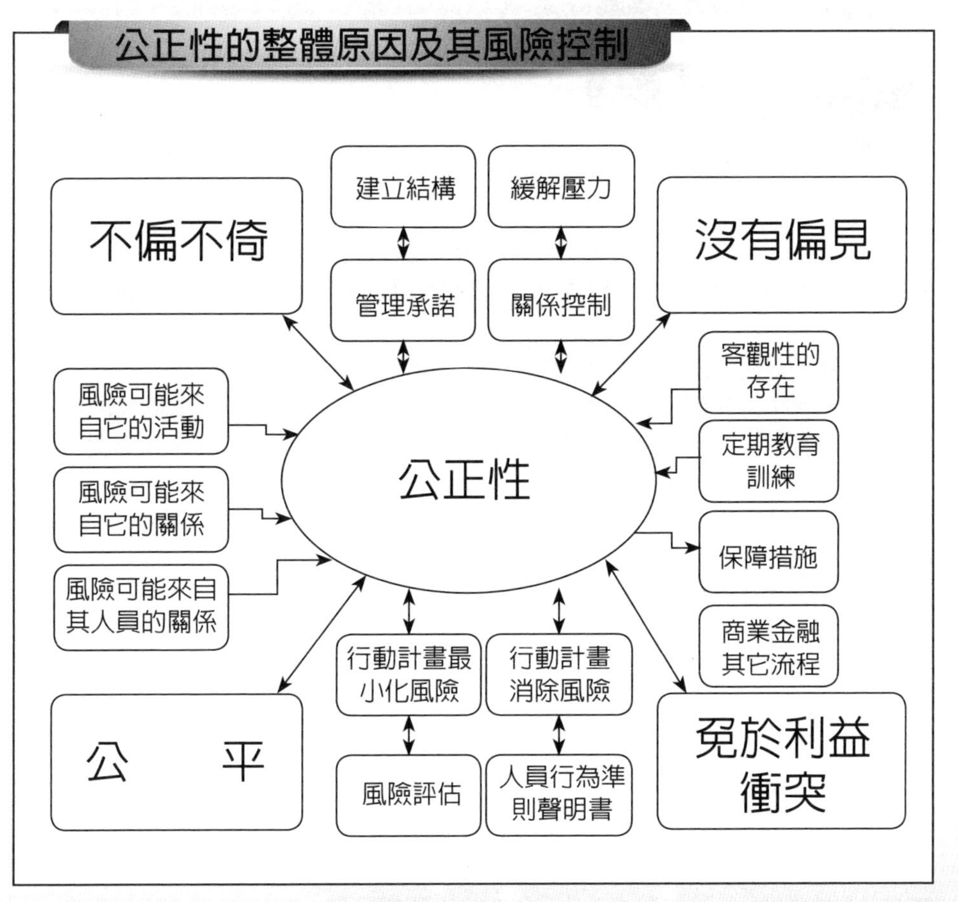

Unit 4-2 保密

冠輝技控公司曾揭露「CPT校正中心公正性及保密政策」：

1. CPT應對實驗室活動的公正性負責，且不應允許商業、財務或其它壓力危害到公正性。
2. CPT應持續鑑別危害公正性的風險，並將此類風險消除或減至最小。
3. CPT人員應秉持客原則進行校正活動，並提供所有顧客同等的高品質的校正服務。
4. CPT的全部校正工作均以客觀事實和數據為依據，校正結果不受任何所有權、給付銷售佣金及其它誘因的影響，保持公正性。
5. CPT遵循法律、法規及法規主管機關的規定，承諾對顧客及其委託資料、實驗結果負有保密責任。
6. CPT依法律或合約授權的要求揭露機密資訊時，所提供的資訊應通知到相關顧客或個人。
7. CPT要求所有實驗室人員對於顧客或來自其它來源的所有資訊皆需負保密責任。

個案研究中，列舉衛福部疾病管制署公告，疫苗採購合約及疫苗價格係屬雙方保密協議事項，疫苗價格除「疫苗成本」外，需含國外自原廠運抵台灣之冷儲物流、國內冷儲物流及相關稅務、保險等費用。政府洽購之COVID-19疫苗，均選擇已進入臨床試驗二、三期，並具足夠科學文獻支持其安全性及有效性者為候選疫苗，由政府直接向總公司或其台灣分公司進行洽談，如台灣無分公司，則再與原廠指定之代理商或直屬銷售管道進行洽談。其中涉及商業談判及保密事項，圓滿保障多方權利義務。

ISO 17025：2017條文4.2要求

4.2 保密

4.2.1 實驗室應透過具法律效力的承諾，負責管理在執行實驗室活動中所獲得或產生的所有資訊。實驗室應事先將預定公開的資訊知會顧客。除了顧客所公開提供或是實驗室與顧客之間達成協議的資訊（如為了回應抱怨），其它所有資訊都被視為專屬資訊，且應予以保密。

4.2.2 當實驗室依法律和合約授權的要求揭露機密資訊時，除非法律禁止，所提供的資訊應通知到相關顧客或個人。

4.2.3 從顧客以外來源（如抱怨者、法規主管機關）所獲得關於顧客之資訊，應在顧客與實驗室間加以保密。實驗室應對此類資訊的提供者（來源）加以保密，除非獲得來源同意，不應將其透露給顧客得知。

4.2.4 人員，包括任何委員會成員、合約商、外部機構人員或代表實驗室工作的個人，除法律要求外，均應對在執行實驗室活動中所獲得和產生的所有資訊予以保密。

保密資訊管理與發布

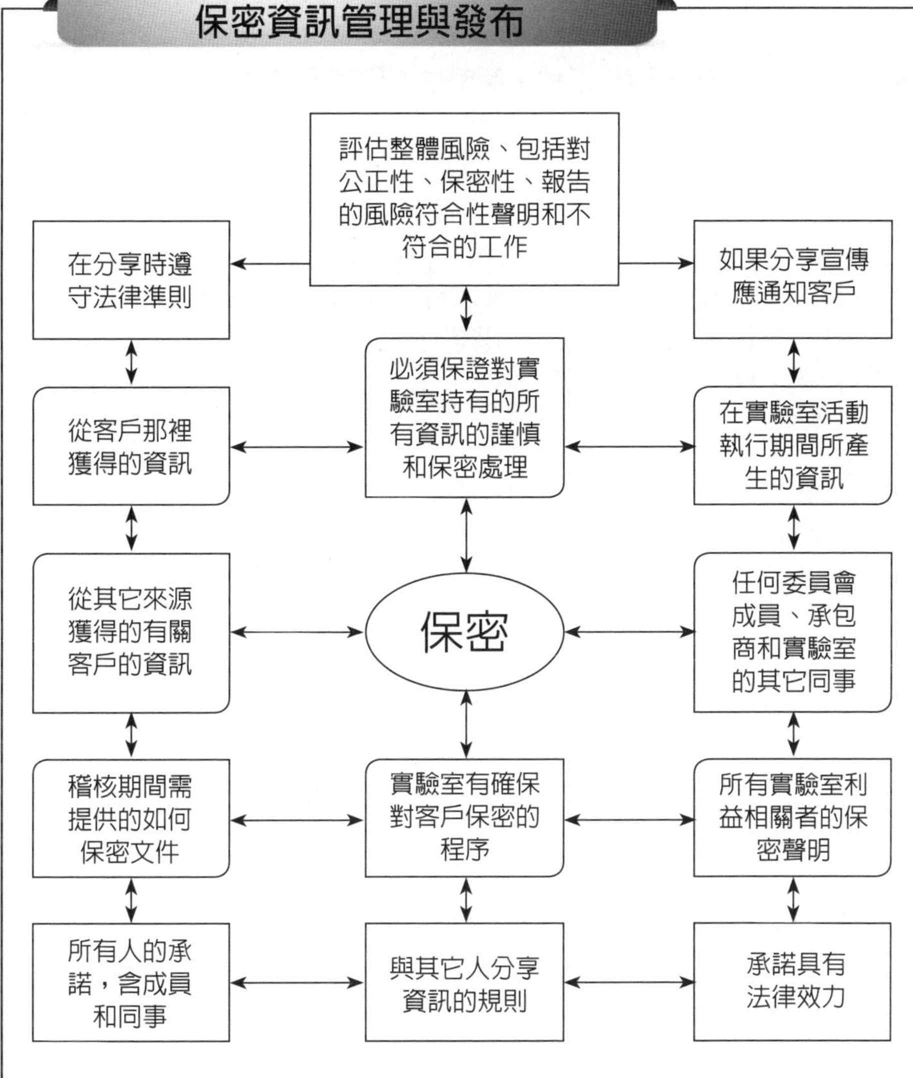

評估整體風險、包括對公正性、保密性、報告的風險符合性聲明和不符合的工作
在分享時遵守法律準則
如果分享宣傳應通知客戶
必須保證對實驗室持有的所有資訊的謹慎和保密處理
從客戶那裡獲得的資訊
在實驗室活動執行期間所產生的資訊
保密
從其它來源獲得的有關客戶的資訊
任何委員會成員、承包商和實驗室的其它同事
稽核期間需提供的如何保密文件
實驗室有確保對客戶保密的程序
所有實驗室利益相關者的保密聲明
所有人的承諾，含成員和同事
與其它人分享資訊的規則
承諾具有法律效力

瑞正生醫科研有限公司公正性、保密性、品質承諾書

本實驗室管理階層與所有人員承諾，對所有校正活動之公正性、保密性負責，並依循品質政策以維護顧客權益。

承諾內容如下：

1. 本實驗室所有活動嚴格遵守國家法律、法規，並依據ISO 17025：2017/CNS 17025：2018之規定在已經獲得認證的業務範圍內展開校正與執行工作。
2. 本實驗室堅持獨立與公正，不允許商業、財務或其它壓力危害到公正性及獨立性，並對實驗室活動的公正性負責。
3. 本實驗室所有人員在任何場合均不得收受組織的饋贈，包括禮金、禮品、有價證券、珠寶、首飾、宴請、娛樂活動等。
4. 本實驗室對於來自於實驗室內／外部活動、實驗室關係、人員之關係等引起的公正性風險進行有效管理和控制，並能將此風險消除或減至最小。
5. 本實驗室在執行實驗室活動中所獲得或生產的所有資訊，除顧客所公開提供或實驗室與顧客之間達成協議之資訊，其它皆視為顧客專屬資訊，本實驗室予以保密，不透露、不從事任何有損於顧客之活動。
6. 當本實驗室依法律或合約授權要求揭露機密資訊時，除法律禁止，否則應將所提供之資訊通知相關顧客或關係人。
7. 從顧客以外來源所獲得關於顧客之資訊時，本實驗室應在顧客與實驗室間加以保密此資訊及其提供者（來源），除非獲得提供者同意，否則不得透露給顧客得知。

陽鼎實業股份有限公司實驗室公正性及保密性聲明書

陽鼎實業股份有限公司通風設備性能與耐溫測試實驗室（以下簡稱「實驗室」），爲保證本公司實驗室的法律效力，對公正性及保密性做如下聲明：

1. 本實驗室嚴格執行各項品質規章，保證以法律、法規爲準則，在已經獲認證業務範圍內開展測試工作，並在ISO/IEC 17025：2017要求之原則下執行測試工作，作爲管理系統的最高指導原則。依據各項測試作業程序，獨立展開測試工作。
2. 本實驗室主管承諾，以優良專業實務及測試品質服務顧客，對所有測試之公正性及保密性負責，以維護顧客之權益爲本實驗室宗旨。
3. 本實驗室確保全體人員的作業、數據和結果，不與任何利益相關，亦不受任何行政干預或其他來自內外部的不正當壓力和影響，防止商業、財務或其它壓力危害到公正性，報告結果以測試數據爲準則，不做假數據，不徇私舞弊。

慈濟大學實驗室／研究室簽署保密合約範本

慈濟大學參觀實驗室／研究室保密合約

茲因____（以下簡稱甲方）參觀慈濟大學（下稱本____系／所／中心所屬實驗室（研究室），甲方負有保密義務，約定如下：

第一條　甲方同意因參觀實驗室（研究室）而知悉或持有下列事物（下稱機密技術資料），對本校負有保密義務，保密期間為自本合約簽訂之日起____年：

1. 所有因參觀實驗室（研究室）而知悉或持有之技術討論內容、文件、紀錄、圖片、手稿、程式、計畫、資料庫及其它相關資料，包括且不限於以文字、聲音、影像、軟體等形式紀錄者；
2. 本校以書面或口頭表示，應加保密者；
3. 本校指定僅供特定人聽閱或利用者；
4. 尚未公開於大眾周知或他人無法依正當合法途徑探知者。

第二條　對於第一條所定之機密技術資料，非經本校事前以書面同意，甲方不得為下列行為：

1. 提供、交付、洩漏或以任何方式或因任何原因而移轉予第三者。
2. 擅自使用於非本校所指定或委託之工作內容。
3. 擅自拷貝、照相或以其它方法複製全部或部份內容。
4. 以任何方式提供、交付或洩漏第三人使用或參考。

第三條　若本校或機密技術資料之發明人將該研發成果或技術祕密對外公開或解除機密性者，甲方亦同時解除相關保密責任。

第四條　甲方不得將第一條所定之機密技術資料（包含書面及非書面），向任何有關機關申請專利權、著作權或其它任何相關之智慧財產權登記。

第五條　甲方若違反本合約之約定致本校受損害，甲方應負擔一切法律責任及損害賠償。

第六條　本合約之效力與解釋應遵循中華民國相關法律。

第七條　因本合約所衍生之爭議，應依誠信原則協商之，如發生訴訟時，合意以花蓮地方法院為第一審管轄法院。

第八條　本契約一式三份，由甲方、實驗室／研究室主持人、本校研究發展處各執一份為憑。

第九條　立約人已審閱本合約全部條款內容，茲承諾並簽章如下：

甲　　方：________________（簽章）

身分證字號：________________

職　　稱：________________

電　　話：________________

通訊地址：________________

中　華　民　國　年　月　日

財團法人國家實驗研究院台灣儀器科技研究中心保密協議書

本保密協議書（以下簡稱「本協議書」）係於中華民國○○年○○月○○日生效（即「生效日」），由財團法人國家實驗研究院台灣儀器科技研究中心（以下簡稱「甲方」）與設址於○○○○○○○○之○○○○○○○○公司（以下簡稱「乙方」）所訂定。

緣甲乙雙方爲進行○○○○○○○○研究計畫／目的（以下簡稱「本目的」），而有揭露機密資訊之必要，甲乙雙方同意遵守下列條款：

一、定義

（一）依本協議書目的而揭露資訊之一方（以下簡稱「揭露方」；收受資訊之一方（以下簡稱「收受方」）。

（二）本協議書所稱之「機密資訊」包含所有由揭露方所擁有或掌控之相關技術、製造、市場銷售和財務運作等一切商業上、技術上或生產上尚未公開之資訊，包括但不限於：揭露方專有的製程、軟體、設計、草稿、照片、規格書、商業機密、技術知識（KNOW-HOW）、發明（不論是否具有可專利性）、配方、電路圖、演算法、數據、研究主題、方法和結果等，並且：

1. 該資訊無論係以書面、電子郵件、提供樣品及產品、或展示等方式揭露，在揭露時已標示爲「機密」、「密」、「Confidential」、「Proprietary」或類似性質之用語。
2. 若無標示者或以口頭揭露等方式揭露，則須在揭露時聲明其爲機密，並在揭露後15天內，將該資訊摘錄，並加上前述機密之標示並交於收受方確認。

二、機密資訊之使用及注意義務

收受方自接收機密資訊之日起○○年內／本協議書屆滿後○○年（保密期間）：

（一）僅能爲本協議之目的而使用機密資訊，不得將機密資訊使用於其它目的。收受方未經揭露方事前書面同意，不得將機密資訊洩露予任何第三人知悉。

（二）僅得揭露機密資訊予「有必要知悉」（need to know basis）且負有至少與本協議相同保密義務之員工。

（三）應採取適當及必要之措施以保護機密資訊，並應以保護其同性質機密資訊之同樣程度（但其標準不低於營業秘密法所要求的合理保密措施）保護該等機密資訊。

三、保密義務之例外

（一）收受方依本協議書之保密義務不包括以下資訊：

1. 依揭露前之書面記錄，可證明收受方從揭露方取得前，已經以合法方式知悉且不負保密義務之資訊；

2. 非因收受方違反本協議書之行爲而已爲公眾所知悉之資訊；
3. 收受方從第三人合法取得之資訊，且該第三人並無保密義務；
4. 依收受方建立與開發資料時之書面紀錄可證明，係由收受方自行建立與開發，並未使用揭露方機密資訊；
5. 收受方經揭露方事前書面同意而公開揭露之資訊。

（二）收受方得遵循法院或政府主管機關之裁判或命令揭露機密資訊予政府機關或法院，惟收受方應：
1. 於法令許可之範圍內，儘可能於事前通知揭露方，否則應於揭露後立即通知；
2. 與揭露方充分合作，尋求任何可能之事實上及法律上救濟途徑；
3. 僅得於遵循該裁判或命令之必要範圍內，揭露機密資訊。

四、聲明及保證

任一方聲明並保證其有權簽署並履行本協議書。除雙方另有其它合約約定者外，揭露方對於揭露之機密資訊係以其「現時存在之狀態」（AS IS）提供，且其不擔保（包括任何明示或默示之擔保）其揭露之資訊無瑕疵，或是有任何通常效用、品質、或符合任何特定之用途，所有資訊（包括機密資訊）使用之風險應由收受方自行承擔。

五、無授權或合作關係

（一）除依本協議書所定之收受方使用機密資訊權限外，收受方不因收受機密資訊而取得揭露方其它任何明示或默示之讓與或授權（包括任何智慧財產權之授權）。

（二）任一方不因本協議書之簽訂，而有任何義務應與他方或任何第三人簽訂任何契約，或進行任何交易購買他方之產品或服務，或應利用機密資訊銷售任何產品；除本協議書所規範之權利義務外，雙方亦不因本協議書之簽訂，成爲他方之代理人或形成任何其它之法律關係。

六、有效期間

本協議書之有效期間爲自生效日起○○年；於本協議書有效期間內任一方均得以書面通知他方立即終止本協議書，惟收受方於原保密期間之保密義務不因此提前終止。

七、機密資訊之返還

經揭露予收受方之機密資訊，仍屬於揭露方之財產，如收受方接獲揭露方之書面通知要求歸還機密資訊時，或本協議書有效期間屆滿或有終止、解除等事由，收受方應即停止使用，並歸還所有機密資訊（包括其影本或任何之重製物件）予揭露方，若機密資訊以電子方式儲存，應立即銷毀該機密資訊。若揭露方要求，收受方應提供予揭露方其宣誓書或其它有類似效力且經其授權代表簽署確認之文件，以證明該機密資訊已完全依本條規定處理。

八、其它約定

（一）本協議書之規定構成雙方對其保密義務之完整合意，並取代雙方之前就保密義務之一切協議。往後有關本協議書條款之增減或修改，必須以書面爲之，且應經雙方當事人簽署後生效。

（二）本協議書之解釋、效力及其它未盡事宜，皆以中華民國法律爲準據法。如因本協議書產生之紛爭時，雙方同意以台灣新竹地方法院爲第一審管轄法院，審理進行中，除有爭議部份外，雙方對於本協議書其它部份仍應切實遵守並履行。

（三）本保密協議書壹式二份，由雙方各執乙份爲憑。

立協議書人

甲　　方：財團法人國家實驗研究院 台灣儀器科技研究中心

乙　　方：

代 表 人：○○○主任

代 表 人：

統一編號：46804810

統一編號：

地　　址：新竹市科學園區研發六路20號

地　　址：

中華民國○○○年○○月○○日

個案討論

資料來源：疾病管制署　更新時間：2021-07-19

中央流行疫情指揮中心今（21）日嚴正澄清，疫苗採購合約及疫苗價格係屬雙方保密協議事項，疫苗價格除「疫苗成本」外，需含國外自原廠運抵台灣之冷儲物流、國內冷儲物流及相關稅務、保險等費用，近日網路流傳「政府購買某廠牌COVID-19疫苗有10餘美元價差」等訊息均爲錯誤不實訊息，請民眾勿再轉傳與散布，以免觸法遭罰。

指揮中心重申，政府洽購之COVID-19疫苗，均選擇已進入臨床試驗二、三期，並具足夠科學文獻支持其安全性及有效性者爲候選疫苗，由政府直接向總公司或其台灣分公司進行洽談，如台灣無分公司，則再與原廠指定之代理商或直屬銷售管道進行洽談。其中涉及商業談判及保密事項，如有不實錯誤訊息出現，均會影響洽談結果，籲請民眾疫苗相關資訊請以指揮中心公布爲主，勿隨意散播、轉傳來源不明的訊息，以免觸犯「嚴重特殊傳染性肺炎防治及紓困振興特別條例」第14條，或「社會秩序維護法」第63條第1項第5款規定，依法最高可罰300萬或3年以下有期徒刑、拘役。

指揮中心指出，民眾可利用第三方訊息查證平台等管道查證來路不明訊息，例如：My Go Pen、美玉姨、事實查核中心、LINE訊息查證、趨勢科技防詐達人，或向衛生福利部疾病管制署、地方衛生局等單位洽詢。

從不同利害相關人立場，如何公正與保密？

章節作業

各組依ISO 17025：2017條文4.2要求「保密」，請個案研究實驗室營運活動中如何執行保密原則！

第5章 架構要求事項

章節體系架構 ▼

Unit 5-1 架構要求事項(1)

中山醫學大學健康科技中心實驗室之檢驗服務通用條款及免責聲明中，爲保證其實驗室對檢測結果報告之公正性與保密，實驗室承諾，以優良、專業、實務之檢測品質服務客戶，對所有測試結果之公正性及保密負責，以維護客戶之權益。並對公正性及保密做如下聲明：爲「委託試驗申請單」的一部份，委託者應確認該次申請之檢驗服務事項內容，了解且同意檢驗服務依據本條款之約定執行。**個人資料保護層面，**實驗室向提出委託檢驗要求之個人或單位機構（委託者）蒐集之個人資訊，將僅限於實驗室提供之檢驗服務項目，期限自委託申請起始日至特定目的終止日爲止，並遵守「個人資料保護法」之規定妥善保護委託者的個人資訊。於此前提下，委託者同意實驗室得於法律許可之範圍內處理及利用相關資料，於特定目的中止後，委託者得依法律規定之相關個人資料權利如下事項：查詢、閱覽、複製、補充、更正、處理、利用及刪除；**保密條款法律層面，**3.1以3.2款之規定爲前提下，若一方當事人（接收方）取得與本條款相關之他方當事人（揭露方）之機密資訊時應：3.1.1以對待自身機密資訊相同之注意程度，維持該機密資訊之機密性。3.1.2以履行委託試驗申請單及本條款爲目的，而使用機密資訊。3.1.3未經揭露方事先書面同意，不得向任何第三人揭露機密資訊。3.2在「有知悉之必要性」的基礎上，接收方得將揭露方之機密資訊揭露給：3.2.1接收方爲自己所委任之法律顧問。3.2.2對接收方之事業有管制或監督權力之任何管理機關。3.2.3在本實驗室爲接收方時，於委託者同意本實驗室進行檢驗委外服務，提供至委外檢驗之服務供應商。

註1.實驗室爲符合財團法人全國認證基金會之實驗室認證規範（TAF）、衛生福利部食品藥物管理署（TFDA）、行政院環境保護署（EPA）及勞動部職業安全衛生署（OSHA）之規範，部份相關之委託案須回報部份資訊予上述之相關管理單位。

註2.實驗室依ISO 17025：2017及CNS 17025（2018）之規定，需於檢測報告中出具委託者之聯絡資訊。

ISO 17025：2017條文5.1要求

> 5.1 實驗室應是對其所有活動負法律責任之法律主體（如：法人），或是法律主體內已界定的部份。
>
> 備考：爲了本標準之目的，政府之實驗室基於其政府的地位被視爲法律主體。

CPSC定義下的實驗室分類

獨立式實驗室 Independent	防火牆實驗室 Firewalled	政府實驗室 Governmental
非生產兒童用品之製造商或私有標商（品牌商）所擁有、經營或管制，且測試其相關產品的獨立第三方驗證機構。此實驗室不受政府或部份政府之擁有或管制	如果符合申請的安全要求的兒童產品製造商或自有品牌商在實驗室擁有10%或以上的所有權或控制權，則需要註冊為防火牆合格評估機構（防火牆測試實驗室），和／或實驗室由製造商或自有品牌商控制。這些所有權或控制權必須包含在申請中。此外，申請人必須提交公司既定材料的副本，用於培訓其員工了解製造商的任何企圖的指控的過程和手段	政府實體對合格評定機構（測試實驗室）的全部或部份所有權或控制需要註冊為政府合格評定機構，「政府」也包含了國內及國外的機構。如果合格評定機構部份或全部由政府擁有或控制，則必須指定政府實體。這包括通過政府擁有該合格評定機構的任何合作夥伴的利益來間接擁有或控制。「政府實體」一詞是指所在國家或行政區域內的任何政府實體，無論是國家、省、地區、地方等，包括國有實體，即使這些實體不履行政府職能
備註1： 第三方（third party）實驗室——以認證為目的，但不是由兒童產品的製造廠或品牌商擁有、管理與控制之實驗室	備註2： 受保護（firewalled）實驗室，以認證為目的，由兒童產品的製造廠或品牌商擁有、管理或控管的實驗室。需依照firewalled實驗室附加法定標準進行認可	備註3： 政府實驗室，由政府全部或部份擁有或控管的實驗室

TAF與CPSC之合作關係

TAF為國內唯一簽署ILAC MRA之認證機構，為協助檢測實驗室爭取商機。使用CPSC相關法規或測試方法之實驗室

名稱	TAF	經濟	範圍	原始簽署日期	CPSC：Consumer Product Safety Commission
TAF	全國認證基金會	中華台北	校正：ISO 17025：2017 測試：ISO 17025：2017 醫學測試：ISO 15189 檢驗：ISO/IEC 17020 能力驗證提供者：ISO/IEC 17043 參考材料生產商：ISO 17034	02 Nov 2000 02 Nov 2000 02 Nov 2000 24 Oct 2012 05 Oct 2019 30 Jul 2020	

Unit 5-2 架構要求事項(2)

推動實驗室營運品質管理系統，必須在適當組織管理與營運管理之下才能有效的推動邁向卓越。適當的組織架構需解決簡化資訊對稱的即時傳遞、減少責任與作業的衝突、增加滿意顧客的效能以及減低成本等。公司要建立一個職掌權責清楚，逐步落實品質政策，達成品質目標的營運組織。

一般的組織管理階層架構要能明顯地完成基本四項功能：(1)具效率力（efficiency）：組織架構必須建立，使組織能夠有效地運用有限資源（人機料法與環境），以最小的投入，獲得最大的產出，因此組織結構便應具有效率的功能；(2)具溝通力（communication）：卓越的組織結構，不論上行溝通、下行溝通或水平跨部溝通皆能使其達至順暢，因爲營運卓越組織結構具有溝通的管道，發揮溝通的功能；(3)具工作滿足（job satisfaction）：組織結構既提供團隊人員的任務、責任、權力關係，能提供人員的地位及歸屬關係，引導組織團隊人員皆能致力於組織中專案任務，爲組織效命，原因是組織結構能使人員具有工作滿足感；(4)具齊一組織（organizational identity）：是一群個人爲既定目標的完成所集結的組群，爲了完成目標，必須透過有效的溝通及協調，促進能群策群力的組織文化。組織結構之功能便在於經由分工及權責的安排，使個人之努力及行動齊一，爲目標達成而效力。組織的營運目的是爲了製造產品或提供服務以滿足顧客需求，並配合內外環境，依照事先設定的共同經營理念和目標，授權團隊成員能有各種權利和責任，利用有限的資源，透過成員的分工與合作，以落實經營理念，達成經營目標。

組織設計包含劃分部門與階層層級、選擇控制幅度、建立授權程度與權責關係等工作，簡單的說，可先列出建立組織的目標，再根據列出爲完成目標所需要的基本工作，然後將相關工作組合爲適當的工作小組與職位，接著制定每一職位和其它職位間的關係，以及各小組與職位的責任和權限。

組織權責規劃設計完成後，將各部門的業務職掌做一整理，將各項業務的負責部門以組織圖與業務職掌責表現出來，目標是能夠使組織成員都很清楚自己的職責所在，同時符合ISO 17025：2017之要求。

表一與二即爲業務職掌表之兩個範例。如圖一與二所示之組織圖能夠顯示出組織結構，從組織圖中，可以很清楚的知道甲是乙的主管，誰負責哪個部門，組織圖有助於告知員工他們的日常工作是什麼，以及他們的工作與其它人的工作有什麼關係，業務職掌表與職務說明書則能夠指出，每個人日週月應從事的工作及職責。

ISO 17025：2017架構要求中要求實驗室應爲合法組織，同時明訂組織管理架構，以及管理與技術人員之權責。在實務中建立一個權責清楚之實驗室組織的做法，可以參考所討論之步驟，推動規劃業務權責、設計組織架構的各項相關工作，建立一個既能夠符合ISO 17025：2017之相關要求，也能夠執行實驗室營運策略，達成實驗室目標的組織。

ISO 17025：2017條文5.2要求

5.2 實驗室應鑑別對實驗室全權負責的管理階層。

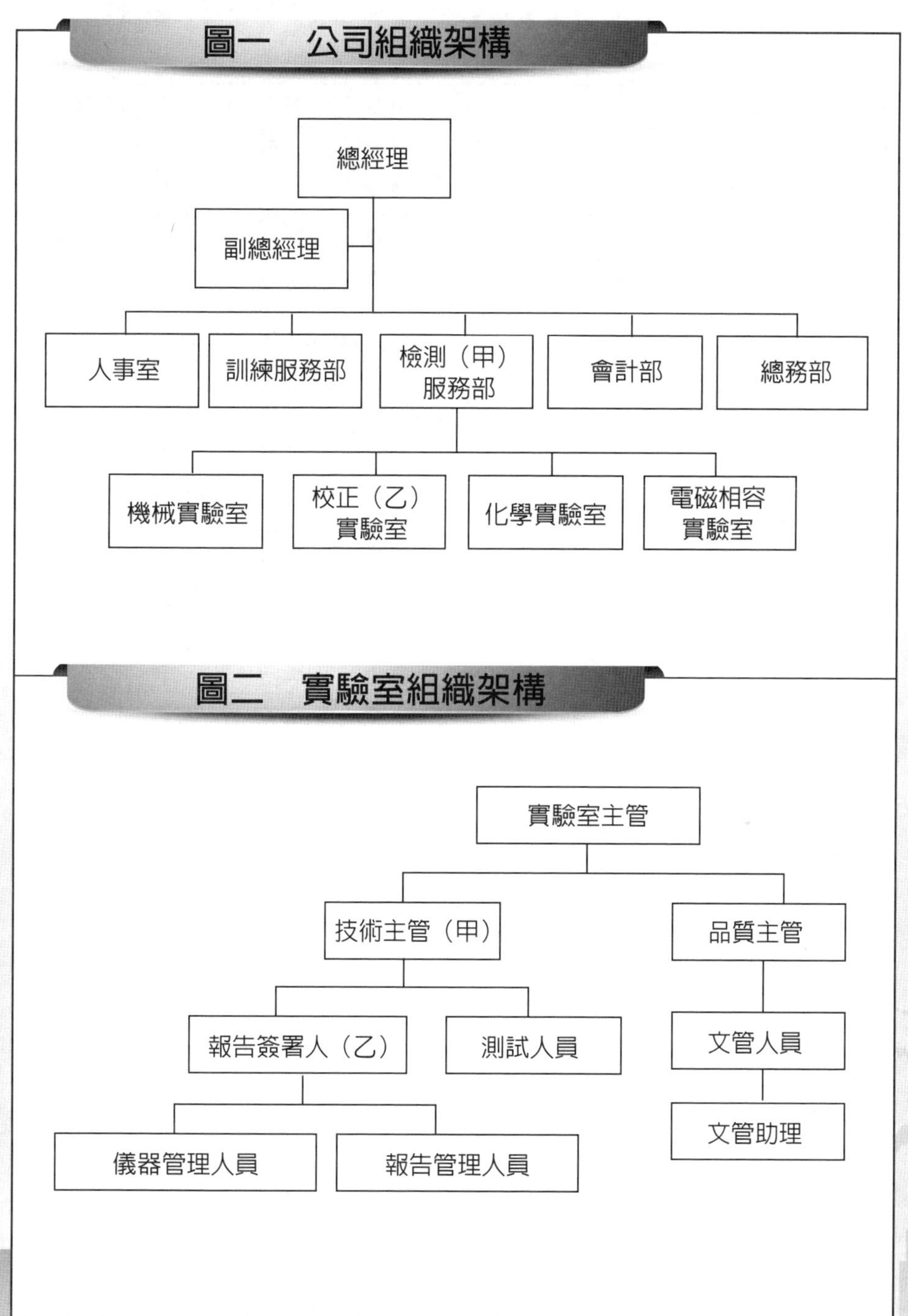

表一　業務職掌表範例

章節	實驗室主管	品質主管	技術主管	測試人員	文管人員
4.1公正性	主責	主責	主責	主責	主責
4.2保密	主責	主責	主責	主責	主責
5.架構要求事項	主責	副責	副責	副責	副責
6.2人員	主責	副責	副責		副責
6.3設施與環境條件		副責	副責	主責	副責
6.4設備		副責	副責	主責	副責
6.5計量追溯性		副責	副責	主責	副責
6.6外部提供的產品與服務		副責	主責	副責	副責
7.1需求事項、標單及合約之審查		主責	主責	副責	副責
7.2方法的選用、查證與確證		副責	主責	副責	副責
7.3抽樣		副責	副責	主責	副責
7.4試驗件或校正件的處理		副責	副責	主責	副責
7.5技術紀錄		副責	副責	主責	副責
7.6量測不確定度的評估		主責	主責	副責	副責
7.7確保結果的效力		副責	主責	副責	副責
7.8結果的報告		副責	主責	副責	副責
7.9抱怨		主責	副責	副責	副責
7.10不符合工作		主責	副責	副責	副責
7.11數據管制與資訊管理		主責	副責	副責	副責
8.管理系統要求事項	主責	主責	副責	副責	副責

表二　業務職掌表範例

職稱	職務
實驗室主管	1. 確保實驗室依據ISO 17025：2017及相對應四階文件的持續執行並監督維持 2. 實驗室發現品質問題之處理及解決 3. 熟悉實驗室檢測方法、程序及目的 4. 評估檢測之結果 5. 查證實驗室品質系統並提出改善建議及跟催改善結果 6. 實驗室營運績效之評估與審查 7. 執行其它相關事務
技術主管 兼報告簽署人	1. 負責量測系統的品質運作及正常的完整性 2. 訂定操作作業程序書SOP及相關指引 3. 評估檢測人員能力 4. 保證量測結果的正確性 5. 建立年度校正方案及執行 6. 審核試驗報告，確保樣品、試驗方法、試驗數據分析計算方法、試驗結果等資訊均完整正確 7. 代表實驗室簽署試驗報告
品質主管	1. 督導實驗室整體品保工作執行與建立推動品質管理制度 2. 研擬年度品質稽核之規劃執行與管制 3. 研擬實驗室品質文件增修訂草案，品保文件之編號建檔管理 4. 編寫年度系統稽核報告，於管理審查會議中報告 5. 訂定查核相關規定 6. 負責客戶抱怨與異常事件之處理，矯正改善與不符合工作之督導協調與管制
測試人員	1. 依實驗室品保程序，作業規範執行規定之檢驗作業，並將檢驗結果完整正確的記錄之 2. 協助撰寫檢驗方法的標準作業程序，並依據標準作業程序執行檢測工作 3. 填寫測試數據、品管圖表及設備使用紀錄及測試治具紀錄 4. 發現品質異常應立即反應 5. 試驗設備之日常維護保養工作項目 6. 試驗設備之校正追溯工作項目 7. 發現品質異常，提供改善建議及查證改善後結果 8. 熟悉其所執行之檢測或校正方法、程序及目的，提升本身技術能力
文管人員	1. 管理規章、品質手冊、作業程序之文件管制及維護 2. 試驗報告之繕打列印

Unit 5-3 架構要求事項(3)

衛生福利部食品藥物管理署爲推動國內食品、藥品、化粧品及醫療器材認證檢驗機構之認證，強化其檢驗品質與技術，參考國際標準ISO 17025：2017年版及食藥署對於檢驗機構管理之特定要求，並納入「食品化學檢驗方法之確效規範」、「分析方法確效指引」及「檢驗機構化學領域檢驗結果之品質管制」、「檢驗機構微生物領域檢驗結果之品質管制」、「檢驗機構放射性核種檢驗品質管制」之要求，訂定**檢驗機構實驗室品質系統基本規範**，以作爲國內檢驗機構編製品質手冊的基本準則，並據以執行檢驗業務，達到提升檢驗機構之檢驗品質與技術，以及持續改進之目的。

檢驗機構應明定且文件化符合本規範要求的實驗室活動範圍。檢驗機構應僅聲明符合本規範的實驗室活動範圍，並排除由外部持續提供的實驗室活動。

實驗室活動應以滿足規範及相關法規主管機關要求的方式來執行。此包括在其所有固有設施、其固有設施以外的場所、與其相關的臨時性或移動性設施，或是在顧客設施所執行的實驗室活動。

指派技術主管，全權負責技術作業與所需資源的供給，確保檢驗機構運作所要求的品質。技術主管之職責至少應包括：分派及督導檢驗工作之執行、檢驗方法確效、檢驗結果之偏離事項矯正措施之追蹤、儀器設備使用、校正、維護之督導等。

指派品質主管，確保實驗室持續實施與遵循品質相關之管理系統之要求。品質主管應有與實驗室負責人直接溝通之管道。品質主管之職責至少應包括：品質手冊之行政管理事務，內部稽核之規劃及執行，稽核發現缺失矯正之追蹤，管理審查之規劃及結果追蹤管理等。

指派報告簽署人。報告簽署人應了解檢驗方法與程序、落實簽署檢驗報告的功能，並對檢驗報告有效性負責。若有涉及相關法規或特定規範或技術規範時，報告簽署人應滿足其規定之要求。

技術主管與品質主管不得由同一人擔任。

其中基本規範附件可參考一、食品化學檢驗方法之確效規範；二、檢驗機構化學領域檢驗結果之品質管制；三、檢驗機構微生物領域檢驗結果之品質管制；四、檢驗機構放射性核種檢驗品質管制；五、檢驗機構名銜實驗室名銜檢驗報告；六、食品藥物化粧品及濫用藥物尿液檢驗實驗室認證標章使用規範。

ISO 17025：2017條文5.3要求

5.3 實驗室應界定且文件化符合本標準要求的實驗室活動範圍，並僅針對該範圍內之活動聲明符合本標準，不包括在現有基礎下由外部提供之實驗室活動。

實驗室活動

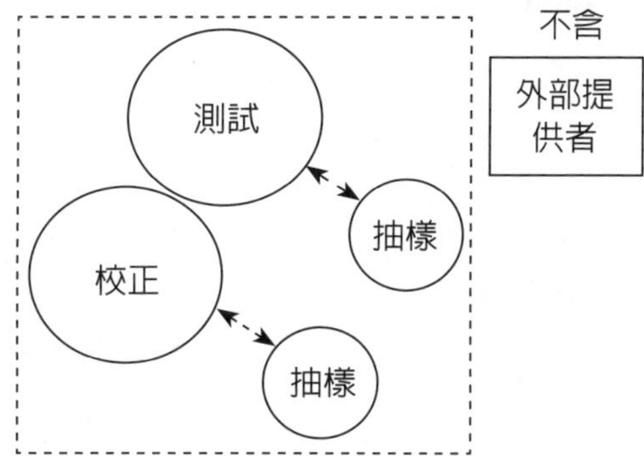

校正	測試
是一種比較過程，將一未知之量測系統的量測參數準確值，藉已知且更準確量測值之量測系統，得以確定或修正，並因此可追溯至上一級的量測標準系統	是藉一已知準確值之量測系統，用以檢測產品之品質、功能是否達到一定之水準。各實驗室之量測系統經由上級追溯至頂級量測標準系統後，可達到各實驗室均具相同準確值之目標，進而對各測試結果亦可達到相同之水準

實驗品質文件系統架構圖

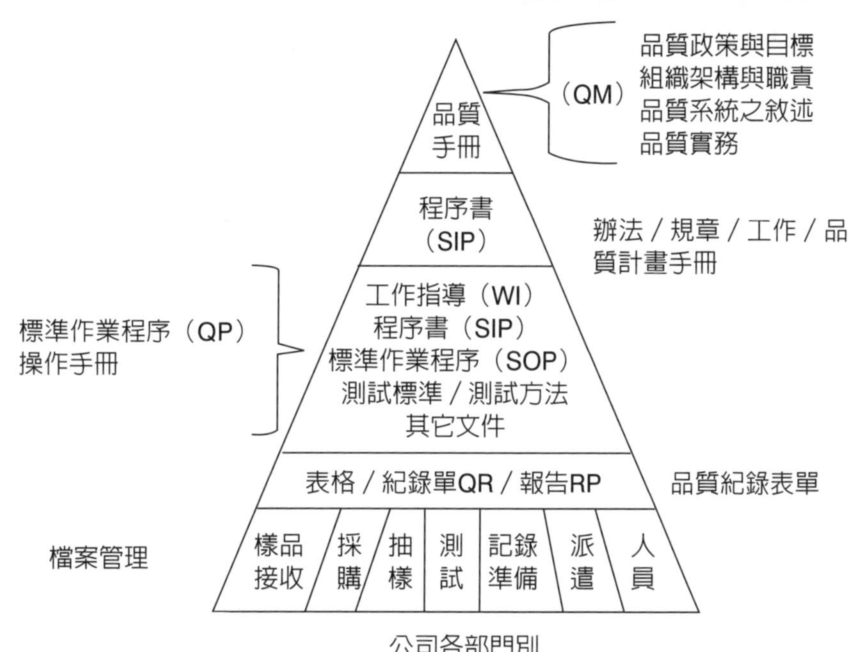

實驗室認證共通性規範

項次	文件名稱	文件編號	日期
1	ISO 17025：2017測試與校正實驗室能力一般要求	TAF-CNLA-R01(5)	2018-11-27
2	實驗室與檢驗機構認證服務手冊	TAF-CNLA-A01(18)	2021-12-06
3	使用認證標誌與宣稱認可要求	TAF-CNLA-R03(10)	2020-09-29
4	量測結果之計量追溯政策	TAF-CNLA-R04(7)	2021-03-25
5	能力試驗活動要求	TAF-CNLA-R05(9)	2020-08-27
6	有關量測不確定度之政策	TAF-CNLA-R06(8)	2021-04-01
7	對實驗室／檢驗機構主管之要求	TAF-CNLA-R07(4)	2016-10-26
8	對報告簽署人之要求	TAF-CNLA-R08(2)	2007-10-16
9	認可實驗室／檢驗機構地址異動之政策	TAF-CNLA-R09(4)	2021-03-03
10	評鑑活動運用技術專家政策	TAF-CNLA-R11(2)	2018-12-25
11	內部校正特定規範	TAF-CNLA-T18(2)	2018-08-17
12	測試領域遊測技術規範	TAF-CNLA-T20(1)	2019-08-15
13	制定能力試驗參與計畫指引	TAF-CNLA-G29(3)	2021-01-18
14	實驗室回報改善情形／矯正措施之補充要求	TAF-CNLA-J08(6)	2019-05-13
15	判定規則與符合性聲明之準則	TAF-CNLA-G04(5)	2020-06-11
16	不符合的判定與處理指引	TAF-CNLA-G05(5)	2019-05-13

Unit 5-4 架構要求事項(4)

實驗室使用修飾之衛福部公告方法、公布之建議方法或其它國際認可方法，以執行食品衛生相關檢驗，爲證實檢驗方法之適用性及分析結果之正確性，該檢驗方法需經確效（Validation）後使用，本確效規範係作爲實驗室執行方法確效之評估依據。

檢驗機構化學領域檢驗結果之品質管制之訂定目的，爲強化檢驗機構化學領域檢驗結果品質，特訂定「化學領域檢驗結果之品質管制」。化學檢驗品管要求之事項，於檢驗方法已有規定者，應依該檢驗方法之規定。其規範內容，化學檢驗品管要求之內容包括下列項目：(1)定性分析、(2)定量分析、(3)品管樣品分析及品管圖之製作與使用、(4)偵測極限與定量極限、(5)多重品項檢驗方法之相關品管規定等五大項。

檢驗機構微生物領域檢驗結果之品質管制之訂定目的，爲強化檢驗機構微生物領域檢驗結果品質，特訂定「微生物領域檢驗結果之品質管制」。微生物檢驗品管要求之事項，於檢驗方法已有規定者，應依該檢驗方法之規定。其規範內容

微生物檢驗品管要求之內容包括下列項目：(1)人員、(2)實驗系統設施、(3)儀器設備、(4)材料、試劑及培養基、(5)實驗室用品之清洗及滅菌、(6)樣品採集與保存、(7)品管措施、(8)紀錄與報告及(9)安全、衛生及環境保護之責任等九大項。

檢驗機構放射性核種檢驗品質管制之訂定目的，爲確保檢驗機構對放射性核種檢驗結果的品質，特訂定「放射性核種檢驗品質管制」。其規範內容，放射性核種檢驗品管要求之內容包括下列項目：(1)人員、(2)設施與環境、(3)儀器設備、(4)接收樣品階段之初篩、(5)分析之品管要求、(6)品管樣品分析及品管圖之製作與使用、(7)最小可測量評估及(8)注意事項等八大項。

檢驗機構名銜實驗室名銜檢驗報告（P.90參考例）

食品藥物化粧品及濫用藥物尿液檢驗實驗室認證標章使用規範之目的，藉由本認證標章宣導「實驗室有認證，產品檢驗有保證」的理念，強化民眾對認證實驗室的信心，以提升民間實驗室之競爭力，並鼓勵實驗室申請食藥署認證，確保檢驗之公信力，達到「檢驗數據品質有信心，食品藥物安全有保證」的效益。

ISO 17025：2017條文5.4要求

5.4 實驗室活動應以滿足本標準、實驗室顧客、法規主管機關及認可組織之要求事項的方式來執行。此包括在其所有固定設施以外的場所、相關的臨時性或移動性設施或是在顧客之設施所執行的實驗室活動。

實驗室認證範圍的活動場所與設施範圍

實驗室活動
TAF認證規範的要求
實驗室顧客要求
法規主管機關要求
其它
認證範圍的活動場所與設施範圍
實驗室所有固有設施
其固有設施以外之場所（測試場地）（如延伸測試場地）
臨時性或移動性設施
顧客設施（如涉及遊測或遊校）
於對應文件中呈現

TAF實驗室評鑑標準

ISO 17025：2017
TAF要求
共通性規範
土木工程、醫學領域、各技術領域的要求
特定性規範
技術性規範
國際、區域、國家、協會等
實驗室引用的標準
AA測試作業程序、XX校正作業程序
測試及校正實驗室所自訂的測試作業程序

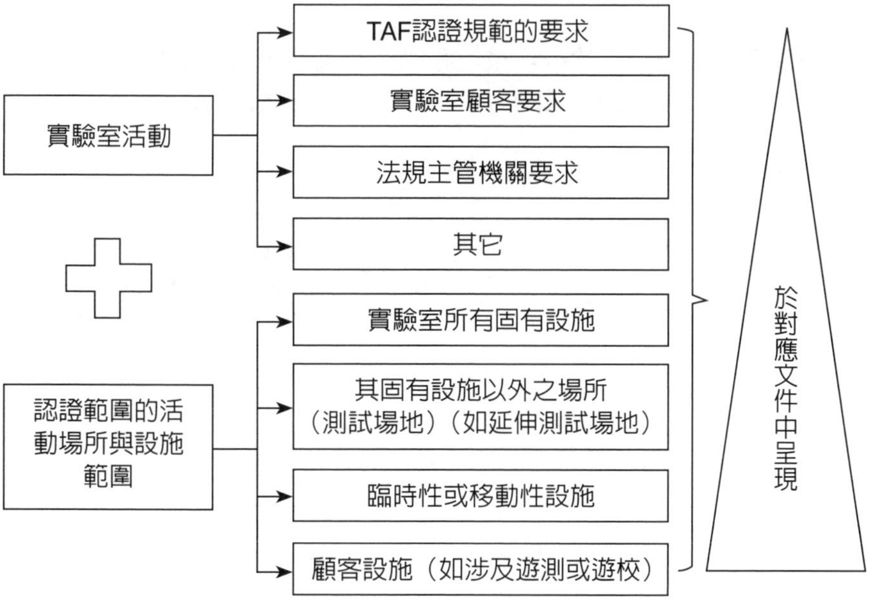

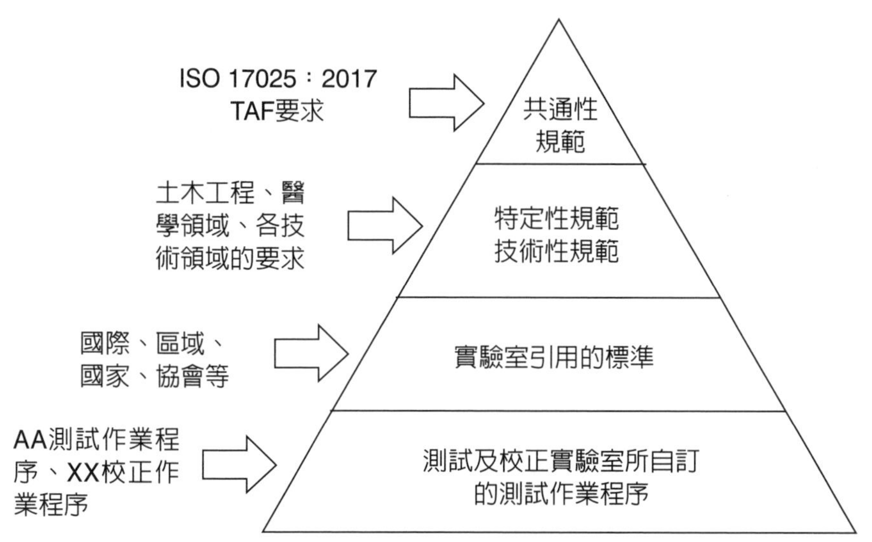

檢驗機構名銜實驗室名銜檢驗報告（參考例）

檢測機構名銜檢測報告（範例格式1）

行政院環境保護署許可證字號：環署環檢字第XXX號

檢驗室名稱地址:
電　　話:
傳　　真:
客戶名稱：
業　　別：
樣品特性：
採樣單位：
採樣地點：

報告編號：
採樣日期時間：　年　月　日　時　分
收樣日期：　年　月　日
報告日期：　年　月　日
聯絡人：

是否經許可	樣品編號		A	B	C	D	檢測方法	備註
	檢測項目	單位	檢測值					
＊	粒狀污染物	mg/Nm^3	xx	xx	xx	xx	NIEA A101.72C	
＊	總硫氧化物	ppm	xxx	xxx	xxx	xxx	NIEA A405.71A	
＊	總氮氧化物	ppm	xx	xx	xx	xx	NIEA A407.71A	
＊	Total TEQ（PCDDs/PCDDs）	ng-TEQ/Nm^3	1.xx	1.xx	1.xx	1.xx	NIEA A808.72B	

備註：1.本報告共　頁，分離使用無效。
2.檢驗項目有標示"＊"者，係指該檢測項目經環保署許可，並依公告檢測方法分析。
3.低於方法偵測極限之測定值以"ND"表示，並於備註欄註明其方法偵測極限(MDL)。
4.本報告僅對該樣品負責，不得隨意複製及作為宣傳廣告之用。

聲明書

(一)茲保證本報告內容完全依照行政院環境保護署及有關機關之標準方法及品保品管等相關規定，秉持公正、誠實進行採樣、檢測。絕無虛偽不實，如有違反，就政府機關所受損失願負連帶賠償責任之外，並接受主管機關依法令所為之行政處分及刑事責任。

(二)吾人瞭解如自身受政府機關委任從事公務，亦屬於刑法上之公務員，並瞭解刑法上圖利罪、公務員登載不實偽造公文書及貪污治罪條例之相關規定，如有違反，亦為刑法及貪污治罪條例之適用對象，願受最嚴厲之法律制裁。

核可檢測報告簽署人識別編碼：第1、2碼為檢測機構檢驗室代碼；第3碼為檢測報告簽署人核可類別碼（A、I或O），其餘則為流水號。

公司名稱：〇〇〇〇〇〇〇

負責人（簽名或蓋章）：〇〇〇

檢驗室主管（簽名）	空氣採樣類 報告簽署人（簽名）	無機檢測類 報告簽署人（簽名）	有機檢測類 報告簽署人（簽名）
〇〇〇	〇〇〇 (EAA-XX)	〇〇〇 (EAI-XX)	〇〇〇 (EAO-XX)

第　頁(共　頁)

IECEE 測試報告範例

IECEE OD-2020-F1:2017 ©IEC 2017
TRF Template

Ed.1.0
2017-05-17

Test Report issued under the responsibility of:

TEST REPORT **IEC or ISO Reference Number** **Title of the IEC or ISO Standard**	
Report Number.................................:	
Date of issue....................................:	
Total number of pages ....:	
Name of Testing Laboratory preparing the Report ....:	
Applicant's name ....:	
Address..:	
Test specification:	
Standard ....:	According to OD -2020, Clause 3.3
Test procedure.................................:	CB Scheme
Non-standard test method ....:	N/A
Test Report Form No. ....:	According to OD -2020, Clause 3.3
Test Report Form(s) Originator....:	Name of Originator
Master TRF ....:	Dated YYYY-MM-DD

If this Test Report Form is used by non-IECEE members, the IECEE/IEC logo and the reference to the CB Scheme procedure shall be removed.

This report is not valid as a CB Test Report unless signed by an approved CB Testing Laboratory and appended to a CB Test Certificate issued by an NCB in accordance with IECEE 02.

General disclaimer:

The test results presented in this report relate only to the object tested.
This report shall not be reproduced, except in full, without the written approval of the Issuing CB Testing Laboratory. The authenticity of this Test Report and its contents can be verified by contacting the NCB, responsible for this Test Report.

Unit 5-5 架構要求事項(5)

衛生福利部食品藥物管理署爲推動國內食品、藥品、化粧品及醫療器材認證檢驗機構之認證，強化其檢驗品質與技術，參考國際標準ISO 17025：2017年版及食藥署對於檢驗機構管理之特定要求，並納入「食品化學檢驗方法之確效規範」、「分析方法確效指引」及「檢驗機構化學領域檢驗結果之品質管制」、「檢驗機構微生物領域檢驗結果之品質管制」、「檢驗機構放射性核種檢驗品質管制」之要求，訂定**檢驗機構實驗室品質系統基本規範**，以作爲國內檢驗機構編製品質手冊的基本準則。指引檢驗機構應：(1)明定實驗室的組織與管理架構，其在檢驗機構之位階，以及其與管理、技術運作及支援服務間的關係。並明確規範參與或影響實驗室檢驗業務之關鍵人員的權責，以釐清潛在之利益衝突；(2)界定對從事會影響實驗室活動結果的所有管理、執行或查證之工作人員，其責任、授權及相互關係。檢驗機構應明定實驗室主管、品質主管、技術主管、報告簽署人及其它檢驗相關人員之職責與相互關係；(3)文件化程序至必要的程度，以確保其適用於實驗室活動的一致性與結果的有效性。

衛生福利部疾病管制署對於我國實驗室生物風險管理政策，仍以危害風險分級，再逐步推展。屬於「感染性生物材料管理辦法」規範之管制性病原及毒素實驗室／保存場所、BSL-3以上實驗室及TB負壓實驗室（特指使用TB菌株進行相關檢驗或研究），因從事高危險病原體及生物毒素之工作，預計修法自2022年起，該等實驗室／保存場所應全面導入生物風險管理系統。至於BSL-2實驗室或感染性生物材料保存場所，現階段並未強制要求導入生物風險管理系統，屬鼓勵自願性導入。實驗室生物風險管理規範及實施指引（Standard and Guidelines for the Implementation of Laboratory Biorisk Management）其中指引設置單位須發展出清楚、精準、明確且可理解的目標。這些目標須提供清楚的基準，以利確認目標是否達成。目標設定必須務實，是可做到的，並具備明確時程與里程碑。SMART原則的概念常被用來概述此項過程，即是：明確（specific）、可衡量（measurable）、可達成（achievable）、實際（realistic）、有期限（timely）。建議設置單位將當初設定此目標的背景與原因予以記錄，協助日後進行審查。設置單位內不同職務與階級的人員，都能訂定具體的生物風險目標或標的。某些適用於全體設置單位的特定生物風險目標，可由最高管理階層訂定。至於其它生物風險目標，則可由相關部門或職務訂定。不過，並非所有職務與部門，都需要設定特殊生物風險目標。

ISO 17025：2017條文5.5要求

5.5 實驗室應：

(a) 界定實驗室的組織與管理架構、其在任何母體組織的位階，以及其與管理、技術運作及支援服務間的關係。

(b) 明定對從事會影響實驗室活動結果的所有管理、執行或查證之工作人員，其責任、授權及相互關係。

(c) 將程序文件化至必要的程度，以確保實驗室活動一致的應用與結果之效力（validity）。

實驗室管理階層

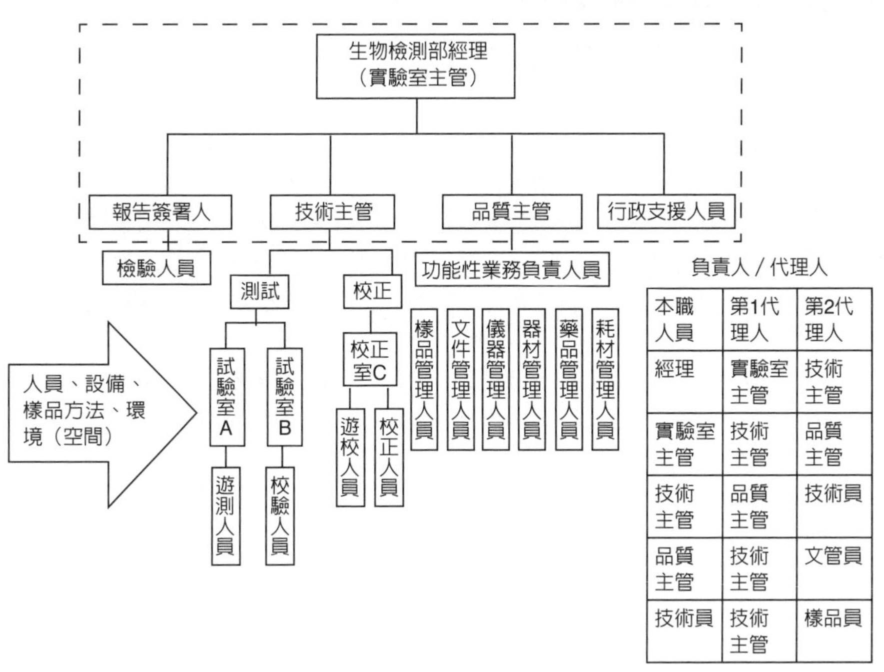

負責人／代理人

本職人員	第1代理人	第2代理人
經理	實驗室主管	技術主管
實驗室主管	技術主管	品質主管
技術主管	品質主管	技術員
品質主管	技術主管	文管員
技術員	技術主管	樣品員

文件化程序至必要的程度

文件管制	文件	管理要求
實驗室應明訂、文件化以及維持各種程序，以管制構成其品質系統之所有文件及資訊	文件是指任何資訊或說明書，包括政策聲明、教科書、程序、規格、校正表、生物參考區間及來源、圖表、廣告宣傳單、通知單、備忘錄、軟體、圖面、計畫以及外來原始文件，諸如；法規、標準或檢驗程序	• 文件發行前應由被授權人員審查並核准使用 • 由文件管制人員建立並維持一份最新版本 • 工作場所保有目前唯一且經過核可的最新版本文件，以供有效運作 • 每年定期審查文件，必要時應修改並由權責人員核可 • 無效或過期的文件應立即移出使用的地點 • 文件僅限內部人員查閱，不得自行影印

Unit 5-6 架構要求事項(6)

衛生福利部疾病管制署**實驗室生物風險管理規範及實施指引**中，設置單位爲達成目標，須建立行動方案。對於複雜議題或風險較高的活動，或許還需要發展出更正式的專案以納入行動方案。在考慮建立行動方案所需之必要方法時，設置單位須檢視所需資源（資金、人力及基礎建設），以及欲執行的工作。設置單位須根據方案複雜度，指派各項工作的責任、職權及完成日期，確保在整體時程內，完成生物風險目標。

最高管理階層包括高階主管（董事長、執行長、營運長及財務長等）與設置單位負責人，其負責生物風險管理的整體職責。不過，相關工作也可透過設置單位委任給特定人員，這些人員必須具備適當能力且有充足資源，可在符合安全與保全要求下從事工作。若是規模較小的設置單位，一人可能兼任本規範所述的數項角色。明確訂定角色與職責歸屬，並且將必須採取的行動以及誰是具有相關職權的人，在設置單位內部清楚傳達，是非常重要的。

指派角色與職責時，須考量潛在的利益衝突。

本規範已明訂設置單位內部需要設置的角色，此處僅以頭銜說明其角色，不同設置單位採用的頭銜不盡相同。

所需資源包括人力資源與特殊技能、設置單位架構、技術及財源。

生物風險目標與方案，須傳達給全體相關人員得知（例：透過訓練與（或）小組簡報會議等），並定期檢視方案內容，必要時須予以修定。

欲成功實施生物風險管理系統，需要設置單位管理的全體員工全心投入，而且從最高管理階層開始以身作則。

管理高層需：

- 透過及時且有效的方式，確定且提供必要資源，防止因暴露於工作場所的生物材料而導致的傷害和疾病；
- 指派職務且確保人人了解自身職責和該階層須負起之責任。指派職務、權限和職責時，須考量到潛在利益衝突；
- 確保設置單位管理階層中負責生物風險的成員，具有履行職務之充分權限；
- 確保釐清不同職務間的責任歸屬（例：不同部門之間、不同管理階層之間、員工彼此之間、設置單位和承包商之間、設置單位和社區之間）；
- 委任一名管理階層成員負責生物風險系統，並報告其績效。

ISO 17025：2017條文5.6要求

5.6 實驗室應有人員，不考慮其所負的其它責任，具有所需的授權與資源執行其任務，包括：

(a) 實施、維持及改進其管理系統。

(b) 鑑別來自管理系統或執行實驗室活動程序之偏離。

(c) 啓動措施以防範或降低此類偏離。
(d) 向實驗室管理階層報告管理系統實施成效與對於改進的任何需求。
(e) 確保實驗室活動的有效性。

實驗室品質系統層面

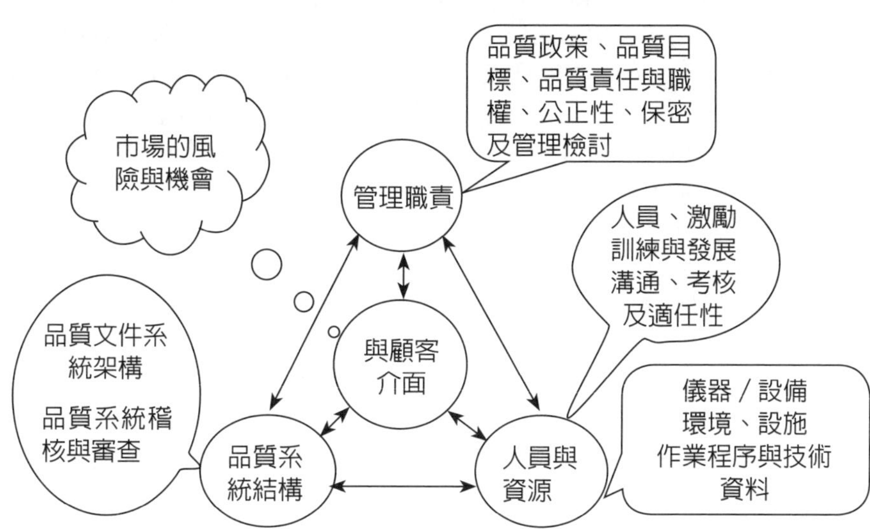

實驗室PDCA

計畫（Plan）	執行（Do）	檢核（Check）	行動（Action）
建立實驗室品質系統 • 確立組織之權利與責任 • 部門分工與人員職責 • 實驗室應確保所事之測試／校正活動之品質有一定程度之政策	實施實驗室品質系統 • 系統及計畫與程序之制定文件 • 實施作業程序達到審查要求標準和合約 • 確保其持續的適合性和有效性	維持實驗室品質系統 • 鑑別管理系統或執行實驗室活動程序發生之偏離 • 定期地對實驗室的品質系統和測試或校正活動進行審查	改進實驗室品質系統 • 不符合性管制，品質與技術紀錄的管理，檢驗結果報告，報告之更正與修改等管理 • 採取措施以預防或減少此偏離 • 將管理系統績效與任何需要之改進，向實驗室管理階層報告

Unit 5-7 架構要求事項(7)

個案研究新光吳火獅紀念醫院公布之2019永續發展報告書內容架構係依循全球報告倡議組織（Global Reporting Initiative, GRI）發行之永續報導準則（GRI standards），並依循核心選項（core）作為揭露原則。本報告書亦參照「GRI NGO 行業別揭露指引」、「AA1000當責性原則標準」、「聯合國永續發展目標（Sustainable Development Goals, SDGs）」、「聯合國全球盟約（UN Global Compact）」及「ISO 26000 社會責任指引」進行編撰。報告書中，揭露利害關係人溝通，為響應聯合國永續發展目標SDGs指標，其中「以病人為中心」宗旨具體做法：(1)國內醫療推動：設立「醫病共享決策推動小組」，共設立39項病人決策輔助工具，提供病人多樣選擇，並支持病人偏好的醫療決策，建立醫病共識，護理部、藥劑部及營養課，皆針對疾病特性及病人與照顧者的需求，提供各式指導單張、手冊等教材，亦透過辦理講座、刊登文章、張貼海報、電視衛教及網站介紹等，宣導醫病共享決策概念醫病溝通，成立14個病友團體，提供教育性、醫療性、支持性的服務；(2)國際醫療推動：與帛琉國家醫院成立營養衛教室，2015 年正式列為帛琉慢性非傳染性門診就診流程之一，給予免費營養諮詢；2016 年制定營養轉介衛教作業標準流程，提升慢性病照護水準與帛琉推動校園健康飲食計畫，供應新鮮蔬果給當地3所小學，改善午餐的營養均衡；更與帛琉教育部及國合會農技團合辦全國教師營養午餐工作坊，針對全國國小校長及營養午餐相關負責人給予營養教育。

個案研究生華生物科技利害關係人的鑑別係為對公司產生影響或受公司影響的內部或外部團體及個人，包含員工、客戶、供應商、股東、政府、媒體等，鑑別的重心在於了解利害關係人與公司互動時關注的重點項目，以及可能在互動關係中影響到公司的層面及本身或有受到的影響，有了此項鑑別，才能幫助公司適時且適所地與利害關係人增進溝通，並及時回應利害關係人之所需。建立良好的溝通管道及專責人員，負責傾聽利害關係人的需求，期望與公司所有利害關係人建立公開、透明、有效的溝通管道，了解彼此的需求，給予適當的回應，以達成其權利的維護，追求公司永續發展。

個案研究衛福部食藥署「檢驗機構實驗室品質系統基本規範」中，要求其認證檢驗機構或有意申請之檢驗機構，其品質系統文件應依據本署公告之「檢驗機構實驗室品質系統基本規範」編排撰寫，內容應包含國際實驗室認證規範（ISO 17025：2017）、化學／微生物領域檢驗結果之品質管制、食品化學檢驗方法之確效規範、分析方法確效指引、認證標章使用規範等。有關實驗室搬遷之定義，若實驗室地址門牌號未變動，僅從A棟變成B棟，實驗室更換樓層及棟別，儀器有挪動屬於實驗室之搬遷，需依照檢驗機構管理辦法事先提出搬遷計畫。關於實驗室人員分配，小規模實驗室依「檢驗機構實驗室品質系統基本規範」5.11之規定，實驗室技術主管及其代理人，與品質主管不得由同一人擔任。

ISO 17025：2017條文5.7要求

5.7 實驗室管理階層應確保：
(a) 就管理系統的有效性與滿足顧客及其它要求事項的重要性進行溝通。
(b) 當規劃與實施管理系統變更時，維持管理系統的完整性。

利害關係人溝通管道及關注議題一覽表（生華生物科技）

類別	溝通管道	關注議題
股東／投資人	• 股東常會 • 年報、財務報表 • 法人說明會 • 投資人信箱 • 發言人系統	• 財務資訊 • 營運狀況 • 研發進程
員工	• 公司內部網站 • 電話、電子郵件 • 教育訓練	• 薪資福利 • 職業安全與健康環境 • 勞資關係 • 員工向心力 • 人才培養 • 勞基法保障
政府機關	• 衛生福利部食品藥物管理署 • 金融監督管理委員會 • 證券櫃檯買賣中心 • 公文、法規宣導說明會	• 臨床試驗相關規範 • 資訊揭露 • 勞資關係 • 員工福利
客戶	• 電話、電子郵件 • 公司拜訪 • 定期／不定期會議	• 產品品質及安全 • 藥品銷售狀況
供應商	• 電話、電子郵件 • 供應商拜訪	• cGMP規範產品品質及安全 • 環境保護及污染防治
媒體	• 記者會 • 發布新聞稿 • 公司網站 • 媒體聯絡人	• 研發進程 • 業務拓展及產品授權 • 財務狀況 • 公司發展計畫

資料來源： https://www.senhwabio.com/tw/stackholders

CPSC

美國消費品安全委員會（Consumer Product Safety Commission；以下簡稱CPSC）成立於1973年5月，爲負責消費品安全監管之獨立的聯邦政府機構。除了食品和藥品、機動車輛及設備、飛機、船隻、酒精飲料、菸草及槍械等外，一般人日常生活物品均由CPSC監管。因美國消費性產品主要均爲進口，爲保護其國內消費者之權益，於2008年公告消費品安全促進法案（Consumer Product Safety Improvement Act, CPSIA），對12歲（含）以下兒童使用的產品提出新的要求，包括可接觸部件的鉛含量、油漆和表面塗層中的鉛含量、鄰苯二甲酸鹽、追溯標籤、由CPSC 認可的實驗室進行第三者檢測及進口商出具的合格證書等。

CPSC定義下的實驗室分類（合格評定機構），共分爲三類，如下所述：

1. Independent（獨立式實驗室）：非生產兒童用品之製造商或私有標商（品牌商）所擁有、經營或管制，且測試其相關產品的獨立第三方驗證機構。此實驗室不受政府或部份政府之擁有或管制。

   備註1：第三方（third party）實驗室以認證爲目的，但不是由兒童產品的製造廠或品牌商擁有、管理與控制之實驗室。

2. Firewalled（防火牆實驗室）：

   如果符合您申請的安全要求的兒童產品製造商或自有品牌商在實驗室擁有10%或以上的所有權或控制權，則需要註冊爲防火牆合格評估機構（防火牆測試實驗室），和／或實驗室由製造商或自有品牌商控制。這些所有權或控制權必須包含在申請中。此外，申請人必須提交公司既定材料的副本，用於培訓其員工了解製造商的任何企圖的指控的過程和手段。

   備註2：受保護（firewalled）實驗室，以認證爲目的，由兒童產品的製造廠或品牌商擁有、管理或控管的實驗室。需依照Firewalled實驗室附加法定標準進行認可。

3. Governmental（政府實驗室）：

   政府實體對合格評定機構（測試實驗室）的全部或部份所有權或控制需要註冊爲政府合格評定機構，「政府」也包含了國內及國外的機構。如果合格評定機構部份或全部由政府擁有或控制，則必須指定政府實體。這包括通過政府擁有該合格評定機構的任何合作夥伴的利益來間接擁有或控制。「政府實體」一詞是指您所在國家或行政區域內的任何政府實體，無論是國家、省、地區、地方等，包括國有實體，即使這些實體不履行政府職能。

   備註3： 政府實驗室，由政府全部或部份擁有或控管的實驗室。

   (1)政府機構持有1%以上無論直接或間接擁有該實驗室的所有權權益。直接擁有權乃依鏈式擁有累計加乘計算。

   (2)政府機構（曾）提供財務上的投資或創立。

   (3)政府機構有能力指派實驗室內部的管理職（舉例但不限於：董事會成員、總經理或有能力聘僱、解僱或制定此實驗室人員之薪資報酬水準）。

   (4)實驗室管理者或技術員含政府人員。

   (5)此實驗室的外部組織架構爲某一政府機關（構）的附屬（不包含政府監管機構

與受管制實體與的關係）。

(6)政府單位除了控管該實驗室外，政府單位能決定、創立、更改或影響：

(a)該實驗室的測試產出。

(b)該實驗室的預算及財務決策。

(c)該實驗室是否承接（接收）特定工作（任務）。

(d)該實驗室的的組織架構或存續。

CPSC支持第三方獨立實驗室（third party independent laboratories）、第三方防火牆實驗室（third party firewalled laboratories）和第三方政府實驗室（third party governmental laboratories）的申請，這些實驗室希望在 CPSC 註冊爲認可實驗室，以測試兒童產品是否符合委員會的兒童產品安全規則。

實驗室必須獲得國際實驗室認可合作—相互認可安排（ILAC-MRA） 簽署認可機構，並且認可必須在委員會註冊並被委員會接受。所有申請人必須提供實驗室認可證書和相關範圍文件的副本。這些文件必須以電子方式並以英語提交。電子文件名必須只有英文字母和數字，因爲CPSC系統無法打開名稱中包含非英文字符的文件，尋求接受其認可的實驗室的範圍文件必須明確提及其申請的每項兒童產品安全規則和／或測試方法（如CPSC登記表所示）。

TAF簽署ILAC MRA之認證機構，爲協助檢測實驗室爭取商機。使用CPSC相關法規或測試方法之實驗室，獲得TAF認可者向CPSC提出申請並獲核可登錄於其網站，CPSC業務並未列入TAF之特定服務計畫，由有需求之實驗室自願性申請，TAF依據ISO 17025：2017及實驗室申請之測試方法進行評鑑工作；若實驗室表達將申請CPSC之核可登錄，在認證過程中TAF會確認實驗室之能力是否符合要求。

台灣與ILAC互認安排的簽署方

名稱	TAF	經濟	範圍	原始簽署日期	網站和認可的設施
TAF	台灣認可基金會	中華台北	校正：ISO 17025：2017 測試：ISO 17025：2017 醫學測試：ISO 15189 檢驗：ISO/IEC 17020 能力驗證提供者：ISO/IEC 17043 參考材料生產商：ISO 17034	02 Nov 2000 02 Nov 2000 02 Nov 2000 24 Oct 2012 05 Oct 2019 30 Jul 2020	https://www.taftw.org.tw/wSite/np?ctNode=843&mp=2

名詞解釋：國際實驗室認證聯盟（ILAC: International Laboratory Accreditation Cooperation）

範例：文件化管制程序

______工業有限公司

文件修訂記錄表

文件名稱：文件管制程序　　文件編號：QP-xx

修訂日期	版本	原始內容	修訂後內容	提案者	制訂者
2019.01.01	A		制訂		

A版　　QP-xx-02

______工業有限公司

文件類別	程　序　書		頁次	1 / 3
文件名稱	文件管制程序	文件編號	QP-xx	

一、目的：

為使公司所有文件與資料，能迅速且正確的使用及管制，以確保各項文件與資料之適切性與有效性，以避免不適用文件與過時資料被誤用。確保文件與資料之制訂、審查、核准、編號、發行、登錄、分發、修訂、廢止、保管及維護等作業之正確與適當，防止文件與資料被誤用或遺失、毀損，進行有效管理措施。

二、範圍：

凡屬本公司有關國際標準管理系統文件及程序文件與資料皆適用之。

三、參考文件：

（一）品質手冊

（二）ISO 9001:2015_7.5

（三）ISO 13485:2016_4.2與7.5

四、權責：

（一）專案負責人應指派適任之文件管制人員成立文件管理中心負責文件管制作業，以管理系統文件之制訂、核准權責與適當儲存保管。

（二）

類　別	制　訂	審　查	核　准	發　行
品質手冊	文管	經理	總經理（管理代表）	文管中心
程序書（標準書）	各部門主辦人	部門主管	總經理	文管中心
表單	各部門主辦人	部門主管	總經理	文管中心

五、定義：

（一）文件：

用於指導、敘述、索引各類國際標準管理系統，如品質業務或活動，在其過程中被執行、運作者，如品質手冊、程序書、標準書、表單等。

（二）資料：

1.凡與品質系統有關之公文、簽呈及承攬、合約書、會議紀錄等等，均為資料。

2.外來資料如：國家主管機關、ISO國際標準規範、VSCC或檢測機關所提供之資料及供應商或客戶所提供之圖面，亦屬資料。

（三）管制文件與資料：

須隨時保持最新版之資料，具有制訂、修訂與分發之紀錄，修訂後須重新分發過時與廢止之資料須由文件管制中心依規定註記或經回收並銷毀。已製造醫療器材與測試之過期文件，至少在使用壽命內能被取得，自出貨日起至少保存3年。

（四）非管制文件與資料

凡不屬前述管制文件與資料者皆為非管制文件與資料。

（五）品質手冊：

乃本公司國際標準管理系統，如品質管理系統與品質一致性之政策說明，實施品質制度與落實政策，如品質政策與環境政策，最基本的指導文件。

工業有限公司

文件類別	程　序　書		頁次	2 / 3
文件名稱	文件管制程序	文件編號	QP-xx	

（六）程序書：

品質手冊中，管理重點所引用之下一階文件的內容說明，為品質系統要項所含之各項程序的管理運作指導。各單位作業過程中，為確保操作品質與高效率的作業標準所依據的詳細指導文件，如作業標準書等。

（七）表單：品質系統中各項程序書、標準書所衍生之各種表單。

六、作業內容：

（一）品質系統文件編號原則：

1.品質手冊編號---QM-01

2.程序書編號-----QP-ΔΔ

QP：代表程序書代碼

ΔΔ：代表流水號

3.表單編號----QP-ΔΔ-□

QP-ΔΔ：代表該對應之程序書代碼

□：代表表單流水號01～99

◇：於表單左下角位置標識版次（A版、B版……），以利識別

4.外來資料編號---**-◎◎◎

**：代表收錄年度（中華民國年曆）

◎◎◎：代表收錄流水

（二）版本編訂辦法：

經由文管中心發行之品質手冊、程序書、標準書及相衍生之表單，應適切顯示版次編號，原則上除表單外，版本由首頁顯示版次，配合2015版標準條文要求，手冊、程序書統一由A版起。

（三）內部文件系統架構說明：

1.品質手冊各章架構，依ISO 9001:2015版條款對應

2.程序書架構說明：目的、範圍、參考文件、權責、定義、作業流程或作業內容、相關程序作業文件、附件表單，由一、二……依序編排。作業標準書架構說明：標準書之編寫架構由各制訂部門視實際需要自行制訂，以能表現該標準書之精神為主，並易於閱讀與了解。

（四）文件編訂：

1.依國際品質標準要求，責成有關部門制訂各種程序書、標準書。

2.製定之文件由權責人員審查、核定。

3.經核定後之文件，由總經理室文管中心編號。

（五）文件修訂

1.文件若要修訂，應提出「文件修訂申請表」，要求研擬修改，並附上原始文件，請審核人員審查、核定，送文管中心作業。

2.文管中心應將修訂內容載於「文件修訂記錄表」。

3.文件修訂後，其版次遞增。

4.分發修訂時，須將「文件修訂記錄表」及新修訂文件加蓋管制章後，一併分發於原受領單位。

5.按分發程序辦理分發，必要時，同時收回舊版文件，並於相關表單簽註。

文件類別	程　序　書		頁次	3 / 3
文件名稱	文件管制程序	文件編號	QP-xx	

（六）文件之分發（指品質手冊、程序書、標準書）即發文文件，於首頁加蓋「文件管制」章，並請受領單位於文管中心之「文件資料分發、回收簽領記錄表」上簽收。發行之文件、資料需每張蓋紅色發行章，發行章格式參考如下：

發　行

（七）文件廢止、回收作業：

1.文件之廢止，得由相關部門提出文件廢止申請，呈原審核單位核定後，由文件管制中心，註記於相關表單上。

2.因修訂、作廢而回收之文件，文管中心應予銷毀並記錄於「文件資料分發、回收簽領記錄表」之備註欄內。

3.若版次更新時將舊版文件銷毀或蓋作廢章以識別。

作　廢

（八）如有外部單位需要有關文件時，文管中心應於「文件資料分發、回收簽領記錄表」登錄，並於發出文件上加蓋《僅供參考》，以確實做好相關管制。

1.因參考性質需要留存的舊版、無效的文件、資料，應於適當位置加蓋「僅供參考」章，以免誤用。

2.蓋有「僅供參考」章或未加蓋管制文件章或未註記保存期限之文件、紀錄僅能作為參考性閱讀，不得據以執行品質活動。

（九）文件遺失、毀損處理：

1.填「文件資料申請表」，註記原因，各部門主管核准後，向文管中心提出申請補發。

2.損毀之文件；應將剩餘頁數繳回文管中心銷毀。

3.遺失之文件尋獲時，應即繳回文管中心銷毀。

（十）外部文件管制：

凡與品質相關之法規資料如國家標準規範等，均由文管中心管制並登錄於「文件管理彙總表」，並隨時主動向有關單位查詢最新版的資料。

（十一）有關DHF（Design history file）醫療輔具器材已開發完成之設計歷史完整紀錄、DMR（Device master record）醫療輔具器材主紀錄、DHR（Device history record）醫療輔具器材歷史生產紀錄，依「鑑別與追溯管制程序」記錄存查。

七、相關程序作業文件

QP-16鑑別與追溯管制程序

八、附件表

（一）文件修訂申請表　QP-xx-01

（二）文件修訂記錄表　QP-xx-02

（三）文件資料分發、回收簽領記錄表　QP-xx-03

（四）文件資料申請表　QP-xx-04

（五）文件管理彙總表　QP-xx-05

個案討論

小博士解說

「文件化資訊」是公司組織進行標準化管理、推動QMS系統要項不可或缺的，也是非常重要的過程管理流程之一。

組織內跨部門個別標準化作業的文件管制應加以整合，促使能一致性的達成QMS系統要求。文件化資訊推動精神，通用於ISO 9001品質管理、ISO 14001環境管理、ISO 45001職業安全衛生管理、GPM綠色產品管理、ISO 27001資訊安全管理等管理系統。

企業組織架構中，大多會於總經理室常設一文件管制中心，進行內部文件管理工作，可包括：(1)文件的分類與編號、版本管理、簽核流程、分發與回收；(2)精實文件標準化、文件鑑別與追溯、文件管制稽核；(3)進階文件管制、外來文件管制、電腦化文件管制、技術文件管制與智慧財產權保護等。

ISO文件化程序，各組個案程序書有哪些一覽表？

章節作業

分組個案研究ISO品質手冊，從組織圖中完成組織權責分工。

第 6 章

資源要求事項

章節體系架構

Unit 6-1 一般要求

TAF Newsletter 2019年11月專欄曾報導ISO 17025：2017承襲了ISO 9001：2015之精神，在實驗室管理運作上，採用過程導向，將「計畫一執行一檢核一行動（Plan-Do-Check-Act）」循環及基於風險之思維運用於實驗室活動的投入（例如：顧客／法規主管機關／認證組織／其它利害關係者等所委託之物件）到產出（例如：結果報告產出）的過程中。依據ISO 9001：2015，過程導向使組織有能力規劃其過程及過程之交互作用，而藉由PDCA循環（圖一），可使組織有能力確保其過程有充裕資源並納入管理，決定改進的機會且加以執行。在管理系統運作過程中，整體聚焦於基於風險之思維，致力於利用機會並預防不期望的結果。相較ISO/IEC 17025：2005版規範，新版ISO 17025：2017除了強調運作一致性外，更重要的是在實驗室活動過程中，如何評估可能的風險與機會，並執行適當的調整與改進。

由2018年7月至2019年10月TAF執行ISO 17025：2017實驗室延展評鑑統計數據分析發現，在現場評鑑過程中，最常見之不符合包含：6.2人員、6.3設施與環境條件、6.4 設備、6.6 外部提供的產品與服務、7.1 需求事項、標單及合約之審查、7.2 方法的選用、查證及確證、7.6 量測不確定度的評估、7.8 結果的報告等；前述章節爲實驗室於新版轉換過程中較容易產生落差的章節，導入新版ISO 17025：2017運作時，宜留意新舊版規範間的差異。

ISO 17025：2017條文6.1 一般要求

> 6.1 一般要求
> 實驗室應備妥必要的人員、設施、設備、系統及支援服務，以管理與執行實驗室活動。

實驗室資源的組成

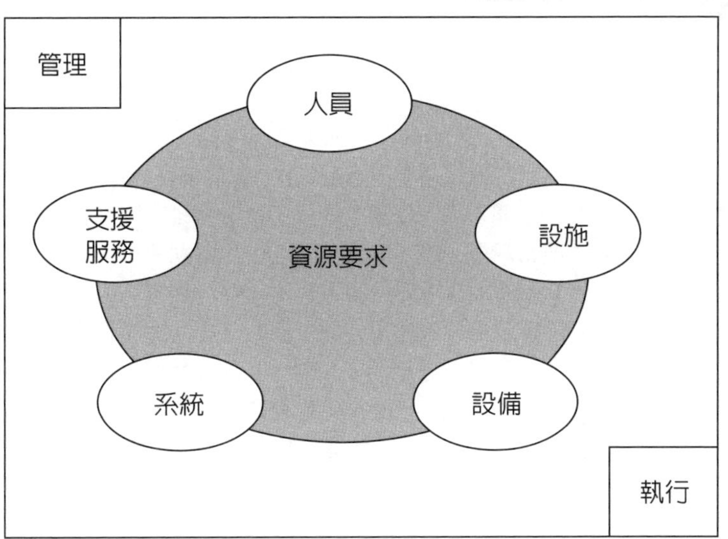

資源要求原因型特性要因圖

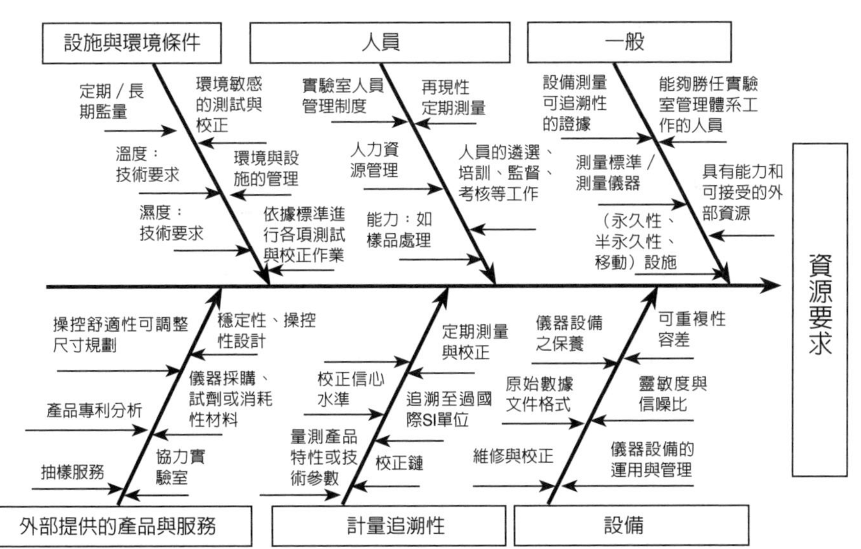

Unit 6-2 人員

ISO 17025：2017實驗室主管應確保管理人員與技術人員具有專業知識與技能，以利執行其職務，並防止測試程序之偏離及矯正ISO管理系統程序。

實驗室主管每年至少召開一次管理審查會議，以查證實驗室品質系統之適切性及有效性，且導入必要之改善活動。個案實驗室爲TAF（財團法人全國認證基金會）所認證之實驗室，每年皆會接受TAF所委託的專家學者進行評鑑，另亦有工業局的外部評鑑，以確保實驗室的品保及品管系統無偏離，同時亦提升送測廠商對實驗室管理機構執法之公信力。個案實驗室主管每年至少召開一次內部品質稽核，以查證實驗室各項品質管理系統是否符合ISO 17025：2017規範與實驗室品質文件及檢測方法是否符合NIEA（環保署環境檢驗所）之規定，且稽核改善結果，由實驗室主管督導改善並確認追蹤。

個案實驗室新進人員皆需進行教育訓練並完成至少3組合格的檢測結果，且通過內部能力試驗，才能正式從事該項之檢測。實驗室人員每年不僅需進行內部能力試驗亦需參加外部訓練機構能力試驗，以確保人員的檢測能力。實驗室人員每年皆需參加由工業區環境保護中心舉辦的實驗室相關訓練課程，以提升專業知識與技能。

列舉污水處理廠品保／品管系統要求，方法偵測極限（MDL）：指待測物在某一基質中以指定檢測方法所能測得之最低量或濃度，在99%之可信度（Confidence level）下待測物之濃度大於0。每年年底均需製作各檢項之方法偵測極限（MDL）並建立查核樣品分析、重複樣品分析及添加樣品分析品質管制圖表，作爲隔年之品管要求。

ISO 17025：2017條文6.2 人員

6.2.1 對實驗室活動有影響的所有人員，無論內部或外部人員，皆應行事公正，具備適任性且依照實驗室管理系統進行工作。

6.2.2 實驗室應將影響實驗室活動結果的各項職務之適任性要求事項文件化，包括學歷、資格、訓練、技術知識、技能及經驗的要求事項。

6.2.3 實驗室應確保人員具備執行其負責的實驗室活動之適任性，並評估偏離之顯著程度。

6.2.4 實驗室管理階層應對人員傳達其職責、責任及授權。

6.2.5 實驗室應具備下列程序與保存紀錄：
(a)確定適任性的要求事項。(b)人員遴選。(c)人員訓練。(d)人員督導。
(e)人員授權。(f)監督人員適任性。

6.2.6 實驗室應授權人員執行特定實驗室活動，包括但不限於：
(a) 方法的開發、修訂、查證及確證。
(b) 結果的分析，包括符合性聲明或意見與解釋。
(c) 結果的報告、審查及授權。

人員適任性之要求

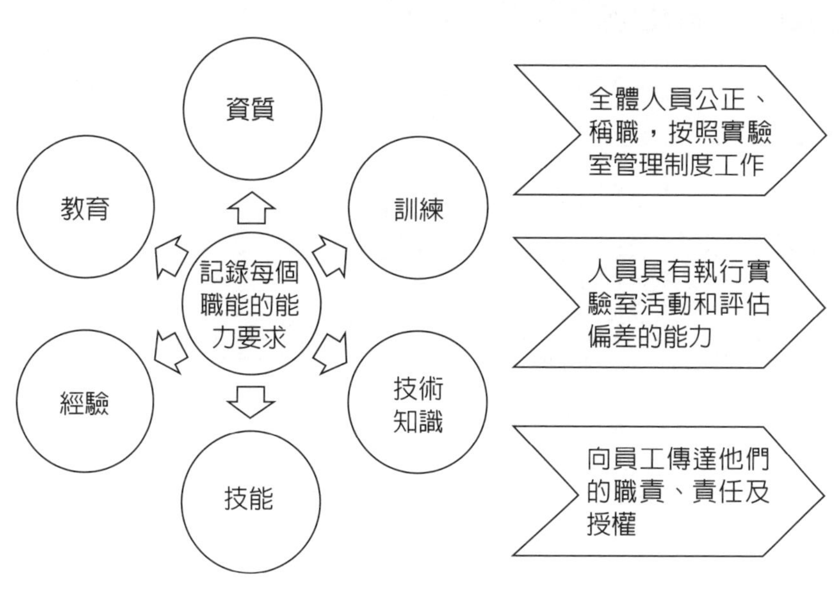

人員適任性建立程序及紀錄

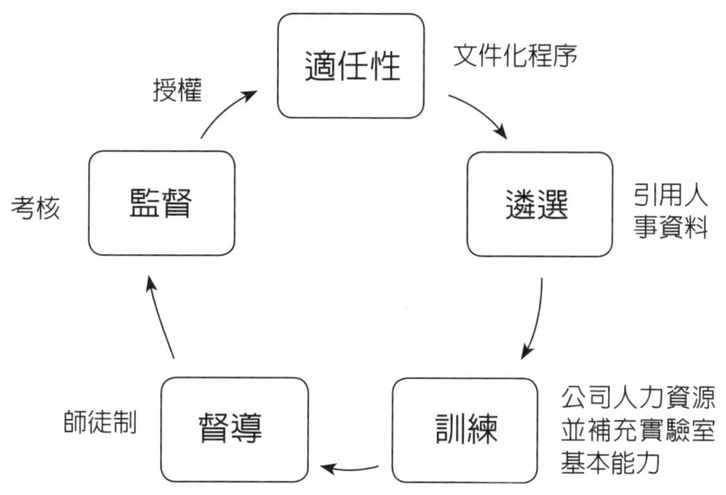

能力要求之職務說明

要 求	測試人員
職稱	電機電子產品EMC測試工程師
年資	三年以上產品測試工作經驗
學歷	電機電子學士或以上學位
經歷	測試設備之日常維護保養工作 測試設備之校正追溯工作 測試報告之繕打列印
資格（如證照號碼）	EN/IEC 60601-1-2訓練或同等級訓練合格 內部相關訓練並考核通過
技能	溝通說明技能 報告撰寫技能 儀器操作技能
訓練／訓練單位	TAF實驗室訓練並取得證書
檢驗人員專業判斷的能力	需有產品製造之知識 產品被使用的方式 產品在被使用時可能產生的缺點 了解產品在正常使用時，發現其偏差的情況下，其顯著性（嚴重性、影響度）如何
技術知識	電機電子產品測試的知識 測試標準EN/IEC 60601-1-2的知識

授權人員執行特定實驗室活動

Unit 6-3 設施與環境條件

個案研究TAF地熱系統測試實驗室認證技術規範中（2021年5月），列舉6.3設施與環境條件要求：6.3.1於地熱井執行遊測活動時，設施與環境條件應滿足試驗方法或相關規格或程序的要求。6.3.2當環境條件對於遊測結果之效力有影響時，應有措施予以監督、管制及記錄環境條件。6.3.3適當時，應有效隔離遊測活動的區域範圍，使遊測活動不受影響。

個案研究行政院環保署環境檢驗測定機構檢驗室品質系統基本規範中（2020年9月），列舉設施與環境條件要求：(1)設施與環境條件應適合檢驗室執行之採樣、檢驗或測定工作，且應不會對結果效力造成不利影響。對結果之效力的不利影響，至少包括：微生物污染、粉塵、電磁擾動、輻射、濕度、電力供應、溫度、聲音及振動；(2)當檢測方法與程序對於設施與環境條件有特別規定，或設施與環境條件對檢測品質有影響時，檢驗室應管制、監測及記錄環境條件，以確定符合要求。若環境條件足以影響檢測結果時，應停止執行檢測工作；(3)檢驗室應依其情況確定管制範圍。檢測工作區域之進出與使用，應予適當管制；(4)檢驗室應有良好之內務管理，預防檢驗室之採樣、檢驗或測定工作遭到污染、干擾或不利影響；(5)不相容工作的檢測工作區域應有效地隔離，並需採取措施預防相互污染；(6)當檢測工作在檢驗室固定設施以外之場所進行時，應注意其環境條件。

ISO 17025：2017條文6.3設施與環境條件

6.3.1 設施與環境條件應適合實驗室活動，且應不會對結果之效力造成不利影響。
備考：對結果之效力的不利影響，能包括但不限於：微生物污染、粉塵、電磁擾動、輻射、濕度、電力供應、溫度、聲音及振動。

6.3.2 執行實驗室活動必要的設施與環境要求事項，應予以文件化。

6.3.3 當相關規格、方法或程序有所要求，或環境條件對結果之效力有影響時，實驗室應監督、管制及記錄環境條件。

6.3.4 用於管制設施之措施應予實施、監督及定期審查，其應包括但不限於：
(a) 影響實驗室活動區域的進出與使用。
(b) 預防實驗室活動遭到污染、干擾或不利影響。
(c) 有效隔離與實驗室活動不相容的區域。

6.3.5 當實驗室在其長期管制以外的場所或設施執行活動時，應確保符合本標準對設施與環境條件的相關要求事項。

測試或校正實驗室之設施與環境條件

- 適應性：適合進行實驗室活動，不會對結果的有效性產生不利影響
- 文件：執行活動的要求應形成文件
- 監控和記錄：應按照影響結果有效性的要求進行監測、控制和記錄
- 控制措施：應實施、監測和定期審查控制措施；進入和使用影響實驗室活動的區域；防止污染、干擾或不利影響；不相容活動之間的分離
- 外部設施：滿足適應性、文件、監控和記錄及控制措施的所有要求

參考美國儀器協會RP-52中對二級校正實驗室環境條件之建議

實驗室環境參數	實驗室需求條件	適用量測領域	檢測週期
噪音	≦NC60	所有實驗室	每半年一次
塵埃粒子數	粒徑>1.0 mm<7×10^6/m^3 粒徑>0.5 mm<4×10^7/m^3	長度、光學 電量及其它物理量	每一年一次
電磁場（屏蔽）	≦100V/M	壓力＆真空、力、加速度、尺寸、光學、流量	每一年一次
實驗室氣壓	>10Pa	所有實驗室	每季一次
照明	≧800 lux	所有實驗室	每季一次
相對濕度	<45% 20～55%	長度、光學 電量及其它物理量	全天24小時檢測
溫度	20±1˚C 23±2˚C	長度、光學 電量及其它物理量	全天24小時檢測
振動	5～6mm（0.1～30Hz） 0.001g（3～200Hz）	長度、質量	每二年一次
電壓穩壓率	±1%	所有實驗室	每年一次

Unit 6-4 設備(1)

個案研究太一電子檢測有限公司校正實驗室，爲提供更全面的校正服務，太一電子檢測在2021年10月的認證中，新增電量的校正量別、擴大質、力量範圍以及新增溫度量的校正項目，於2021年10月28日正式通過A2LA增項認證。A2LA官方網站：https://www.a2la.org/；A2LA爲ILAC MRA（國際實驗室認證聯盟相互承認協議）會員：https://ilac.org/signatory-search/?id1xx=0&id2xx=0&id3xx=0&id4xx=0&pagenum=2

通過的認證項目包括：天平、法碼分別擴增到30kg及20kg，並新增直流電壓、直流電流、電阻、交流電壓、交流電流、溫度試驗箱（如高壓滅菌鍋、培養箱、冰箱等）、溫度控制櫃、熱電偶溫度計、指針溫度計、數位溫度計、環境溫度計、碼表及計時器等。

太一校正實驗室秉持顧客至上的理念，在校正領域不斷精益求精，並持續擴充校正能量及項目，提供優質服務與技術能力，滿足客戶需求。

太一校正實驗室校正服務共設有校正領域八項類別，有長度（Length）、質量（Mass）、KD壓力量（Pressure）、KE溫度／濕度（Temperature/Humidity）、KF電量（Electricity）、KI化學量（Chemical）、KJ時間頻率（Time And Frequency）領域等各項儀器的校正，同時也提供到廠遊校的服務，滿足大型系統的校正服務。

實驗室人員擁有多年的校正經驗，9成的工程師具有乙級計量技術人員證照，持續精進技術能力。優質物流服務建置完整儀器校正前、後的運送服務，全程採用防震抗靜電的專業保護，提供運送全過程的責任保險，落實雙重保障，完善儀器運送服務。

ISO 17025：2017條文6.4.1

6.4.1 實驗室應取得正確執行實驗室活動所要求與能影響結果的設備（包括但不限於：量測儀器、軟體、量測標準、參考物質、試劑、消耗品或是輔助器具）。

備考1.：參考物質與驗證參考物質存有數種名稱，包括參考標準、校正標準、標準參考物質及品質管制物質。ISO 17034包含對於參考物質生產者的附加資訊。滿足ISO 17034要求事項的參考物質生產者，可被視爲具備能力。由滿足ISO 17034要求事項的參考物質生產者所提供之參考物質，隨附產品資料表／證書，載明指定屬性的均勻性、穩定性與其它特性。至於驗證參考物質，則載明了指定屬性的驗證值，其相關量測不確定度與計量追溯性（metrological traceability）。

備考2.：ISO Guide 33 提供了選用參考物質的指引。ISO Guide 80則提供製備內部品質管制物質的指引。

列舉太一電子檢測KI化學量（相關儀器校正範圍）

儀器名稱	校正範圍
黏度計	(10、100、1000、10000、60000) cP（實際值要±10%）
酸鹼度計	4、7、10
電導度計	(84，1413，12850，111300) μS/cm
水電阻計	18.2 MΩ.cm
比重計／密度計／波美度計（玻璃）	0.700 to 1.600
比重計／密度計（玻璃）	0.700 to 1.600
波美度計（玻璃）	0 to 55°Baumé
糖度計（刻劃式）	(0 to 60)°Brix

資料來源：https://www.ty-es.com.tw/

實驗室活動影響結果的設備項目

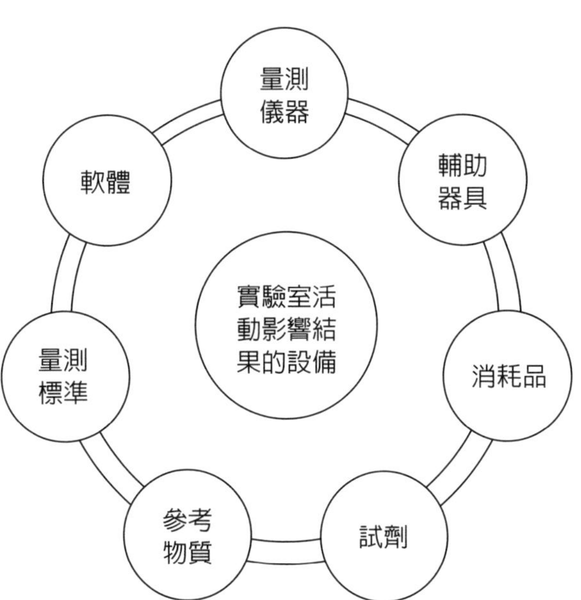

Unit 6-5 設備(2)

個案研究財團法人全國認證基金會（TAF）官網曾揭露，說明量測儀器及設備的準確度取決於校正實驗室的能力，經由有能力的校正實驗室所出具的校正報告，可確保國際間對於計量追溯性（Metrological Traceability）之要求，以及提升對於使用校正數據的信心。此外，各類型符合性評鑑機構（測試實驗室、檢驗機構、醫學實驗室、參考物質生產機構、產品驗證機構、確證與查證機構等）及優良實驗室操作符合性登錄機構（GLP），也需要透過有能力的校正實驗室提供的校正服務，方可確保其出具的證書及報告之品質，例如準確、可靠之試驗結果與檢驗報告。

TAF提供校正實驗室所需之認證服務，依不同的技術類別，可包括長度（Length）、振動量／聲量（Vibration & acoustics）、質量／力量（Mass/Force）、壓力量／真空量（Pressure/Vacuum）、溫度／濕度（Temperature/Humidity）、電量（Electricity）、電磁量（electromagnetics）、流量（Flow）、化學量（Chemical）、時頻（Time And Frequency）、游離輻射（Ionizing Radiation）等不同技術領域。

實驗室於申請TAF認證前，應了解申請領域之試驗項目及產品歸屬，並選擇符合目的之項目代碼。校正領域之認證類別／項目與代碼（TAF-CNLA-D01）文件。並應完成TAF相關文件，包括「ISO 17025：2017測試與校正實驗室能力一般要求（TAF-CNLA-R01）」、「實驗室與檢驗機構認證服務手冊（TAF-CNLA-A01）」、「認證收費標準與繳費方式（TAF-CNLA-C02）、「權利義務規章（TAF-AR-10）」。

（資料來源：https://www.taftw.org.tw/applyCert/field/isoiec17025CalLab/）

ISO 17025：2017條文6.4.2～6.4.6

6.4.2 當實驗室使用長期管制以外的設備時，應確保滿足本標準對設備之要求事項。

6.4.3 實驗室應有程序以處理、運送、儲存、使用及計畫性維護設備，以確保其正常運作並防止污染或變質。

6.4.4 實驗室應在設備設置使用前或回復使用前，先查證設備符合規定要求事項。

6.4.5 用於執行量測的設備，應能達到有效結果所需的量測準確度及／或量測不確定度。

6.4.6 當有下列情形時，量測設備應予校正：

－量測準確度或量測不確定度影響報告結果之效力時。

－為建立報告結果之計量追溯性，此設備的校正被要求時。

備考：對報告的結果之效力有影響之設備類型可包括：

－用於直接量測受測量（measurand）的設備，例如使用天平來量測質量。

－用於修正量測值的設備，例如溫度量測。

－從多種類的量（multiple quantities）計算而獲得量測結果的設備。

實驗室設備管理(1)

6.4.2	• 永久設施外也應符合要求
6.4.3	• 應處理、運輸、儲存、使用和計畫性維護設備的程序
6.4.4	• 應在投入使用和重新投入使用之前驗證並確認要求
6.4.5	• 應能夠達到準確度和量測不確定度以提供有效結果
6.4.6	• 當準確性或不確定性影響測試結果並要求建立可追溯性時，應進行校正

實驗室設備分類

實驗室設備分類	
1	進行測量，這些測量結果或納入結果報告給客戶；用於稱量樣品的實驗室天平
2	進行測量以確保向客戶報告的結果的品質；一組用於校準實驗室天平的標準砝碼
3	不包括向客戶報告或用於品質保證向客戶報告的結果的測量的其它目的
4	品質關鍵設備是用於進行測量的所有設備，這些設備要向客戶報告，要納入報告的結果中。這應包括控制或收集和處理來自進行測量的設備的數據的計算，這些數據要在報告中給客戶，或納入報告的結果中
5	品質非關鍵設備是指所有雖然不用於向客戶報告或納入報告結果中的測量，但用於確保此類測量或結果質量的設備
6	非品質設備是指所有不用於進行測量或產生報告給客戶的結果的設備，也不用於保證報告給客戶的結果的品質

Unit 6-6 設備(3)

許多國家將實驗室認證流程視爲評估實驗室技術能力的方法，個案研究TAF依據國際標準ISO 17025：2017之要求，建立相關認證共通規範（R類文件）、服務手冊與服務計畫（A類文件）、技術規範（T類文件）、認證通報（J類文件）、指引及報告（G類文件）、收費標準與其它說明（C類文件）、申請表單（B類文件）。運用來自產／官／學／研各界之專業技術評審員，對於校正實驗室提供第三者認證服務，以確認校正實驗室的技術能力是否滿足特定方式之要求。獲得TAF認證之校正實驗室，在遵守TAF相關認證規範要求的前提下，所出具之校正報告（或校正證書）可使用TAF認證標誌。TAF官網公告獲得認證之校正實驗室之名錄，並採動態更新，以利外部使用者查詢認可資訊。

個案研究財團法人國家實驗研究院國家太空中心（NSPO）品保組校正實驗室（編號：3316）於2017年通過全國認證基金會（TAF）「ISO 17025：2017」認證，其服務品質受到TAF的肯定，即將展開對外服務的里程。

太空中心於發展衛星的過程，需要儀器來確認衛星電腦、電源供應次系統、飛行姿態控制次系統、衛星籌載等次系統的功能，量測的準確度是功能判斷的依據，而儀器的校正可確認或修正其準確度。每年太空中心都有大量的儀器校正需求，過去都是依賴委外校正，爲增加校正的時效、減少儀器搬運的震動等風險，太空中心品保組校正實驗室於兩年前成立，而校正項目的選擇，以本身校正需求量較多的儀器開始。爲了增加校正的效率與減少不必要的人爲誤差或操作的失誤，實驗室撰寫程式發展自動化校正系統，這些自動化校正系統透過簡單易懂的人機介面，可以輕鬆有效率進行儀器校正。

太空中心每年於電量的校正需求約兩百台儀器設備，爲使校正更有制度且具有公信力，在TAF的諮詢協助及同仁的努力下，於2017年4月獲取電量校正的TAF認證。目前太空中心已可對業界提供TAF認證的電量校正服務及校正自動化系統開發的服務。

ISO 17025：2017條文6.4.7～6.4.10

6.4.7 實驗室應建立校正方案，其應予審查與必要的調整，以維持對校正狀態的信心。

6.4.8 所有需要校正或有明定有效期限的設備，應使用標籤、編碼或其它方式予以識別，以利設備使用者能即時地識別出校正狀態或有效期限。

6.4.9 設備受到超負荷或不當處理、顯示可疑結果、已顯示有缺點或超出規定要求時，應予停止服務。這些設備應予隔離以防止誤用，或清楚地用標籤或標誌標明停止服務，直到查證能正確運作爲止。實驗室應查明此缺點或偏離規定要求的影響，並啓動不符合工作程序的管理（見7.10）。

6.4.10 當必要以中間查核來維持對設備性能之信心時，這種查核應根據既定程序來執行。

實驗室設備管理(2)

6.4.7
- 應建立校正程序並根據需要進行調整

6.4.8
- 當需要校正時，校正狀態或有效性應標記或編碼

6.4.9
- 當儀器有問題時，應停止使用並貼上標籤並啓動不符合工作程序

6.4.10
- 應按要求進行中間查核

實驗室設備要求

設備

- 實驗室具適當之測試與校正設備
- 符合準確度需求並建立校正方案
- 設備應由已授權者執行操作

- 建立適當識別
- 建立設備履歷紀錄有計畫性維持正常功能
- 防止誤用不良或超出規定範圍之設備

- 顯示校正狀況；如已校正、下次校正日期或停用
- 設備送返實驗室之查核
- 既定的程序執行中間查核

- 校正產生之修正係數，應確保所有的電腦軟體中之複本均正確更新
- 防止調整不當所造成的失效
- 設備校正應納入量測不確定考量

Unit 6-7 設備(4)

個案研究財團法人車輛研究測試中心ARTC實驗室成立於1996年，目前具電量、溫濕度、壓力、力量、振動、長度、速率等7個量別之儀器校正服務，符合ISO 17025：2017標準要求，前六項量別並取得TAF（認證編號：0497），可追溯到國家標準之校正體系。前述能量係用以執行中心內部所有實驗室的儀器設備校正、管理，以確保中心對外服務的檢測品質；並藉由已建立能量，同時提供業界所需的校正服務。包含設備項目：

1. 電量：多功能校正器、數位電錶、電源供應器等
2. 溫濕度：電阻及熱電偶溫度計、溫濕度計、溫濕度櫃等。
3. 壓力（含遊校）：壓力錶、壓力計、氣壓計、負壓錶等。
4. 力量：荷重元、踏力計、握力計等。
5. 振動：振動加速規、衝擊加速規等。
6. 長度：位移計、位移轉換器等。
7. 速率：全球衛星導航系統接收機等。

（資源來源：https://www.artc.org.tw/chinese/01_testing/05_01detail.aspx?pid=12）

個案研究機動車輛排放空氣污染物及噪音檢驗測定機構檢驗室品質系統基本規範中，列舉第十三項能影響檢驗室執行測定工作的儀器設備，應保存其紀錄。當可行時，應包括下列項目：(1)設備的識別，包括軟體與韌體版本；(2)製造商名稱、型號及序號或其它唯一識別；(3)設備符合規定要求的查證證據；(4)目前位置；(5)校正日期、校正結果、調整、允收準則，以及下次校正日期或校正週期；(6)參考物質的文件、結果、允收準則、相關日期及有效週期；(7)與設備性能相關的維護計畫與至今進行之維護作業；(8)設備的任何毀損、故障、修改或修理之詳細資訊。

ISO 17025：2017條文6.4.11～6.4.13

6.4.11 當校正與參考物質的資料包含參考值或修正係數時，實驗室應確保參考值與修正係數妥善更新與實施，適當時，滿足規定要求。

6.4.12 實驗室應確保採取可行措施，以防止設備經非預期調整而使結果無效。

6.4.13 能影響實驗室活動的設備，應保存其紀錄。當可行時，應包括下列項目：

(a) 設備的識別，包括軟體與韌體版本；
(b) 製造商名稱、型號及序號或其它唯一識別；
(c) 設備符合規定要求的查證證據；
(d) 目前位置；
(e) 校正日期、校正結果、調整、允收準則，以及下次校正日期或校正週期；
(f) 參考物質、結果、允收準則、相關日期及有效週期的文件；
(g) 與設備性能相關的維護計畫與至今進行之維護作業；
(h) 設備的任何毀損、故障、修改或修理之詳細資訊。

實驗室設備管理(3)

6.4.11
- 凡有修正係數時，應更新實施

6.4.12
- 應採取切實可行的措施防止意外調整

6.4.13
- 應保留儀器歷史紀錄

儀器設備管理紀錄表

一、儀器設備基本資料	
儀器設備名稱：	儀器編號：
廠牌：	型號：
序號：	量測範圍：
準確度：	解析度：
校正週期：	軟體版本：
接收時間：　年　月　日	開始提供服務時間：　年　月　日
保管人：	放置地點：
校正報告放置地點：	技術資料放置地點：

二、校正紀錄				
施校單位	校正日期	校正報告編號	下次應校日期	備註

三、維護紀錄				
維護時間	維護項目	維護人	下次維護時間	備註

Unit 6-8 計量追溯性(1)

量測不確定度（Measurement Uncertainty）爲**量測**值檢驗結果離散程度之量化的統計**量**，隨同一個檢驗**量測**結果，說明可合理歸屬於受測量眞值分散程度的參數，是對檢驗結果準確性信賴程度的一種量化參數。國際上主要以國際標準化組織（International Organization for Standardization, ISO）公布的量測不確定度表示指引（Guide to the Expression of Uncertainty in Measurement, GUM）進行評估，但因化學量測較物理量測複雜，如樣品的前處理及標準品的製備等步驟，依照國際貿易間也有許多替代的量測不確定度評估方法，以期能節省評估成本費用及時間成本等考量。

個案研究自來水公司量測不確定度之研究── 以水中氯鹽檢測評估爲例，國際標準ISO 17025：2017之「測試與校正實驗室能力的一般要求」中，明確要求實驗室需提出測試結果之量測不確定度，實驗室需符合ISO 17025：2017的規範，執行量測不確定度的建立是必要條件。個案分別就兩種評估方式：(1)同日單1筆樣品重複檢測30次；(2)不同日15筆樣品重複／添加／查核分析數據之結果加以比較探討研究。研究結果發現以實驗室長期之品管數據作爲A類評估所得之結果，比以同一樣品同時間檢測30筆數據來的高，其中檢量線所貢獻之不確定度甚高達兩倍。研究建議實驗室進行量測不確定度評估時，應考量長期之品管數據及所有使用之器皿，使所評估之量測不確定度較爲客觀且具代表性。且透過歷年量測不確定度評估，鑑別出影響之不確定度主要因子，藉以尋求改善方法，降低量測不確定度。

ISO 17025：2017條文6.5計量追溯性

6.5.1 實驗室應透過文件化之不間斷的校正鏈，以建立與維持其量測結果的計量追溯性，使量測結果與適當的參考基準相關聯；而鏈的每個環節均對量測不確定度有貢獻。

備考1：在ISO/IEC Guide 99中，計量追溯性被定義爲「量測結果之特性，能透過已文件化不間斷的校正鏈，使量測結果與參考標準有相關聯，而鏈的每個環節均對量測不確定度有貢獻。」

備考2：見附錄A計量追溯性之附加資訊。

6.5.2 實驗室應確保量測結果透過下列方式追溯至國際單位制（SI）：

(a) 由具備能力的實驗室提供的校正；或

備考1：符合本文件要求的實驗室，被視爲具備能力。

(b) 由具備能力的生產機構所提供聲明可追溯至國際單位制（SI）之驗證參考物質的驗證值；或

備考2：符合ISO 17034要求的參考物質生產機構，被視爲具備能力。

(c) SI單位的直接實現由透過直接或間接與國家或國際標準比對予以保證。

備考3：國際單位制手冊（SI brochure）有具體實現部份重要單位定義的細部說明。

文件化不間斷校正鏈

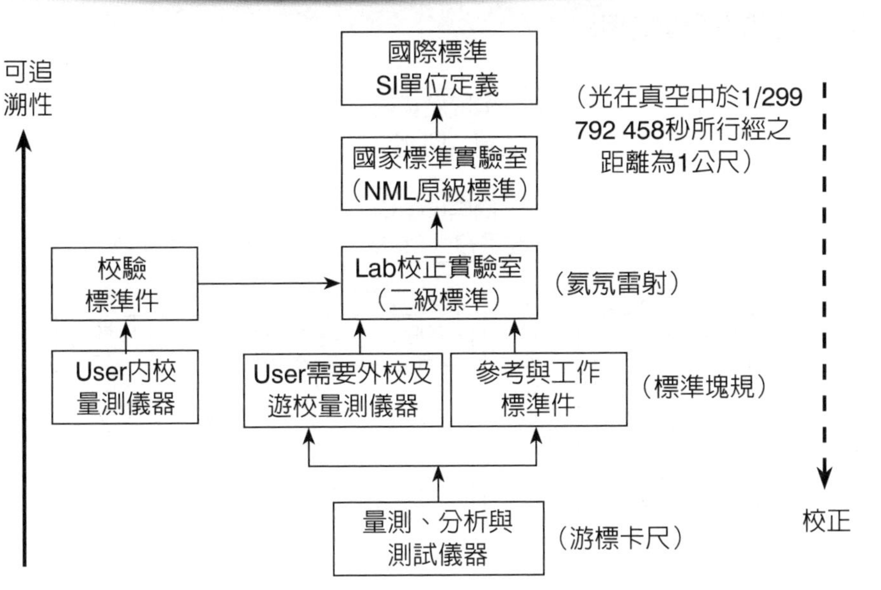

設備如何規劃追溯

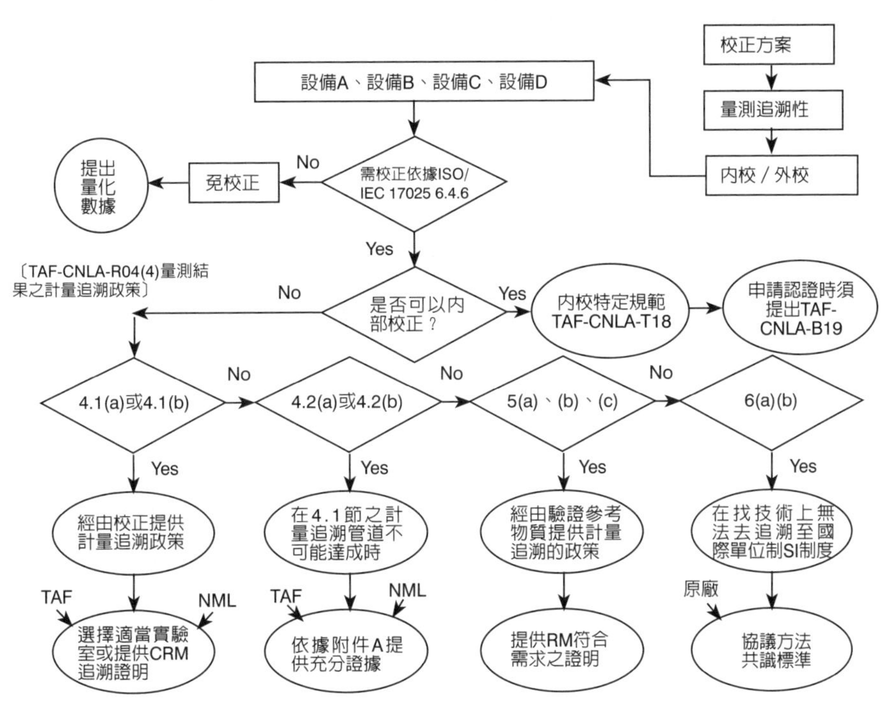

基本單位的實現與導引

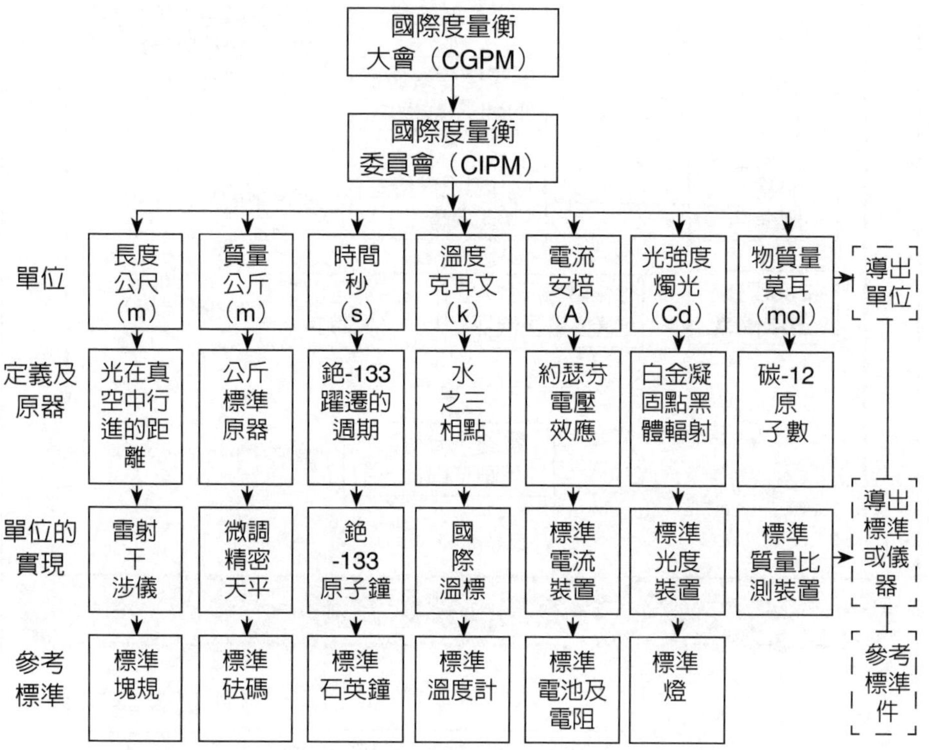

______年度校正方案

儀器名稱	廠牌	型號	序號	位置	規格/精度	允格標準	校正單位	校正週期	最近校正日期	預定校正日期												報告編號
										1	2	3	4	5	6	7	8	9	10	11	12	

Unit 6-9 計量追溯性(2)

個案研究自來水公司量測不確定度之研究——以水中氯鹽檢測評估中，執行方法是根據機率分配（Probability distributions），也都是以標準差或變異數來量化不確定度。評估法根據由觀察所得之頻率分布（Frequency distribution）所推導出之機率密度函數（Probability density function）計算標準不確定度。通常會用來評估量測的重複性及隨機性所導致之可能變異。評估法包括計算一組觀測值之標準差，或計算迴歸曲線之標準差，或經由變異數分析計算標準差，實務中最常使用的就是計算一組觀測值之標準差。

假設A樣品檢測值爲12.0±0.6mg/L，因檢測值超出標準上限值（10mg/L），即使檢測值扣除不確定度後（12.0–0.6=11.4）仍超出標準上限值，故檢測結果→判定不符合標準。

假設B樣品檢測值爲10.3±0.5mg/L，雖然檢測值超出標準限值（10mg/L），但若考量量測不確定度（9.8～10.8），則標準上限值落在測值範圍內，故檢測結果→無法判定是否符合標準。

假設C樣品檢測值爲9.7±0.5mg/L，雖然檢測值未超出管制限值（10mg/L），但若考量量測不確定度（9.2～10.2），則標準上限值落在測值範圍內，故檢測結果→無法判定是否符合標準。

假設D樣品檢測值爲9.0±0.4mg/L，因檢測值未超出管制上限值（10mg/L），即使檢測值加上不確定度（8.6～9.4）後仍未超出標準上限值，檢測結果→判定符合標準。

檢驗方法依照環保署NIEA W415.53B「水中陰離子檢測方法——離子層析法」，進行水中氯鹽檢測之量測不確定度評估。試藥：(1)移動相溶液：流洗液（0.0017M碳酸氫鈉 - 0.0018M碳酸鈉）；(2)抑制裝置再生溶液：硫酸再生溶液；(3)試劑水：不含待測陰離子之去離子水或蒸餾水，且不含大於0.2μm（或0.22μm）之粒子，導電度應在 0.1μS/cm以下；(4)氯鹽標準儲備溶液，1000mg/L：Merck廠牌標準溶液，1000mg/L；(5)氯鹽查核儲備溶液1000mg/L：取NaCl 1.649g乾燥試藥以試劑水定量至1000mL。

ISO 17025：2017條文6.5 計量追溯性

6.5.3 當計量追溯在技術上無法追溯至國際單位制（SI）時，實驗室應證明計量追溯性至適當參考基準，例如：

(a) 由具備能力的生產機構提供之驗證參考物質的驗證值；或

(b) 由參考量測程序、規定方法或共識標準取得之結果，經明確描述與接受其量測結果可符合預期用途，並由適當之比對予以確保。

建立計量追溯流程

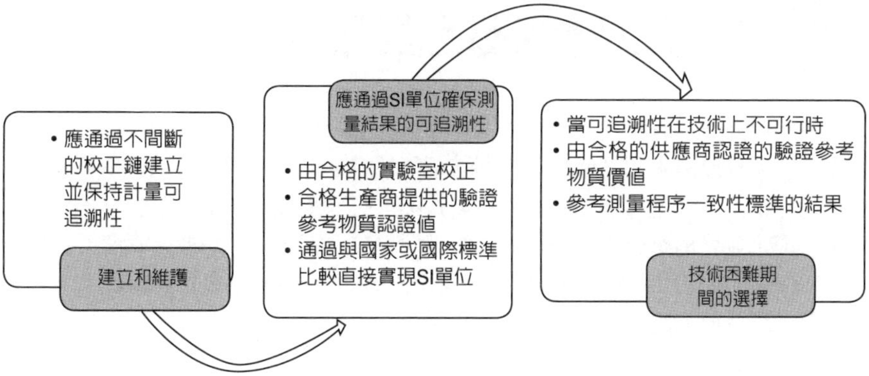

建立和維護

- 應通過不間斷的校正鏈建立並保持計量可追溯性

應通過SI單位確保測量結果的可追溯性

- 由合格的實驗室校正
- 合格生產商提供的驗證參考物質認證值
- 通過與國家或國際標準比較直接實現SI單位

技術困難期間的選擇

- 當可追溯性在技術上不可行時
- 由合格的供應商認證的驗證參考物質價值
- 參考測量程序一致性標準的結果

量測儀器管理流程圖

流程	權責	相關文件	備註
請購及驗收	使用單位 實驗室人員	採購管理程序書	保存7年
編號登錄	實驗室測試人員		
取得或建立使用標準	實驗室文管人員	外部標準文件一覽表 原廠手冊／作業指導書	保存7年
保管及防護	實驗室測試人員	量測儀器履歷表 量測儀器管理清冊	報廢後1年
使用及保養		量測儀器保養計畫表 量測儀器保養紀錄表	保存3年
校驗或維修（Yes → 保管及防護；No → 辦理報廢除帳）	實驗室測試人員 實驗室文管人員	量測儀器校驗計畫表 量測儀器校驗紀錄表 校驗標籤	保存3年
辦理報廢除帳	實驗室文管人員	量測儀器管理清冊	永久保存
紀錄保存	實驗室文管人員		

Unit 6-10 外部供應的產品與服務(1)

實驗室應評估及選擇供應商，並保存評估的紀錄。需要以合理的價錢，適時適量地獲得符合品質要求的測試或校正相關試劑與耗材，不能只憑議價或嚴格檢查，最好能在採購作業前，審選有能力、有信用之外部供應承攬廠商，不但使交易得以順利適時適地完成，並可爲爾後鑑別一可靠供應來源，成爲實驗室之事業永續發展夥伴。許多推動ISO國際驗證組織能在採購與外包階段，強化實驗室一套完整的評鑑方式，來評估外部供應者與承攬商達成實驗室採購要求之能力。

個案研究Apple要求供應商必須提供安全的工作環境，以具有尊嚴與尊重的態度對待工作人員，行事公平且合乎道德標準，並且在任何情況下爲Apple製造產品或提供服務時，均須採取對環境負責的措施。同時Apple要求其供應商營運須遵照此Apple供應商行爲準則的原則與要求，並澈底遵守所有的適用法律與法規。Apple將評估供應商遵循此「準則」的情況，違反此「準則」的任何行爲可能危害供應商與Apple之間的商業關係，最嚴重情況包括終止關係。此外，Apple也釐定詳細標準，明確定義對於供應商遵循此「準則」之期望。

Apple極爲重視工作人員的健康、安全與福祉。「供應商」應提供並維護安全的工作環境，並將健全的健康與安全管理措施整合於營運中。工作人員有權拒絕不安全的工作，並提報任何有礙健康的工作狀況。準則要求包括健康與安全許可、職業健康與安全管理、緊急事故防範與應變、傳染病防範與應變、環境許可與報告、管制物質、固體廢棄物管理、非有害廢棄物管理、廢水管理等。

ISO 17025：2017條文6.6外部供應的產品與服務

6.6.1 實驗室應確保對實驗室活動有影響之外部供應的產品與服務其適用性後才能使用，當此類產品與服務爲：

(a) 預期納入於實驗室自身活動時；

(b) 經實驗室將外部提供的部份或全部產品與服務直接提供給顧客時；

(c) 經用於支持實驗室運作時。

備考：產品能包括量測標準與設備、輔助設備、消耗性材料及參考物質。服務能涵蓋校正服務、抽樣服務、測試服務、設施與設備維修服務、能力試驗服務、評鑑及稽核服務。

6.6.2 實驗室應有下列程序且保存紀錄：

(a) 明定、審查及核准實驗室對外部供應產品與服務的要求；

(b) 明定對外部供應者的評估、遴選、監控其表現及再評估的準則；

(c) 在使用外部供應產品與服務或將其直接提供給顧客前，確保其符合實驗室已建立的要求，或可行時，符合本文件相關要求；

(d) 依據對外部供應者的評估、表現的監控及再評估的結果，所採取任何措施。

管理採購與外包業務

適應性	程序和紀錄	溝通
• 應確保僅使用合適的外部提供的服務和產品	應有程序，其中包括 • 定義、審查和批准實驗室要求 • 定義評價選擇監測績效和重新評價的標準	• 應將要求傳達給客戶提供的產品和服務
融入自己的活動 • 提供給客戶 • 支持實驗室操作	• 確保在使用前滿足要求或提供給客戶 • 採取行動產生於評價	• 驗收標準 • 權限 • 在他們的場所進行的活動

外部供應的產品與服務

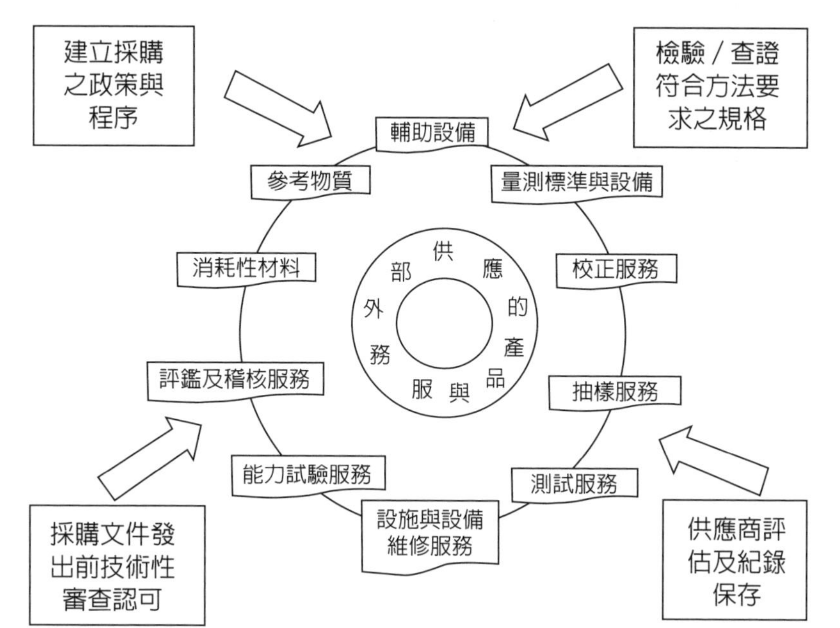

Unit 6-11 外部供應的產品與服務(2)

個案研究Apple供應商行爲準則中要求外部供應商遵守，準則列舉資源消耗管理：「供應商」應透過保存、重複使用、回收、替代或其它措施，進行定期量化、設定目標、監控進度，並減少所消耗的化石燃料、水、有害物質和天然資源。

(1)道德規範：Apple預期在任何業務活動都表現出最高標準的道德行爲。「供應商」在商業活動中的各方面均應恪守道德規範，包括互動關係、行事慣例、採購與營運。

(2)負責任的物料採購：「供應商」應對供應鏈中相關物料執行盡職調查。「供應商」應制定特定的盡職調查政策和管理系統，以識別適用的風險並採取適當措施減輕風險。執行盡職調查時應深入到材料加工層次，以便判定相關材料是否源自高風險地區，包括嚴重的健康和安全風險以及不良的環境影響。

(3)企業誠信：「供應商」不得從事貪污、勒索、挪用公款或賄賂等行爲，以獲取不公平或不當優勢。「供應商」應遵守營運所在的各個國家／地區所有適用的反貪污法律和法規規定，包括《美國反海外賄賂法》（FCPA）以及適用的國際反貪污公約。「供應商」應針對與Apple之間的業務往來，制訂禁止贈送和收受禮物的政策。現金或等同現金的物品，包括娛樂招待、禮品卡、產品折扣，以及與業務無關的活動，都屬於禮物。「供應商」應制訂調查和報告違反政策情形的流程。

(4)保護智慧財產權：「供應商」應尊重智慧財產權並保護客戶資訊。「供應商」應以能保護智慧財產權的方式管理其技術及知識技能。

(5)檢舉者保護與匿名申訴：「供應商」應提供匿名申訴機制，供管理階層和工作人員申訴工作場所中的不滿。「供應商」應保護檢舉者爲其保密，並禁止報復行爲。

(6)社區參與：鼓勵「供應商」協助促進社會與經濟發展，並貢獻力量促進營運所在社區永續發展。

(7)C-TPAT：若「供應商」爲Apple運輸貨品到美國境內，「供應商」應遵守公佈於美國海關網站（www.cbp.gov，或美國政府爲此目的設置的其它網站）的《海關商貿反恐聯盟》（C-TPAT）安全程序。

(8)管理制度：Apple深信健全的管理系統與承諾努力是豐富供應鏈所屬社會與環境福祉的關鍵。Apple要求供應商擔負起責任，遵守此「行爲準則」及其所有「標準」。「供應商」應實施或維護（依適用情況）管理制度，以促進遵守此「準則」與法律、識別及降低相關的營運風險，並促進持續改進。

ISO 17025：2017條文6.6外部供應的產品與服務

6.6.3 實驗室應與外部供應者傳達其要求：
(a) 提供的產品與服務；
(b) 允收準則；
(c) 能力，包括人員資格的任何要求；
(d) 實驗室或其顧客欲在外部供應者設施內執行的活動。

採購作業程序範例

工作項目	工作內容	執行單位	備註
採購需求提出	根據業務需要，分析所需採購設備或材料之項目、規格與數量。採購產品之描述可包括型式、類別、等級、精密度、規格、圖樣、測試指令、測試或校正結果的同意及所要達成的品質系統	各部門	
詢價	根據請購需求，進行市價之了解，作為未來訂購之參考	各部門	
請購	填寫請購單，詳細說明需要之品名、規格、數量與預估採購金額	各部門	
規格審查	品名、使用目的或用途、數量以及交貨日期、地點、分批交貨亦須每批數量、繳期、地點等標示清楚、品質特性與規格、製造方法或加工方法、搬運方法、檢試驗方法與驗收標準、檢驗結果之處理方法	採購委員會	
核定	核定採購	權責主管	
聯絡廠商	聯絡廠商報價，提供產品型錄等相關資料或送樣	行政部門	
評選廠商	廠商報價並提供相關產品資料後，根據請購之規格與預算額度，對各廠商之產品規格、報價，以及配合情況進行比較分析與評選	行政部門 請購部門	
議價訂貨	根據評選結果，通知廠商議價，再根據議價結果，通知廠商送貨與開立發票	行政部門 請購部門	
到貨驗收	到貨時送貨三日內依照訂購規格，進行驗收	行政部門 請購部門	
付款	根據核定之驗收結果，支付廠商貨款	會計部門	

實驗室應明訂評選標準與評選方式

供應者之後勤能力，包括場所及資源	供應者服務，安裝與支援能力，與過去的績效紀錄	供應者對於相關法令及法規要求的認知及符合性
供應商定期考核	採購資訊 購案管制表	相關經驗之評估
供應商 資料表	所採購產品品質、價格、交貨績效	供應商評選 供應商定期評估表

供應品、試劑及耗材檢驗紀錄表

日期	廠商	品名	規範	單位	進貨數量	檢驗數量	合格數	不合格數	不良率	不合格主要原因

認可協力實驗室評選表

測試項目		地址	
協力實驗室		電話	
查核項目	查核內容	遴選要求	評估意見
評鑑及認證			
商譽風評			
技術能力	1. 人員能力的文件 2. 設施與環境條件的文件 3. 計量追溯的文件 4. 實驗室的稽核 5. 校正方法查證／確認（證）的紀錄 6. 不確定度評估的程序 7. 確保校正結果有效性的文件		
檢驗報告	1. 提供各檢驗項目報告完成時間的資訊 2. 正式報告是否於同意時間內送達 3. 能儘速回覆檢驗結果查詢 4. 提供檢驗結果合適之參考範圍 5. 提供必要之諮詢及專家資訊		
品質制度			
財務狀況			
配合情況			
其它要求			

實驗室主管：　　　　品質主管：　　　　技術主管：　　　　評估人員：

範例：知識分享管制程序

工 業 有 限 公 司

文件類別	程序書
文件名稱	知識分享管制程序
文件編號	QP-xx
文件頁數	2頁
文件版次	A版
發行日期	112年10月12日

知識分享管制程序

核准	審查	制訂

文件名稱：知識分享管制程序　　　　　　　　文件編號：QP-xx

修訂日期	版本	原始內容	修訂後內容	提案者	制訂者
	A		制訂		

工 業 有 限 公 司

文件類別	程序書		頁次	1/2
文件名稱	知識分享管制程序	文件編號	QP-xx	

一、目的：

配合公司實驗室中長期業務發展，激勵員工藉由知識分享管理進行軟性內部外部溝通，透過知識文件管理、知識分享環境塑造、知識地圖、社群經營、組織學習、資料檢索、文件管理、入口網站等文化變革面、資訊技術面或流程運作面之相關專案導入與推動工作，跨專長提供實驗室服務品質與檢測流程分析、因應對策或其他策略規劃建議，內化溝通型企業文化，營造知識創造與創新思維。

二、範圍：

本公司員工與客戶需求事項、標單及合約之審查、外部供應商之溝通、日常管理知識、潛能激發均屬之。

三、參考文件：

（一）品質手冊

（二）ISO90017.4（2015年版）

（三）ISO170257.1（2017年版））

四、權責：

總經理室負責全公司顯性知識與隱性知識之鼓勵激發各項活動措施。

五、定義：

（一）顯性知識:內外部組織文件化程序顯而易見，流程中透過書面文字、圖表和數學公式加以表述的知識。。

（二）隱性知識:指未被表述的知識，如執行某專案事務的行動中所擁有的經驗與知識。其因無法通過正規的形式（例如，學校教育、大衆媒體等形式）進行傳遞，比如可透過「師徒制學習」的方式進行。或「團隊激盪學習」方式展開，透過激發對周圍專案事件的不同感受程度，將親身體驗、高度主觀和個人的洞察力、直覺、預感及靈感均屬之，激發提案改善創意種子。

（三）知識分享：人與人之間的互動（如：討論、辯論、共同解決問題），藉由這些活動，一個單位（如：小組、部門）會受到其他單位在内隱及外顯知識的影響。

（四）知識創造與創新:持續地自我超越的流程，跨越舊思維進入新視野，獲得新的脈胳、對產品與服務的新看法以及新知識。創新「新想法、新流程、新產品或服務的產生、認同並落實」或「相關單位採納新的想法、實務手法或解決方法」

六、作業流程：略

工 業 有 限 公 司

文件類別	程序書		頁次	2/2
文件名稱	知識分享管制程序	文件編號	QP-xx	

七、作業內容：

（一）掌握重點管理方式進行，授權與激發組織內部同仁潛能，共同達成3S，單純化（Simplification）：目標單純、階段明確、焦點集中；標準化（Standardization）：建立作業程序、導入工具標準；專門化（Specialization）：團隊人員專業分工、精實協同合作。

（二）確定知識分享主題或解決個案對策原因

（三）準備便利貼:一便利貼只能書寫一對策或原因。

（四）Work-out五步驟：

步驟	目標	展開	發 行
1	腦力激盪	逐一針對「分享」主題發散思考；將每項創新寫入便利貼。	便利貼
2	分類彙整	彙集團隊成員的所有便利貼。	釘書機
3	層別	分類與收斂歸納所有便利貼。	魚骨圖
4	重點排序	矩陣式思考所有收斂後的便利貼。	矩陣圖
5	方案形成與修正	形成對策方案或原因方案；團隊成員共識討論，依重要程度排定優先順序進行改善方案與策略修正。	SWOT分析表或策略形成表

（五）精進知識分享策略形成表。

八、相關程序作業文件：

管理審查程序

提案改善管制程序

九、附件表單：

1. 魚骨圖QP-xx-01
2. 矩陣圖QP-xx-02
3. SWOT分析表QP-xx-03
4. 策略形成表QP-xx-04

工 業 有 限 公 司

魚骨圖（範例）

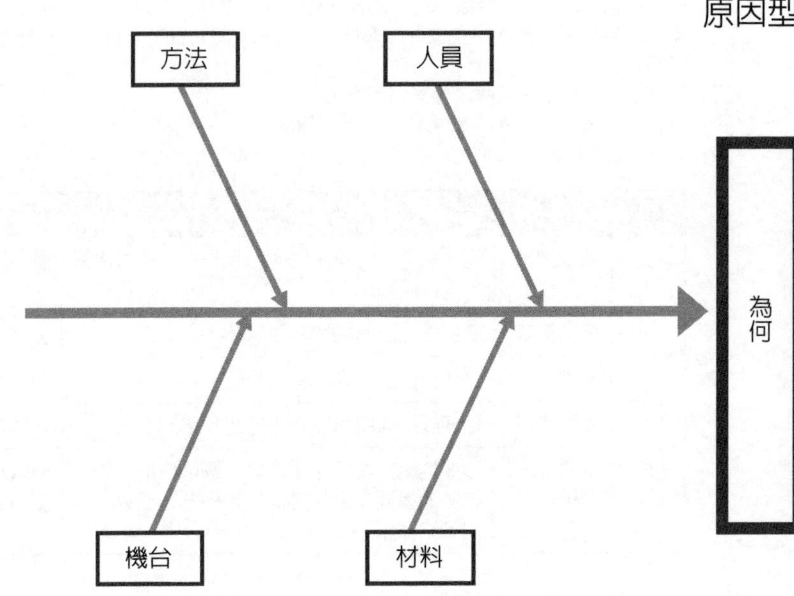

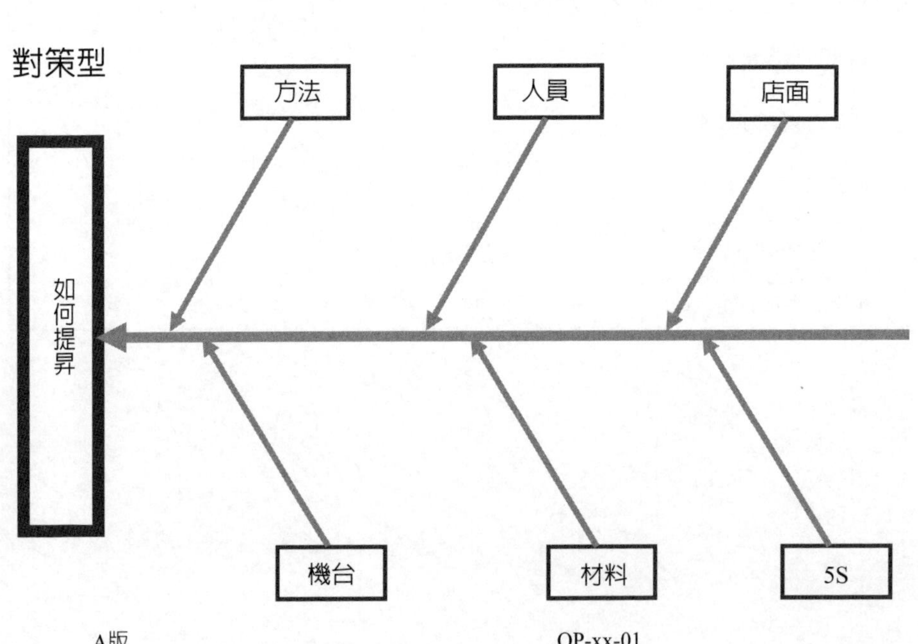

A版　　QP-xx-01

工 業 有 限 公 司

矩陣圖

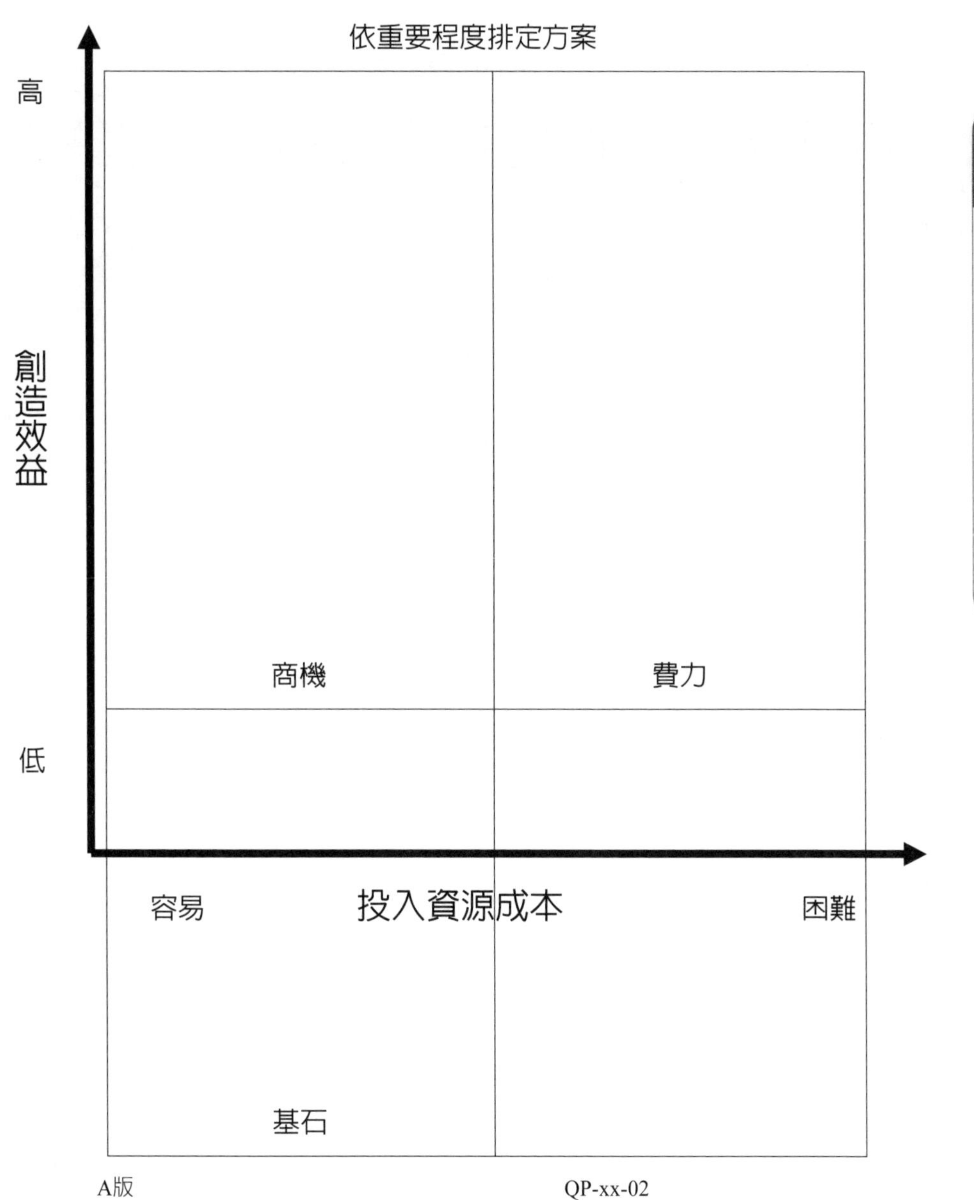

A版 QP-xx-02

工 業 有 限 公 司

SWOT分析表

優勢（S：Strength）	劣勢（W：Weakness）
列出企業內部優勢：	列出企業內部劣勢：
機會（O：Opportunity）	威脅（T：Threats）
列出企業外部機會：	列出企業外部威脅：

A版　　QP-xx-03

工 業 有 限 公 司

策略形成表

◎強度　　　　○中度

策略形成（內部分析／外部分析）			內部強弱分析	
			優勢（S）	劣勢（W）
外部環境分析	機會（O）		S.O.	W.O.
	威脅（T）		S.T.	W.T.

A版　　　　QP-xx-03

個案討論

分組個案中實驗室主管，需要具備哪些能力？

章節作業

分組個案中實驗室量測儀器，有哪些校正程序？

第 7 章

過程要求

章節體系架構

Unit 7-1 需求、標單及合約的審查(1)

個案研究以成大醫院臨床試驗中心爲例，其中臨床試驗合約送審／簽約流程說明，試驗廠商準備臨床試驗合約送審作業時可與IRB平行送審，臨床試驗中心確認送審文件齊全及合約審查費用，即進行條文／預算審查程序，約1至3個工作天。條文／預算經委任律師、試驗主持人及臨床試驗中心確認後，給予試驗廠商審查意見，此程序約7至10個工作天。試驗廠商同意審查意見，則進行合約簽署；若有修改審查意見，則再次進行審查程序。院內合約簽署流程需7個工作天。綜上，合約審查平均約20個工作天。依臨床試驗合約簽約程序檢核表（新案）準備相關文件與版本列表。

編號	文件	版本
00	臨床試驗合約簽署須知	-
01	臨床試驗合約簽約程序檢核表（新案）	Version 3
02a	臨床試驗合約條文檢核表	Version 5
02b	NCKUH_checklist for clinical trial contract-EN	Version 5
03	成大醫院臨床試驗經費預算書	Version 7
04	成大醫院臨床試驗經費分配表	Version 5
05	臨床試驗廠商基本資料表	Version 4
06	成大醫院經費預算書_填寫參考範本	Version 7

ISO 17025：2017條文7.1需求、標單及合約的審查

7.1 需求、標單及合約的審查

7.1.1 實驗室應有審查需求、標單及合約的程序。此程序應確保：

(a) 要求已被適當地明定、文件化及瞭解；

(b) 實驗室有能力與資源滿足這些要求；

(c) 當使用外部供應者時，則適用於條文6.6的要求，且實驗室應告知顧客將由外部供應者執行的特定實驗室活動，並取得顧客同意。

備考1：在下列情況下能使用外部提供的實驗室活動

—實驗室具有執行活動的資源與能力，然而，基於非預期的原因而無法執行部份或全部活動時。

—實驗室不具有執行活動之資源或能力。

(d) 選用適當的方法或程序，並能達成顧客要求。

備考2：對於內部或例行的顧客，需求、標單及合約的審查，能採簡化的方式執行。

臨床試驗合約（新案）送審／簽約流程圖

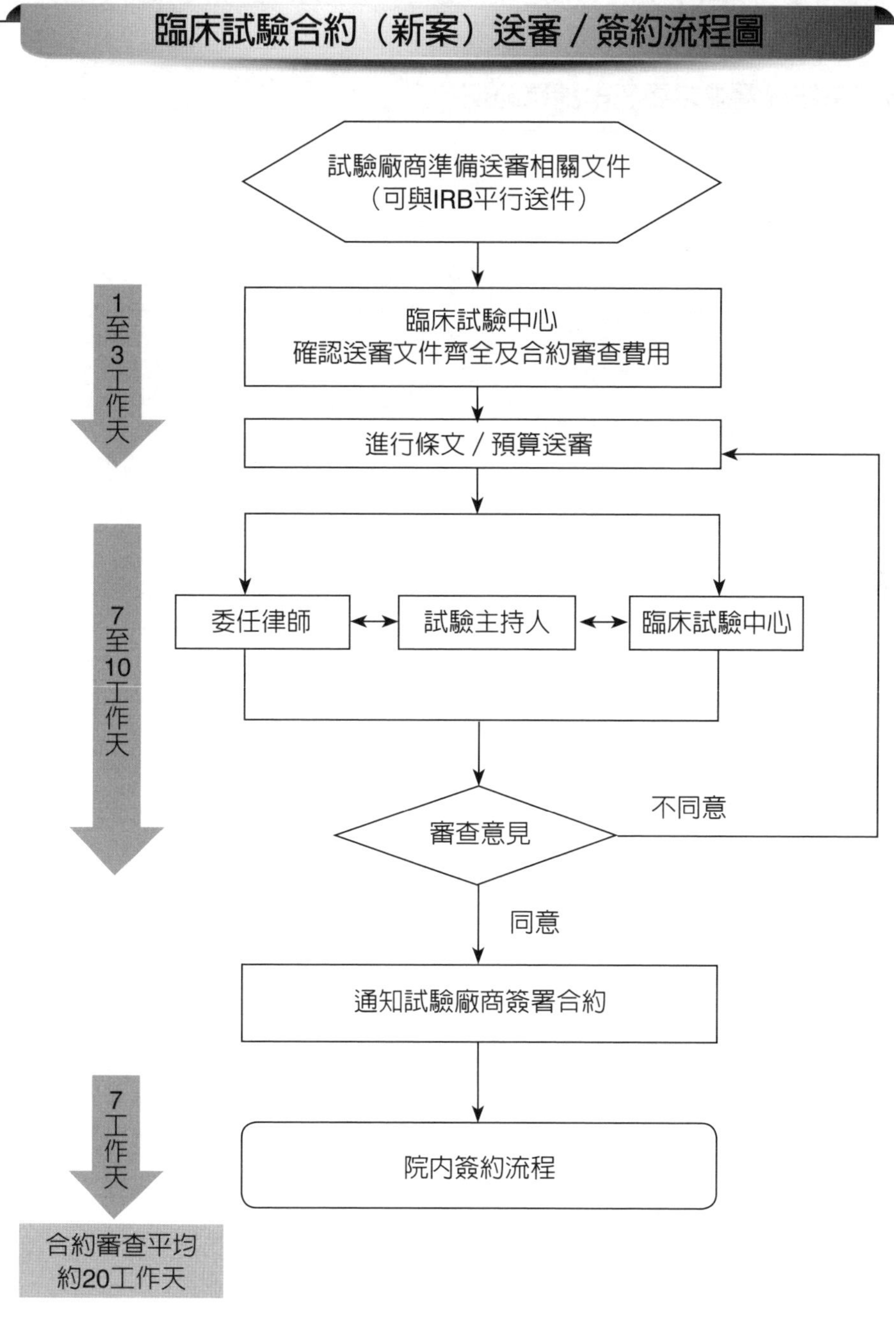

資料來源：http://ctc.hosp.ncku.edu.tw/

實驗室紀錄需求之委託申請單範例

<table>
<tr><td>委託單位</td><td></td><td>委託編號</td><td></td></tr>
<tr><td>聯絡人</td><td></td><td>電　話</td><td></td></tr>
<tr><td>委託單位住址</td><td></td><td>E-MAIL</td><td></td></tr>
<tr><td>委託日期</td><td></td><td>完成日期</td><td>7～10工作天</td></tr>
<tr><td>測試依據</td><td colspan="3"></td></tr>
<tr><td>樣品說明</td><td colspan="3">實驗室點收人：＿＿＿＿＿</td></tr>
<tr><td>測試報告</td><td>TAF認證標章
□需要　□不需要</td><td>測試報告語言版本</td><td>□中文　□英文
□電子檔</td></tr>
<tr><td>樣品處理</td><td colspan="3">□丟棄　□退回未使用　□退回使用及未使用</td></tr>
<tr><td colspan="2">委託人簽章</td><td colspan="2">實驗室簽章</td></tr>
</table>

Unit 7-2 需求、標單及合約的審查(2)

個案研究以行政院公共工程委員會所公告，如機關與廠商的契約內容與採購契約要項相違時，依公告爲準。視採購契約要項，其中二十七、契約應訂明機關或其指定之代表，就廠商履約情形，得辦理之查驗、測試或檢驗。

契約得訂明廠商應免費提供機關依契約辦理查驗、測試或檢驗所必須之設備及資料。契約規定以外之查驗、測試或檢驗，其結果不符合契約規定者，由廠商負擔所生之費用；結果符合者，由機關負擔費用。但是機關與廠商的契約內容爲機關如對履約標的，認爲有查驗、測試或檢驗之必要，廠商應配合送查驗、測試或檢驗，並由廠商負擔所生之費用。

ISO 17025：2017條文7.1需求、標單及合約的審查

7.1.2 當認爲顧客需求的方法不合適或已過時，實驗室應通知顧客。

7.1.3 當顧客需求針對試驗或校正結果（例如通過／未通過、允差內／允差外）作出對規格或標準的**符合性聲明**時，應清楚明定該規格或標準及決定規則。選擇的決定規則，應傳達給顧客與應獲得其同意，除非規格或標準本身已包含決定規則。

備考：關於符合性聲明的進一步指引，請參照ISO/IEC Guide 98-4。

7.1.4 需求或標單與合約間的任何差異，應在實驗室活動開始前解決。每項合約都應得到實驗室與顧客雙方接受。顧客需求的偏離，不應影響實驗室的誠信或結果的有效性。

7.1.5 任何與合約之間的偏離應通知顧客。

7.1.6 工作開始後，如果必須修改合約，應重新進行合約審查，且任何修改應予傳達所有受影響的人員。

7.1.7 實驗室應與顧客或其代表合作，以釐清顧客的需求與其監控實驗室執行相關工作的表現。

備考：此類合作能包括：

(a) 提供合理進出實驗室相關區域，以見證顧客的特定實驗室活動。

(b) 顧客爲查證目的所需之物件的準備、包裝及發送。

7.1.8 審查的紀錄，包括任何重大變更，應予保存。關於顧客要求或實驗室活動結果，而與顧客討論的紀錄，皆應予保存。

符合性聲明作業流程圖

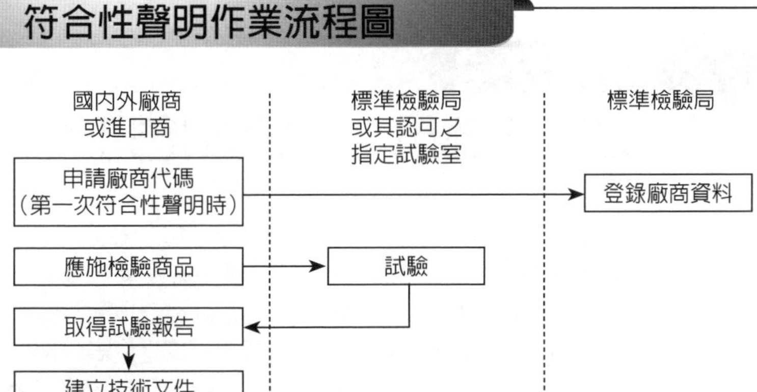

資料來源：https://www.bsmi.gov.tw/

通過／失敗符合性決策規則選擇流程圖

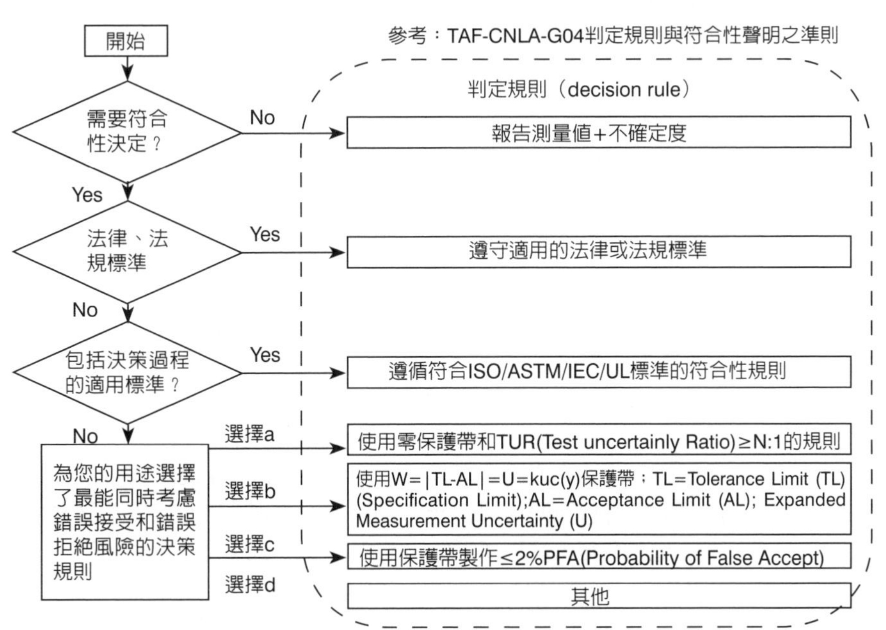

Unit 7-3 方法的選用、查證及確認(1)

由於量測不確定度（measurement Uncertainty, MU）能適切合宜的用來表示受測量值的離散程度，能藉由評估定量分析的量測不確定度，來判定定量結果的品質。目前量測不確定度的評估方法，國際上主要以國際標準化組織（International Organization for Standardization, ISO）公布的量測不確定度表示指引（Guide to the Expression of Uncertainty in Measurement, GUM）進行評估，但因化學量測較物理量測複雜，如樣品的前處理及標準品的製備等步驟，所以國際間也有許多替代的量測不確定度評估方法，以期能節省評估成本及時間，即時有效規劃量測計畫順利執行客戶要求時效性。

個案研究自來水公司針對量測不確定度之研究——以水中氯鹽檢測評估爲例，國際標準ISO 17025：2017之「測試與校正實驗室能力的一般要求」中，明確要求實驗室需提出測試結果之量測不確定度，因此實驗室欲符合ISO 17025 2017的規範，量測不確定度的建立是必要條件。研究分別就兩種評估方式：(1)同日單1筆樣品重複檢測30次，(2)不同日15筆樣品重複／添加／查核分析數據之結果加以比較探討研究。研究結果發現以實驗室長期之品管數據作爲A類評估所得之結果，比以同一樣品同時間檢測30筆數據來的高，其中檢量線所貢獻之不確定度甚高達兩倍。建議實驗室進行量測不確定度評估時，應考量長期之品管數據及所有使用之器皿，使所評估之量測不確定度較爲客觀且具代表性。且透過歷年量測不確定度評估，鑑別出影響之不確定度主要因子，藉以尋求改善方法，降低量測不確定度。

ISO 17025：2017條文7.2方法的選用、查證及確認

7.2.1 方法的選用與查證

7.2.1.1 實驗室應使用適當的方法與程序執行實驗室活動，適當時，應包含**量測不確定度的評估**與**資料分析的統計方法**。

備考：本文件使用的「方法」一詞，能予考量與ISO/IEC Guide 99定義之「**量測程序**」等同。

7.2.1.2 所有方法、程序及支援文件，例如與實驗室活動相關的使用說明、標準、手冊及參考資料，應維持最新版與應易於人員取閱（見條文8.3）。

7.2.1.3 實驗室應確保使用最新有效版本的方法，除非不適當或不可能達成。當必要時，應補充方法應用的額外細節，以確保應用的一致性。

備考：國際的、區域的或國家的標準，或其他公認的規範已包含了如何執行實驗室活動的簡明與充分資訊，並且這些標準能採以實驗室操作人員使用的方式書寫時，能不需再進行補充或改寫爲內部程序。但是可能有必要對方法內選擇性步驟或額外細節，提供額外文件。

實驗室活動之測試方法的選用

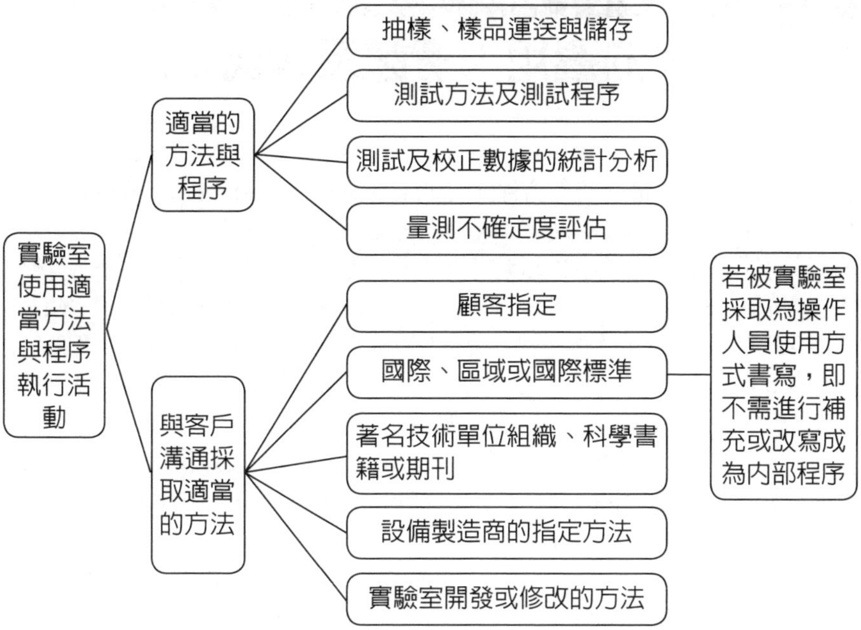

- 實驗室使用適當方法與程序執行活動
  - 適當的方法與程序
    - 抽樣、樣品運送與儲存
    - 測試方法及測試程序
    - 測試及校正數據的統計分析
    - 量測不確定度評估
  - 與客戶溝通採取適當的方法
    - 顧客指定
    - 國際、區域或國際標準 — 若被實驗室採取為操作人員使用方式書寫，即不需進行補充或改寫成為內部程序
    - 著名技術單位組織、科學書籍或期刊
    - 設備製造商的指定方法
    - 實驗室開發或修改的方法

查證與確認的差異

確證（Validation）
record
非標準方法／自訂方法
record
標準方法有顯著調整改變；如從A儀器改變為B儀器
record
查證（Verification）
record
使用標準方法但有微調
record
使用標準方法
record

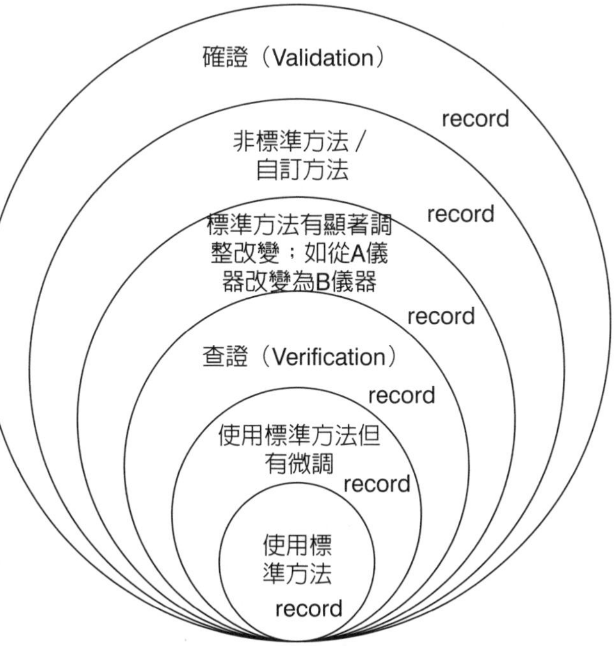

Unit 7-4 方法的選用、查證及確認(2)

認證報導Newsletter曾揭露國際標準ISO 17025：2017（CNS 17025：2018）強調判定規則（Decision Rule）與符合性聲明（Statement of Conformity）的概念及應用，使得量測不確定度（Measurement Uncertainty）的角色更顯重要。

不確定性（Uncertainty）的概念，大量出現在各類物理、化學、科學、哲學、統計學、經濟學、管理學、心理學等各種領域中。常會提到未來產業發展的不確定性、決策的不確定性、風險的不確定性、校正的不確定性等。在日常生活中，不確定性的定義與應用非常的廣泛。但是在計量學裡面，量測不確定度是一個用來描述量測結果的離散性的專有名詞，它與量測行為緊密地連結在一起。一般常將量測不確定度簡化為不確定度，所以在討論時容易引起誤解，特別是在校正領域與測試領域一起討論時。當下就要回歸到ISO/IEC 17000（CNS 17000：2020）及VIM（CNS 10895：2020）對測試、量測與校正的最原始定義。

在產業朋友的經驗談中，常聽到某某實驗室測試結果前後不一，或是相同待測件在兩家（或是多家）實驗室間的測試結果不一致。甚至引發製造商、顧客、實驗室與政府部門多方之間的法律糾紛。撇除工程技術或人為操作失誤等因素，在報告中提供正確的量測不確定度，更能清楚地解釋測試結果的離散程度與原因。ILAC G17：01/2021舉了幾個例子，如政府仰賴環境試驗報告來確認廢水處理結果是否符合國家環保法規限制值。製造商的產品是以數字結果（量化）的通過／不通過，來判斷產品是否符合國家限制值。當測試結果非常接近限制值時，即使實驗室不做符合性聲明，試驗報告中仍應包含量測不確定度。

ISO 17025：2017條文7.2

7.2.1.4 當顧客未指明採用的方法時，實驗室應選擇適當的方法且通知顧客所選用的方法。建議選用國際、區域或國家標準，或是著名技術組織、相關科學書籍或期刊發行的方法，或是設備製造商指定的方法。實驗室開發或修改的方法亦能使用。

7.2.1.5 在導入方法前，實驗室應先查證其能適當地執行方法，以確保能達到所需的成效。查證的紀錄應予保存。方法如經發行機構修訂，應重新執行必要程度的查證。

7.2.1.6 當需要開發方法時，此作業應有已規劃的活動，且應指派具足夠資源與有能力的人員執行。方法開發過程應定期審查，以確認持續滿足顧客需求。開發計畫的任何修改，均應獲得核准與授權。

7.2.1.7 對於實驗室所有活動之方法的偏離，應僅能在該偏離已被文件化、技術評定、授權，並經顧客接受的情況下才採用。

備考：顧客接受的偏離能事前於合約內約定。

PDCA

方法論證（如方法開發）

PLAN

DO

適當和充足資源的合格人員進行計畫和執行

CHECK

對方法驗證進度進行審查和檢查確認仍然滿足客戶需求

ACT

審查和檢查中，可能會發生方法驗證的更改

方法的選用與查證做法及要求

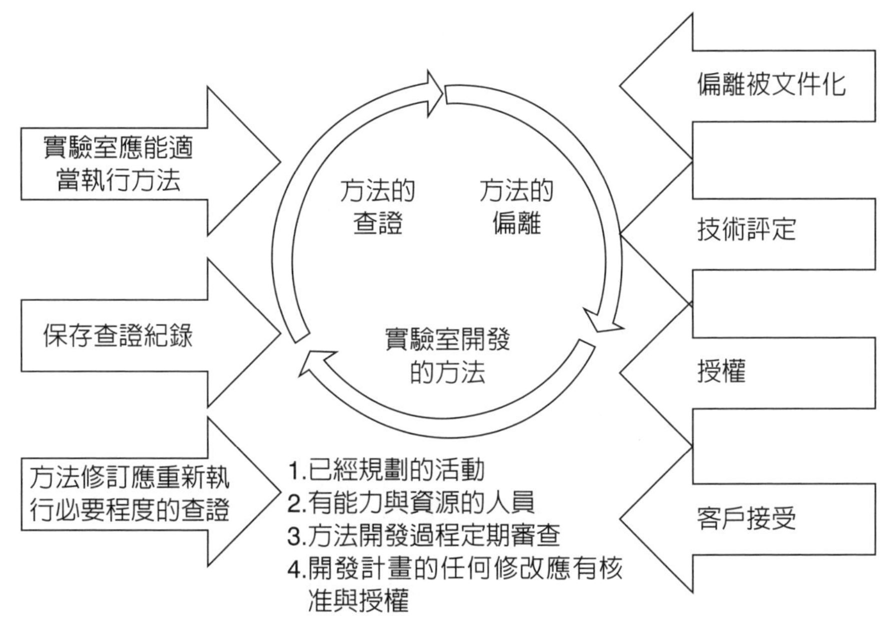

Unit 7-5 方法的選用、查證及確認(3)

實務上，測試實驗室也常遭遇到不知道最後的報告使用者是誰，主管機關不清楚量測不確定度的概念、甚至客戶也不希望報告中出具量測不確定度資訊。此時若實驗室有常態性地將量測不確定度呈現於報告中的政策，將可以協助實驗室與顧客建立良好的溝通管道，並滿足ISO/IEC17025：2017（CNS 17025：2018）的要求。故ILAC鼓勵實驗室常態性地在報告中呈現量測不確定度，此做法有下列多個好處：

- 兩次測試結果的差異，可以參考量測不確定度的數值，判斷差異量值是否明顯超過量測不確定度，而需以抱怨案處理。
- 方便報告使用者評估測試結果是否符合其需求。
- 量測不確定度直接呈現在報告中，可以減少後續重複與多餘的多次再測試。
- 可評估測試方法的性能特性，協助標準方法的開發與改進。
- 實驗室將不會被個別客戶，詢問要求提供額外的量測不確定度資訊。特別是當要提供符合性聲明時。
- 測試實驗室將更嚴謹地評估量測不確定度。

個案研究自來水公司湖山水庫下游自來水工程環境監測執行計畫中，共分為空氣品質、環境音量與振動、放流水、交通量等項目。各監測項目採樣現場使用各分析儀器、採樣步驟以及樣品之檢測分析方法，均依規定之標準操作程序進行。

樣品在採集及輸送的過程中，應使傳遞人員減至最少，由採樣負責人詳實填寫採樣紀錄表，並負責管理整批樣品之點收、包裝及傳送，樣品瓶應保存於保溫冰筒中，整批攜回實驗室，採樣紀錄表亦隨此批樣品同時送回，由樣品管理員接收。

ISO 17025：2017條文7.2

7.2.2.1 實驗室應對非標準方法、實驗室開發的方法、超出預期範圍使用的標準方法或其他已修改的標準方法加以確認。確認應盡可能全面，以滿足預期用途或應用領域的需要。

備考1：確認能包括試驗或**校正件的抽樣、處理及運輸的程序**。

備考2：用於方法確認的技術，能為下列任一種或其組合：

(a) 利用參考標準或參考物質來校正或評估偏差與精密度；

(b) 對影響結果的因素，進行系統化評鑑；

(c) 透過已**控制參數**（如：培養箱溫度、分注量等）的變更，以**測試方法的穩健性**；

(d) 與其他已確認的方法進行結果的比對；

(e) 實驗室間比對；

(f) 基於對方法原理的瞭解與執行抽樣或試驗方法之實務經驗，執行結果的量測不確定度評估。

7.2.2.2 當對已確認過的方法進行變更時，應確定這些變更的影響。當發現其影響原有的確認時，應重新執行方法確認。

實驗室執行非標準方法的程序

確證的指標

指標1	• 使用參考材料或參考標準或使用這些來源的校正估計偏差和精度
指標2	• 系統地評估可能影響結果的因素
指標3	• 受控參數在一定範圍內的可重複性（例如，浴槽溫度、溶液的輸送量）
指標4	• 與經過驗證的方法進行比較
指標5	• 實驗室間比對
指標6	• 基於可靠理論和實踐經驗的測量不確定度估計

Unit 7-6 方法的選用、查證及確認(4)

個案研究自來水公司湖山水庫下游自來水工程環境監測執行計畫中，列舉噪音採樣項目其採樣作業準則：(1)測定高度：聲音感應器置於離地或樓板1.2至1.5公尺之間，接近人耳之高度；(2)測量地點：①以工程周界外15公尺位置測定之；②距離道路邊緣1公尺處。但道路邊有建築物者，應距離最靠近之建築物牆面線向外1公尺以上。

列舉振動採樣項目其採樣作業準則：(1)無緩衝物，且踩踏十分堅固之堅硬地點；(2)無傾斜或凹凸之水平面；(3)不受溫度、電氣、磁氣等外圍條件影響之地點。

分析工作之品保／品管，實驗室的分析流程，均依照或參考環保署公告之檢測方法，而從樣品收樣開始至報告之訂定完成，每一步驟都參照品保／品管作業標準作業程序，以確保實驗室中品保／品管正確無誤。噪音及振動品保／品管作業要點，噪音振動之監測由監測人員於現場填寫現場紀錄表，註明現場工作情形、監測時程、突發噪音振動事件，並繪製監測地點平面配置圖（或照片）、噪音源與監測點相關位置圖（或照片）。現場工作表應詳實填寫，避免以鉛筆記錄，且不可塗改。

列舉地面水質採樣項目其採樣作業準則：(1)承受水體監測點以選擇施工路段與溪流會合處；(2)採集水質混合。以採集穩定混合均勻且具代表性水樣為主；(3)採集淨水池內之水樣時，以採集混合均勻，深度為水深之0.6倍的水樣為主。

水質實驗室的分析流程，均依照或參考環保署公告之檢測方法，而從樣品收樣開始至報告之訂定完成，每一步驟都參照品保／品管作業流程，以確保實驗室中品保／品管正確無誤。各品管樣品分述：(1)檢量線製備；(2)空白分析；(3)查核樣品（check sample）分析；(4)重複分析；(5)添加標準品分析。

ISO 17025：2017條文7.2

7.2.2.3 依預期用途評鑑已確認的方法之性能特性時，應與顧客的需求相關且與規定之要求一致。

備考：性能特性，能包括但不限於：**量測範圍**、準確度、結果的量測不確定度、偵測極限、定量極限、方法的選擇性、線性、**重複性或再現性**、抵抗外部影響的穩健性、或是抵抗來自樣品或試驗件基質干擾的**交叉靈敏度**，以及偏差。

7.2.2.4 實驗室應保存下列方法確認的紀錄：

(a) 使用的確認程序；

(b) 要求的規格；

(c) 方法性能特性的確定；

(d) 獲得的結果；

(e) 方法有效性的聲明，包含詳述預期用途的適用性。

各品管樣品分述如下：

1. 檢量線製備

製備檢量線時至少應包括五種不同濃度（不包括空白零點）的標準溶液或標準氣體儀器所得的訊號強度相對應標準溶液濃度，繪成相關線性圖。此線性圖必須以座標曲線方式表示，並標示其座標軸。利用直線的最小平方差方程式（Least Square Error Equation）可求得一直線迴歸方程式，並計算其相關係數r，一般線性相關係數r≧0.995（硝酸鹽氮r≧0.99）。檢量線最低濃度應接近10/3倍方法偵測極限。

2. 空白分析

每批次以不含分析物的水溶液或試劑，依同樣操作程序檢測，以判定檢測過程是否遭受污染。每10個或每批次（指少於10個）樣品至少做1個空白分析，一般檢測空白分析值應不大於該檢驗方法偵測極限值的2倍。重量法之空白樣品分析是以濾紙空重取代，不需另外檢測單獨空白樣品。利用重量法檢測樣品，每樣品均應重複分析至少兩次以上。包含有野外／現場空白（Field Blank）、運送空白（Trip Blank）、試劑空白（Reagent blank）。

3. 查核樣品（Check sample）分析

將適當濃度標準品（不同於配製檢量線之標準品）添加於與樣品相似的基質中所配製成之樣品；或直接購買濃度經確認之樣品，以與標準方法相同之前處理及分析步驟檢測樣品濃度值，藉此可確定分析結果的準確度。除檢測方法另有規定外，通常至少每10個樣品應同時分析1個查核樣品，若每批次樣品數少於10個，則每批次應執行1個查核樣品分析。查核樣品分析值以百分回收率表示。實驗室應記錄查核樣品編號、分析日期、查核樣品濃度值、查核樣品測定值及回收率。查核樣品濃度參考放流管制濃度或5倍定量極限值。若回收率落於管制極限外，應立即尋找原因，且當日之分析結果視爲不可靠，應在採取修正行動後重新分析。

4. 重複分析

指將一樣品等分爲二，依相同前處理及分析步驟，針對同批次中之同一樣品做兩次以上的分析（含樣品前處理、分析步驟），藉此可確定操作程序的精密度。重複分析之樣品應爲可定量之樣品，除檢測方法另有規定外，通常至少每10個樣品應執行1個重複樣品分析，若每批次樣品數少於10個，則每批次應執行1個重複樣品分析。若無法執行樣品之重複分析時至少應執行查核樣品之重複分析。

5. 添加標準品分析

爲確認樣品中有無基質干擾或所用的檢測方法是否適當之分析過程，其操作方式爲：將樣品等分爲二，一部份依樣品前處理、分析步驟直接分析之，另一部份添加適當濃度之待測物標準溶液後再依樣品前處理、分析步驟分析。所添加之濃度應在法規管制標準或與樣品濃度相當。由添加標準品量、未添加樣品及添加樣品之測定值可計算添加標準品之回收率。藉此可了解檢測方法之樣品之基質干擾及適用性。除檢測方法另有規定外，通常至少每10個樣品應同時執行1個添加樣品分析，若每批次樣品數少於10個，則每批次應分析1個添加樣品。

記錄方法確證

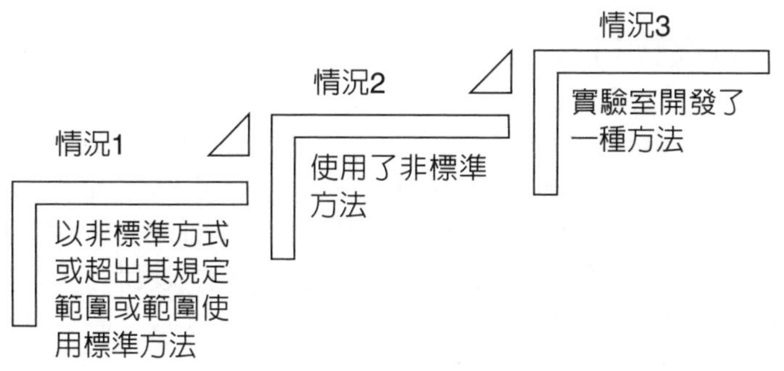

方法的確證做法及要求

1.非標準方法；2.實驗室開發方法；3.超出預期適用範圍使用的標準方法；4.其他已經修改的標準方法，例如：A方法、適用範圍、食物中防腐劑、化妝品、材質、CNS 12345、Modify方法

↓

1.參考標準或物質；2.系統化評鑑；3.方法的穩健性；4.方法比較；5.實驗室間的比對；6.實驗室內的比較；7.量測不確定度評估

↓

1.量測範圍及準確度；2.重複性或是再現性；3.偵測極限；4.定量極限；5.定性分析；6.直線性；7.方法的選用；8.其他相關

↓

1.確證的程序；2.要求事項的規格；3.功性能特性確認；4.結果的獲得；5.方法效力的聲明（應詳述用途合理性）

Unit 7-7 抽樣(1)

所謂抽樣檢驗計畫，是指從送驗的產品中隨機抽取預先規劃或規定的樣本大小，再針對所抽取樣本中的每一個體進行檢定或測試，依其結果來判定是否符合規範或檢驗標準的一套程序。一般抽樣計畫可參考下列五種情境：(1)破壞性的檢驗：如汽機車自行車的碰撞檢驗有必要進行抽樣，爲檢驗的過程勢必會破壞車子，若採取全數檢驗的方式，則所有的車子都會因爲碰撞而遭到破壞，必然全成不良品；(2)全數檢驗成本過高：在全數檢驗非其絕對必要，且檢驗成本過高的情況下，可採取抽樣檢驗；(3)送驗批數量龐大：若送驗批的產品群體過於龐大，採取全數檢驗之方式勢必曠日費時，會影響交期；(4)送驗批體積龐大：若送驗批的物品本身其體積過於龐大，也不適合採取全數檢驗；(5)送驗批中允許少數不良品存在。

依抽樣計畫與方法，一般可各自採用對應的抽樣計畫表，如計量值抽樣計畫可用MIL-STD-414，計數值抽樣計畫則可用MIL-STD-105E，而連續型抽樣計畫可用MIL-STD-1235計畫表。

美軍於1996年推出了新版的抽樣計畫標準MIL-STD-1916用來取代MIL-STD-105E表作爲採購時主要選用的抽樣標準參考；該標準的最主要目的在鼓勵供應商建立完整的品質系統並使用有效的製程管制作業程序以取代品檢作業，且MIL-STD-1916抽樣計畫具有下列兩點主要特色：

1. MIL-STD-1916抽樣計畫以單次抽樣爲目的，將多次級雙次抽樣計畫剔除，因此所有產品均爲零收一退。
2. 適用於各種型態的抽樣計畫，亦即計數、計量、連續抽樣計畫皆適用；因此可替代MIL-STD-105E、MIL-STD-414、MIL-STD-1235 三種抽樣表。

MIL-STD-1916抽樣計畫之特點除了零收一退的原則，且較易上手使用，同時希望生產者建立持續改善之系統，若採用此計畫於產品群體之檢定作業，也有利於日後之後市場管理之推動，甚至達到彈簧秤業者自主管理，進而免檢之目標。

ISO 17025：2017條文7.3抽樣

7.3.1 當實驗室爲後續的測試或校正需對物質、材料或產品進行抽樣時，應具有**抽樣計畫與方法**。抽樣方法應說明預定控制的因素，以確保後續測試或校正結果的有效性。**抽樣計畫與方法**應能在執行抽樣的場所取得。只要合理，抽樣計畫應依據適合的統計方法爲基礎。

7.3.2 抽樣方法應描述：

(a) 樣品或場所的選擇；

(b) 抽樣計畫；

(c) 從物質、材料或產品所得樣品之準備與處理，以產出後續測試或校正所需的物件。

備考：當實驗室收到樣品後，能依7.4之規範要求進一步處理。

抽樣的目的

抽樣的目的

抽樣頻率和時間
客戶的要求
抽樣點的選擇
樣品的適當性

保存條件
樣品量
抽樣容器的類型
防腐劑
現場測量
均質性
標準方法
環境條件

抽樣的做法及要求

對物質、材料或產品進行抽樣以進行後續測試或校正時，應有抽樣計畫和方法

抽樣方法

抽樣計畫

抽樣方法應描述：1.樣品或地點的選擇；2.抽樣計畫；3.樣品的製備和處理

現場提供抽樣計畫和程序，統計基礎

客戶偏離抽樣計畫之紀錄、包含在所有文件中並進行溝通

所有相關數據的記錄

抽樣

標準方法
抽樣原理
內部控制
實驗室標識
關鍵地點執行關鍵活動

內部控制：

A.統計方法（例如管制圖）、B.參加實驗室間比對（循環測試、環境測試）、C.使用（認證的）參考材料／標準、D.定期監督抽樣／人員、E.重複抽樣、F.其他

Unit 7-8 抽樣(2)

MIL-STD-1916 抽樣計畫之執行步驟，執行方式需先決定下列兩階段：

步驟1. 訂出查證水準並決定抽樣計畫之種類

1. 決定產品與調查現況，由買賣雙方訂立合約同時決定查證水準，查證水準由I等級到VII等及級，其中I等級爲最寬鬆水準，VII等級爲最嚴謹之抽樣水準。
2. 選定抽樣方式，決定由計數、計量、連續抽樣計畫三種方式，選擇適當的抽樣方法。
3. 由送樣批量或生產數量訂出樣本代字（CL）對照。

步驟2. 抽樣計畫的階段區分

1. 正常檢驗：一般買賣雙方如無特別訂定時均以此爲基石。
2. 減量檢驗：交貨品質已有一定之水準以上時，雙方議定減量檢驗。
3. 加嚴檢驗：批量有不合格情況發生時，協議進行加嚴檢查。
4. 轉換法則適用範圍爲起始之檢查：若已經過矯正措施時則必須重新訂定。

個案研究國家地震工程研究中心隸屬於財團法人國家實驗研究院，設立之宗旨爲結合國內與地震工程有關之學者、工程師，從事有關地震工程之基本研究和應用研究，從理論及試驗方面解決國內工程界之耐震問題，並帶動地震工程科技之研究，以提升國內耐震設計之水準，降低地震造成之災害。校正實驗室爲國家地震工程研究中心實驗部門之一，支援中心實驗室所有實驗所用相關感測計之校正；爲了提供標準化、制度化及更精確的實驗數據給客戶，中心決心依據ISO 17025：2017之標準，建立校正實驗室並加以認證；此校正實驗室負責標準的追溯及傳遞，以保證量測結果的準確性。其校正實驗室服務項目提供低頻加速規（0.8HZ～70HZ）之比較式校正。低頻加速規校正系統基本校正頻率點數爲5點，可由委託顧客客製其校正需求。實驗室經TAF認證之抽樣校正頻率點爲：0.8Hz, 1Hz, 2Hz, 5Hz, 8Hz, 10Hz, 15Hz, 20Hz, 30Hz, 40Hz, 50Hz, 70Hz。

ISO 17025：2017條文7.3抽樣

7.3.3 當抽樣資料構成**測試或校正**的一部份時，實驗室應保存**抽樣紀錄**。相關時，這些紀錄應包括：

(a) 提及所用的抽樣方法；
(b) 抽樣日期與時間；
(c) 識別與描述樣品的資料（例：編號、數量、名稱）；
(d) 執行抽樣人員識別；
(e) 所用設備的識別；
(f) 環境或運輸條件；
(g) 適當時，以圖示或其他等同方式識別抽樣位置；
(h) 對於抽樣方法與抽樣計畫的偏離、增加或排除。

關於抽樣紀錄與報告的對應章節與項目

項目	抽樣紀錄	抽樣報告、特定要求事項
抽樣方法（包含計畫）之引用依據	7.3.3(a)	7.8.5(d)
抽樣的日期與時間	7.3.3(b)	7.8.5(a)僅日期
識別與描述樣品的資料	7.3.3(c)	7.8.5(b)
抽樣人員識別	7.3.3(d)	
抽樣的設備識別	7.3.3(e)	
環境或運送條件	7.3.3(f)	7.8.5(e)
適當時，抽樣位置（圖示或其他方式）	7.3.3(g)	7.8.5(c)
抽樣方法或計畫的偏離、增加或排除	7.3.3(h)	7.8.5(d)
評估後續測試或校正所需之量測不確定度		7.8.5(f)

抽樣報告／證書應清晰、明確，並包含解釋抽樣所需的所有資訊

項次	內容
1	標題（抽樣報告／證書或其他等效文件）
2	組織的名稱和地址
3	報告／證書和每個樣品的唯一標識
4	抽樣日期、時間和地點
5	任何抽樣草圖或照片等
6	客戶的身分和地址
7	樣品具有代表性的批次及唯一標識
8	所抽樣品的描述（其體積、重量等）
9	標準方法
10	獨特的抽樣方案和抽樣程序
11	使用的設備
12	抽樣過程中可能對抽樣產生影響的任何環境條件，包括儲存和運輸
13	識別所有涉及的抽樣人員
14	授權抽樣報告／證書的人員的身分和簽名
15	抽樣報告／證書的簽發日期
16	關於任何樣本偏差的清晰和明確的陳述
17	未經組織授權，不得聲明以確保完整複製報告／證書
18	關於確保抽樣品的監管鏈的聲明
19	為後續測試評估測量不確定度所需的資訊

Unit 7-9 試驗件或校正件的處理

台美檢驗依據ISO/IEC 17043符合性評鑑—能力試驗的一般要求，將透過均勻性及穩定性試驗，以確保每個參加者都收到具有可比較性的能力試驗物件。均勻性試驗是用以確認同一批物件之檢測結果是否存在差異；穩定性試驗可分爲運送穩定性和儲存穩定性，用以確認物件內分析項目（如：菌量或濃度）於寄送期間及參加者檢測期間內是否穩定。

進行均勻性及穩定性試驗時，以台美檢驗爲例，物件經隨機抽樣後，交付具ISO 17025：2017認證之實驗室，並由通過ISO 17025：2017訓練考核並獲授權的人員執行試驗，試驗結果將以ISO 13528描述之能力試驗統計方法進行分析，確保物件通過均勻性及穩定性試驗規範，也將應用統計方法對參加者回覆結果進行表現評估（evaluation of performance）。（參考來源：https://www.superlab.com.tw/pt_info/）

ISO 17025：2017條文7.4試驗件或校正件的處理

7.4.1 實驗室應備有試驗件或校正件的運輸、接收、處理、防護、儲存、保留、清理或歸還的程序，包括保護試驗件或校正件完整性，以及實驗室與顧客利益所有必要條款。應採取預應措施（precaution）以避免在處理、運輸、儲存／等候、製備、測試或校正過程中的物件變質、污染、遺失或損壞。應遵守隨物件提供的操作說明。

7.4.2 實驗室應有清晰識別試驗件或校正件的系統。實驗室應在物件保存期間全程維持其識別。識別系統應確保物件不會於實體上、在參照紀錄或其他文件時發生混淆。適當時，此系統應納入單一物件或物件群組的細分類，以及物件的傳遞方式。

7.4.3 收到試驗件或校正件時，與規定條件的偏離應予記錄。當對試驗件或校正件的合適性有懷疑，或當物件與所提供的描述不符合，實驗室應在進行處理前與顧客會商以得到進一步指示，並應記錄會商內容。當顧客知道偏離特定條件，仍要求執行試驗或校正時，**實驗室應於報告中加註免責聲明**，說明此偏離可能對結果造成影響。

7.4.4 當試驗件或校正件需要存放或限制在特定環境條件中時，這些條件應加以維持、監控及記錄。

試驗件或校正件的處理做法

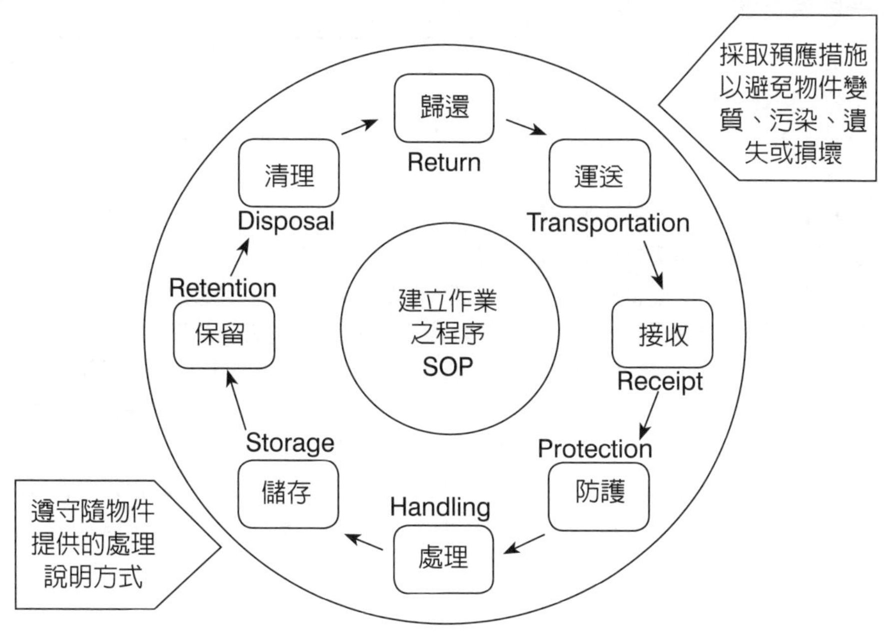

試驗件或校正件的處理管制過程

- 清晰識別試驗件或校正件之系統
  - 保存期間全程維持其識別
  - 識別系統應確保物件不會在實體上
  - 參照紀錄或其他文件不會發生混淆
- 異常或偏離物件的處理
  - 規定條件偏離應記錄
  - 合適性有所懷疑或物件不符，實驗室在處理前與顧客會商並記錄之
  - 顧客已知偏離特定條件，仍然要執行實驗室應於報告中加註免責聲明
- 存放或限制在特定環境條件
  - 維持方法
  - 監測前、中、後相關工作
  - 紀錄品質管制文件化

報告免責聲明

個案研究中山醫學大學健康科技中心實驗室，檢驗服務通用條款及免責聲明，其中**報告免責聲明**：

1. 實驗室出具之檢測報告結果塗改無效，未經書面許可，不可部份複製或部份分開使用。
2. 實驗室不執行抽樣，檢測報告結果僅對委託者送驗之樣品負責，送驗樣品批量、數量及試驗數量等資訊由委託單位提供。
3. 檢測報告若有提供規範值時，該規範值僅供參考，且不得作爲法律訴訟之憑證。
4. 實驗室出具之檢測報告內容不提供符合性聲明、量測不確定度或合格之判定。
5. 實驗室出具之檢測報告所載事項不得作爲公開廣告、商業推銷或採購規範規格制定之用；任何非經本實驗室事前書面同意使用檢測報告之責任與本實驗室無關。若因此造成本實驗室實質或名譽損害者，委託者應負有相應之法律責任。

報告其中**賠償聲明**，若因執行委託試驗申請單之檢驗項目而可直接歸責於實驗室所產生之不正確試驗結果，實驗室對於因此而致委託者所受損害之賠償責任，以不超過該次試驗檢測服務費用之5倍爲限。

試驗件或校正件之處理

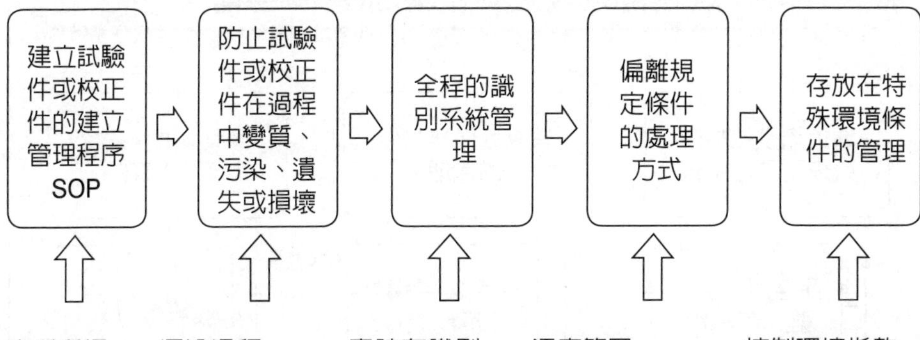

客戶所提供之樣品在接件與歸還流程

運送過程，如易碎品、溫度控制、包裝上等。

應該有識別之標籤、條碼BarCode或二維條碼QRCode

溫度範圍
重量範圍
儀器校正
不符允收規格
執行不同溫度試驗
分析其偏離差異影響

控制環境指數
清楚記錄
安全性與完整性
易燃、易爆和有毒等危險品需特定存放
樣品區別放置
安全標識

Unit 7-10 技術紀錄

參照食品業者設置實驗室之企業指引，從紀錄管制層面，實驗室應建立與維持程序，以規範紀錄之鑑別、蒐集、索引、取閱、建檔、儲存、 維護及銷毀。實驗室紀錄之儲存、保存與保護，應符合易於閱讀、便於存取；紀錄於保存年限內應保存於適宜的環境。實驗室應規定技術紀錄範圍（包括所有原始觀測或檢驗紀錄、儀器使用、藥品配製、計算與導出數據、人員工作紀錄、檢驗報告之複本等）工作人員執行檢驗工作時應立即將工作內容記錄於特定工作規定使用之紀錄本或工作日誌中。所有紀錄之修改不可完全塗掉，造成不易閱讀或刪除，修改人應於修改處旁簽名（或蓋章）及紀錄時間。電腦紀錄需有防止未經授權者的取閱或修改之措施。

個案研究藥品優良臨床試驗作業指引（Guidance for Good Clinical Practice）中，紀錄要求人體試驗委員會／獨立倫理委員會應保留所有相關資料（例如：書面程序，成員名單、成員的職業／聯繫名單、送審文件、會議紀錄及信件）至臨床試驗案結束後至少三年，且可應主管機關要求隨時調閱。試驗主持人、試驗委託者或主管機關得向人體試驗委員會／獨立倫理委員會要求提供書面程序資料及成員名單。

紀錄與報告要求試驗主持人／機構應保存適當且正確的原始文件及試驗紀錄，包括每個試驗中心所有受試者所進行的相關觀察。原始數據應具可溯源性、清晰易讀性、即時性、原始性、精確性及完整性。原始數據的修正應具可追蹤性，不應覆蓋原始的記載，必要時應予以說明（例如：經由稽核路徑）。

ISO 17025：2017條文7.5

7.5.1 實驗室應確保各項實驗室活動的**技術紀錄**，包括結果、報告及足夠的資訊，以利於可能時，鑑別出影響量測結果與其相關的量測不確定度的因素，並確保能夠在盡可能接近原來的條件下，重複此實驗室活動。技術紀錄應包括每項實驗室活動與查核數據與結果的日期與負責人員的識別。原始觀測、數據及計算應在其執行時立即記錄，並應鑑別至特定工作。

7.5.2 實驗室應確保對於技術紀錄的修改，**能回溯至前一版本或原始觀測**。原始與修改後兩者的數據與檔案均應予保存，包括更改的日期、更改內容的標示及負責更改的人員。

技術紀錄做法與要求

實驗室活動的技術紀錄與查核數據結果的日期與負責人員的識別

- 建立與維持程序以管制品質與技術文件
- 電子之紀錄的保護、備份及管制程序
- 檢測紀錄簿表登錄檢測相關數據及計算
- 原始觀察值紀錄
- 檢測數據紀錄

- 計算導出數據
- 建立稽核線索之資訊
- 檢測報告之複本
- 每項紀錄應含足夠的文件資訊
- 校正紀錄
- 人員能力記錄

- 應能鑑別其係屬何項特定檢測工作
- 何項設備儀器
- 何間實驗室
- 遊測或遊校

- 易於閱讀及方便存取
- 規定保存時限形式
- 錯誤處應劃掉、不可塗掉，並由修正人簽名
- 安全保護及保密
- 可能時鑑定不確定度之影響因素
- 儘可能確保接近原來的條件下重複執行

技術紀錄的修改

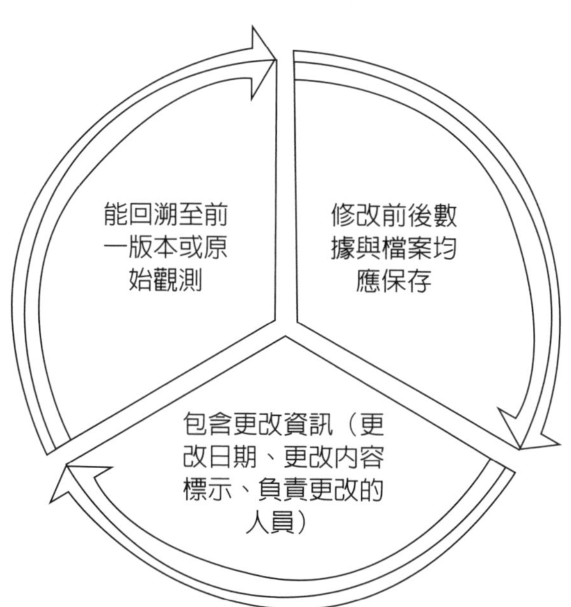

Unit 7-11 量測不確定度的評估

財團法人全國認證基金會（以下簡稱爲本會）對於量測不確定度之要求以ISO 17025：2017（或CNS 17025：2018，統稱ISO 17025：2017）與ISO 15189：2012 爲依歸。文件主要用於說明依ISO 17025：2017及ISO 15189執行認證活動時之量測不確定度政策與要求。

量測不確定度（measurement uncertainty (VIM 2.26)）：基於所用之資訊，歸屬於受測量量值之分散性的非負值之參數。

標準（量測）不確定度（standard measurement uncertainty (VIM 2.30)）：量測不確定度以標準差表示者。

組合標準（量測）不確定度（combined standard measurement uncertainty (VIM 2.31)）：來自量測模式之相關輸入量的個別標準量測不確定度所得的整體標準量測不確定度。

擴充（量測）不確定度（expanded measurement uncertainty (VIM 2.35)）：組合標準量測不確定度與大於1的因子〔涵蓋因子k（coverage factor）〕之乘積。

對執行校正活動的實驗室而言：(1)執行校正活動的實驗室應針對認證範圍涵蓋之所有校正及量測作業依照ISO GUM：1995（即ISO/IEC Guide 98-3：2008, Uncertainty of measurement – Part 3, Guide to the expression of uncertainty in measurement）及其補充文件，進行量測不確定度之評估；(2)認可之校正實驗室的認證範圍以校正與量測能力（Calibration and Measurement Capability, CMC）表示，應包含下列項目：①受測量（Measurand）或參考物質；②校正（量測）方法或程序、待校正之量測設備／物質類別；③量測範圍與其他附加參數（如有的話），例如：施加電壓之頻率；④最小量測不確定度（Smallest Uncertainty）。

ISO 17025：2017條文7.6

7.6.1 實驗室應鑑別量測不確定度的貢獻來源。當評估量測不確定度時，所有顯著不確定度的貢獻，包括源自抽樣的不確定度，都應採用適當的分析方法納入考量。

7.6.2 實驗室執行校正，包括自有設備，應評估所有校正的量測不確定度。

7.6.3 實驗室執行測試，應評估量測不確定度。當試驗方法無法嚴謹評估量測不確定度時，實驗室應依據對試驗方法原理的理解或實際執行經驗來進行估算。

備考1：於某些情況下，當公認的試驗方法已規定量測不確定度主要來源數值的限值，同時規定了計算結果的表達形式，實驗室只要遵照試驗方法與提出報告說明則可被認定符合7.6.3之要求。

備考2：對一特定方法，如果已建立且查證了結果的量測不確定度，實驗室能證明鑑別出關鍵影響因素已予控制，就不需要對每個結果評估量測不確定度。

備考3：進一步的資訊請參照ISO/IEC Guide 98-3、ISO 21748及ISO 5725系列。

量測不確定度（MU）的評估及應用

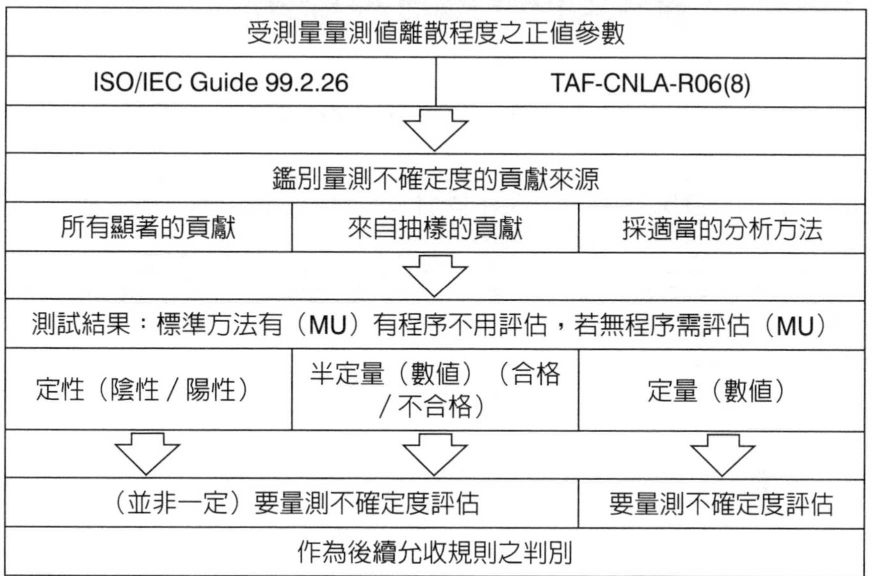

執行不確定度評估之做法與要求

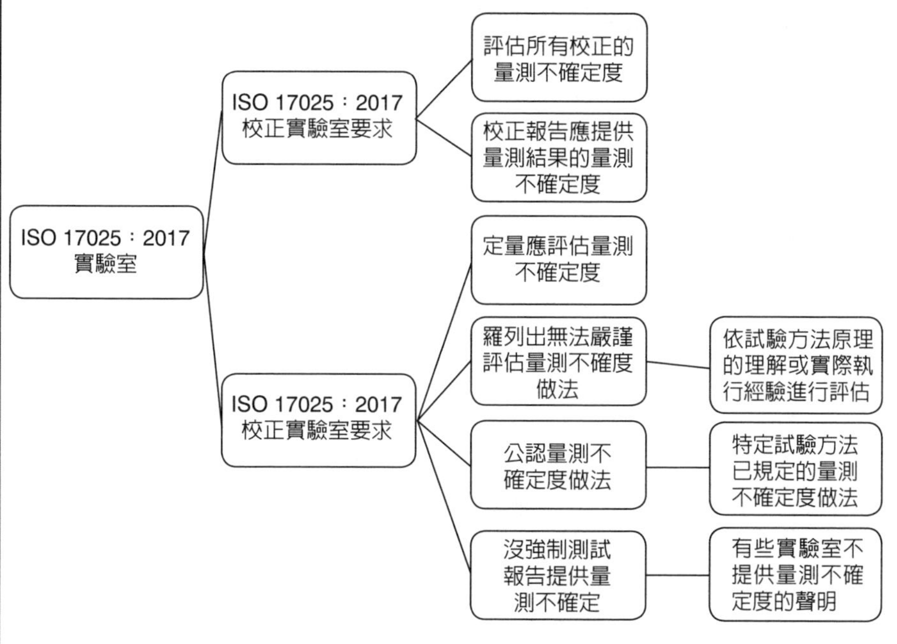

量測不確定度評估程序

步驟1 建立校正或測試結果，與測試過程中各種量測值，修正值或相關參數值間之數學模式

步驟2 依據數學模式與不確定度傳播定律（The law of propagation of Uncertainty），推導組合標準不確定度的計算公式

步驟3 根據抽樣理論或主觀機率分配方法，計算每一個量測值、修正值或相關參數值之標準不確定度

步驟4 根據不確定度傳播定律，計算組合標準不確定度，即是校正或測試結果之組合標準不確定是每一個量測值、修正值或相關參數值所具之標準不確定度的平方，乘以敏感係數的平方後，再相加所得總和之正平方根

步驟5 根據所期望的信心水準，選定擴充係數，就是組合標準不確定度的放大倍數

步驟6 將擴充係數組合標準不確定度，可以估算出擴充不確定度

量測不確定度的數學模型

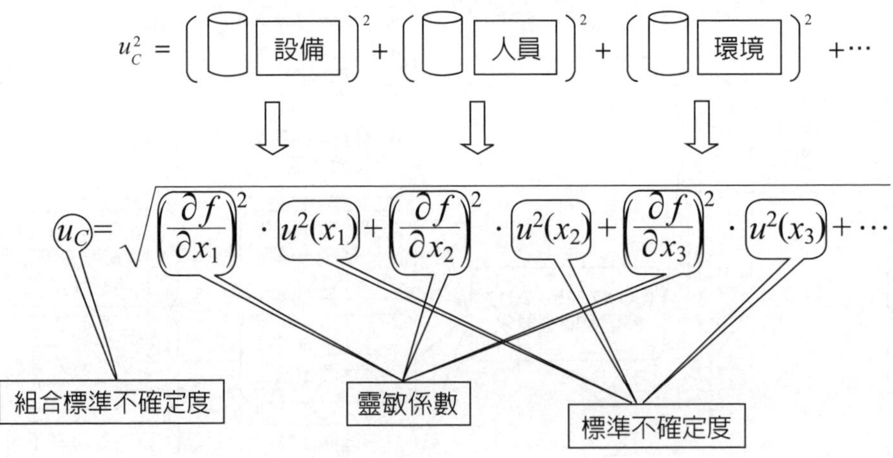

Unit 7-12 確保結果的有效性(1)

ISO 17025：2017融合了ISO 9001：2015之精神，在實驗室管理運作上，採用過程導向，將計畫Plan-執行Do-檢核Check-行動Act（PDCA）循環及基於風險之思維運用於實驗室活動的投入input（例如：顧客／法規主管機關／認證組織／其他利害關係人等所委託之物件）到產出output（例如：結果報告產出）的過程中。依據ISO 9001：2015，過程導向使組織有能力規劃其過程及過程之交互作用，而藉由PDCA循環，可使組織有能力確保其過程有充裕資源並納入管理，決定改進的機會且加以執行。在管理系統運作過程中，整體聚焦於基於風險之思維，致力於利用機會並預防不期望的結果。相較2005版規範，新版ISO 17025：2017除了強調運作一致性外，更重要的是在實驗室活動過程中，如何評估可能的風險與機會，並執行適當的調整與改進。（參考來源：https://www.taftw.org.tw/report/2019/34/ISO-IEC-17025-2017/）

「內部校正特定規範（TAF-CNLA-T18）」自2014年7月30日初版公告以來，凡於同一管理系統內以內部校正方式滿足追溯性之申請者（包含申請／認可之實驗室、檢驗機構、參考物質生產機構及能力試驗執行機構），已依照規範中之相關管理及技術要求執行內部校正作業，並於評鑑時經由校正領域專長評審員現場確認其校正能力。第2版「內部校正特定規範（TAF-CNLA-T18）」於2018年8月17日公告，自2018年09月1日以後提出之申請案，其內部校正項目之評鑑／查訪，將依照此新版規範執行。其中值得留意的是，執行內部校正之申請者，自2018年1月1日起，應依據「能力試驗活動要求（TAF-CNLA-R05），其中附件校正領域：能力試驗活動指定項目與認可實驗室參加的最低頻率」，參加能力試驗相關活動。

ISO 17025：2017條文7.7

7.7.1 實驗室應有程序以監控結果的有效性。資料結果應以便於偵測其趨勢的方式紀錄，如可行時，應運用統計技術審查結果。此項監控作業應予規劃與審查，適當時，應包括但不限於：
(a) 使用參考物質或品質管制物質；
(b) 使用其他經校正並可提供可追溯結果的替代儀器；
(c) 量測與測試設備的功能查核；
(d) 當可行時，使用具管制圖的查核或工作標準；
(e) 量測設備的中間查核；
(f) 使用相同或不同方法的重複試驗或校正；
(g) 保存的物件再測試或再校正；
(h) 物件不同特性結果的相關性；
(i) 審查已報告的結果；
(j) 實驗室內比對；
(k) 盲樣測試。

整個系統的最後一道關卡

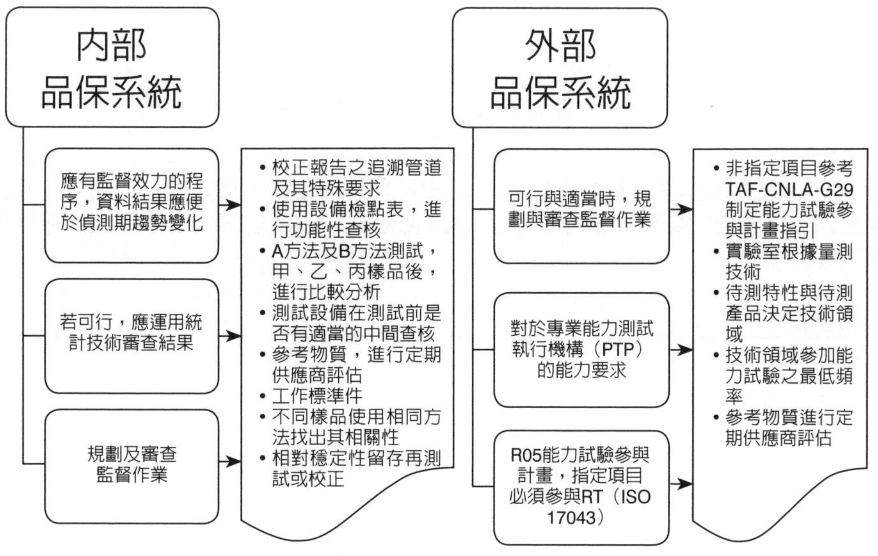

以實驗室認證爲例，在新版「ISO 17025：2017測試與校正實驗室能力一般要求（TAF-CNLA-R01）」中，於7.7確保結果的有效性章節中，納入了許多有關實驗室內部與外部監控結果有效性之做法，其中在7.7.2節指出：

7.7.2當可行與適當時，實驗室應透過與其他實驗室結果的比對來監控其表現。此項監控作業應經規劃與審查，適當時，應包括但不限於以下其一或兩者：（參考來源：https://www.taftw.org.tw/report/2018/30/TAF-CNLA/）

1. 參加能力試驗；
2. 參加不是能力試驗的實驗室間比對。

能力試驗相關活動是確保實驗室能力表現及監控結果有效性之方式之一，藉由參加能力試驗相關活動之良好結果，作爲展現實驗室校正技術能力之證明。

實驗室如欲採內部校正方式以滿足計量追溯性要求，應於申請時，於實驗室資訊表——設備／參考物質總覽中圈選內部校正，主動填寫「內部校正資訊與自我評估表（TAF-CNLA-B19）」，並宜參照校正領域認證類別／項目與代碼（TAF-CNLA-D01），於校正件欄位中填寫對應之校正領域項目代碼（如下表一）。

表一 「內部校正資訊與自我評估表（TAF-CNLA-B19）」填寫範例

財團法人全國認證基金會 TAF-CNLA-B19(4)

內部校正資訊與自我評估表

※填寫說明：

本表單適用於申請單位經自我評估，可符合「內部校正特定規範(TAF-CNLA-T18)」之要求，其內部校正能力可支持申請項目之量測追溯性時，由申請單位主動填寫並經案件負責人審查，俾利現場評鑑之安排。

壹 基本資料

認證編號	
機構名稱	
申請單位名稱	
申請類別	□初次 □延展 □增列

申請單位主管	
填寫日期	

貳 內部校正資訊與自我評估表

CMC (必填)					校正人員	評鑑結果
校正件 例：卡尺 KA2003 (若有，請填寫對應之校正領域項目代碼)	對應之 申請項目 [請寫名稱 (項目代碼)] 例：金屬拉伸 (0101M002)	校正方法 例：自訂之卡尺校正程序 (ABC-01)	校正範圍 (包含校正參數) 例： 1.內徑 0 mm to 150 mm 2.外徑 0 mm to 150 mm	擴充不確定度 例： 內徑 0.02 mm 外徑 0.01 mm	例： 張三 李四	本欄申請單位 請勿填寫
						□ 同意，內部校正範圍如左欄CMC □ 不同意： NCR-
						□ 同意，內部校正範圍 如左欄 CMC □ 不同意： NCR-

註：不確定度係以約 95 %信賴水準之擴充不確定度表示

本欄申請單位請勿填寫	
評審員對內部校正資訊之觀察發現/建議	
評審員：________	日期：________

2017.04.14 第 1 頁，共 1 頁

Unit 7-13 確保結果的有效性(2)

內部校正項目如何尋求適當之能力試驗相關活動呢？實驗室應依據「能力試驗活動要求（TAF-CNLA-R05）附件校正領域：能力試驗活動指定項目與認可實驗室參加的最低頻率」，查詢附件之表一（校正領域能力試驗指定項目）及（校正領域量測稽核項目），並依據附件之說明，依序確認內部校正申請項目是否為能力試驗指定項目、是否需參加量測稽核或執行實驗室間比對。詳細規劃流程可參考表三，並留意以下注意事項：

1. 確認內部校正申請項目，是否為表一所列之校正領域能力試驗指定項目？若是，則需參加能力試驗，並符合每三年有一次良好紀錄？
2. 承上述(1)，若內部校正項目並非表一所列之能力試驗指定項目、或雖為能力試驗指定項目，唯因故無法配合能力試驗執行機構之辦理時程時，則應參加表二所列之「量測稽核」。
3. 申請與執行「量測稽核」時，若未包含能力試驗指定項目，則至少每類別（如KA、KB、KC、KK等）一項目，例如申請項目包含：KA1002塞規、KA1003環規、KA1004階規，此三項皆為量測稽核項目，同屬於KA長度類，故可選擇其中一項參加量測稽核。
4. 校正領域之能力試驗活動要求係以類別為單位，實驗室各類別之申請項目中，若無能力試驗或量測稽核之參與紀錄，則至少每類別執行一項目之實驗室間比對，並填寫「能力試驗活動要求（TAF-CNLA-R05）如能力試驗活動適當性查檢表」。
5. 當發現參加能力試驗相關活動之結果異常時，應進行原因分析並採取適當之矯正措施，以確保數據之正確性及有效性。必要時，可考量重新參加適當之能力試驗相關活動。

ISO 17025：2017條文7.7

7.7.2 當可行與適當時，實驗室應透過與其他實驗室結果的比對來監控其表現。此項監控作業應經規劃與審查，適當時，應包括但不限於以下其一或兩者：

(a) 參加能力試驗；

備考：ISO/IEC 17043包含於能力試驗與能力試驗執行機構的附加資訊。符合ISO/IEC 17043要求的能力試驗執行機構被視為具備能力。

(b) 參加不是能力試驗的實驗室間比對。

7.7.3 來自於監控活動的數據，應予分析與用於管制，並於可行時，用於改進實驗室的活動。如果發現監控活動資料分析結果超出預定的準則時，應採取適當措施，以防止報告不正確的結果。

表一　校正領域能力試驗指定項目

強制要求資訊		
校正領域能力試驗指定項目名稱		備註／說明
KA長度	KA10塊規（Gauge Block） KA20卡尺（Caliper）或外徑測微器（Outside Micrometer）擇一 KA40表面粗糙度（Roughness）	
KB	KB10加速規（Accelerometer）	
KC質量／力量	KC10法碼（Weight）	
KD壓力量／真空量	KD10壓力錶（Pressure Gauge）	
KE溫度／濕度	KE10 KE1002電阻溫度計（Resistance Thermometer）或 KE1004熱電偶（Thermocouple）擇一 KE20濕度計（Hygrometer）	
KF電量	KF10(1)直流電壓（DC Voltage）、直流電流（DC Current） (2)交流電壓（AC Voltage）、交流電流（AC Current） (1)或(2)擇一組 KF30電阻（Resistance）	
KJ時頻	KJ20石英振盪器（Quartz） KJ30轉速計（Tachometer）	
強制要求資訊		
	校正領域能力試驗指定項目名稱	備註／說明
KK游離輻射	KK10加馬輻射劑量偵測儀器（Gamma Radiation Dosimeter and Doseratemeter） KK20固體射源／阿伐發射率（Solid Source/Alpha Emission Rate）或貝他發射率（Solid Source/Beta Emission Rate）擇一	

表二　校正領域量測稽核項目

項目代碼		項目名稱	備註／說明
KA 長度 （Length）	KA1001	塊規（Gauge Block）	
	KA1002	塞規（Plug Gauge）	
	KA1003	環規（Ring Gauge）	
	KA1004	階規（Step Gauge）	
	KA1009	卡尺校正器（Caliper Checker）	
	KA1011	階高試片（Step Height Specimen）	
	KA1012	電子測距儀（Electronic Distance Meter）	
	KA1017	三線規（Wire Gauge）	
	KA1019	量錶校正器（Dial Gauge Calibrator）	
	KA1020	雷射干涉儀（Laser Interferometer）	
	KA1021	衛星定位儀 （Grobal Positioning System Receiver）	
	KA1022	標準粉體粒徑（Particle Size Standard）	
	KA2001	標準直尺（Standard Rule）	
	KA2002	標準捲尺（Standard Tape）	
	KA2003	卡尺（Caliper）	
	KA2005	外徑測微器（Outside Micrometer）	
	KA2010	針盤指示計（Dial Indicator）	
	KA2013	水準尺（Levelling Staff）	
	KA2014	線距標準片（Pitch Standard）	
	KA3001	角度塊規（Angle Gauge Block）	
	KA3002	直角規（Square）	
	KA3003	方規（True Square）	
	KA3004	精密分度盤（Precision Index）	
	KA3005	多邊規（Polygon）	
	KA3007	經緯儀（Theodolite）	
	KA3014	角尺（Square）	
	KA3016	電子水平儀（Electronic Level）	
	KA4001	表面粗糙度（Roughness）	
	KA4002	平台（Surface Plate）	
	KA4004	真圓度（Roundness）	

項目代碼		項目名稱	備註／說明
	KA4007	投影儀（Profile Projector）	
	KA4009	薄膜厚度標準（Film Thickness Standard）	
KB 振動量／聲量（Vibration & Acoustics）	KB1001	加速規（Accelerometer）	
	KB1002	振動計（Vibration Meter）	
	KB1005	衝擊加速規（Shock Accelerometer）	
	KB2001	麥克風（Microphone）	
	KB2002	活塞式校正器（Pistonphone）	
	KB2003	音位校正器（Sound Level Calibrator）	
	KB2004	噪音計（Sound Level Meter）	
KC 質量／力量（Mass/ Force）	KC1001	法碼（Weight）	
	KC2002	荷重元（Load Cell）	
	KC2004	測力計（Force Gauge）	
	KC5001	硬度標準塊（Hardness Test Block）	
KD 壓力量／真空量（Pressure/ Vacuum）	KD1004	壓力錶（Pressure Gauge）	
	KD1005	壓力轉換器（Pressure Transducer）	
	KD1007	差壓計（Differential Pressure Gauge）	
	KD2001	旋轉轉子黏滯式真空計（Spinning Rotor Viscosity Vacuum Gauge）	
	KD2002	離子真空計（Ionization Vacuum Gauge）	
	KD2003	電容式真空計（Capacitance Diaphragm Vacuum Gauge）	
	KD2006	真空計（Vacuum Gauge）	
KE 溫度／濕度（Temperature /Humidity）	KE1001	玻璃溫度計（Liquid-in-glass Thermometer）	
	KE1002	白金電阻溫度計（Platinum Resistance Thermometer）	
	KE1004	熱電偶（Thermocouple）	
	KE1007	輻射溫度計（Radiation Thermometer）	
	KE2001	濕度計（Hygrometer）	
	KE2002	水份計（Moisture Meter）	
KF 電量（Electricity）	KF1001	直流電壓（DC Voltage）	
	KF1002	直流電流（DC Current）	
	KF1003	直流高壓（DC High Voltage）	

項目代碼		項目名稱	備註／說明
	KF1004	直流大電流（DC High Current）	
	KF1011	交流電壓（AC Voltage）	
	KF1012	交流電流（AC Current）	
	KF2001	交流電功率（A.C. Electrical Power）	
	KF2002	交流電能（A.C. Electrical Energy）	
	KF2003	相位角（Phase Angle）	
	KF2006	電功率原級（AC Power Primary）	
	KF3001	電阻（Resistance）	
	KF3002	電感（Inductance）	
	KF3003	電容（Capacitance）	
KG 電磁量（Electromagn-etics）	KG1001	微波功率（Microwave Power）	
	KG3001	照度計（Illuminance Meter）	
	KG3002	亮度計（Photometer）	
	KG3007	色度（Chromaticity Coordinate）	
	KG3008	光偵測器光譜響應（Spectral Responsivities of Photometric Detector）	
	KG3009	光纖功率（Optical Fiber Power）	
	KG3027	光澤／光澤度（Gloss/Glossiness）	
KH 流量（Flow）	KH1001	空氣流率（Air/Flow Rate）	
	KH1002	水流率（Water/Flow Rate）	
	KH2001	空氣總量（Air/Quantity）	
	KH2002	水總量（Water/Quantity）	
	KH2003	油總量（Oil/Quantity）	
	KH3001	風速計（Anemometer）	
KI 化學量（Chemical）	KI1000	黏度計（Viscometer）	
	KI4000	氣體標準（Gas Standards）	
	KI7000	氣體分析儀（Gas Analyzer）	
KJ 時間／頻率（Time/ Frequency）	KJ20	頻率（Frequency）	

表三　內部校正項目參加能力試驗活動規劃流程圖

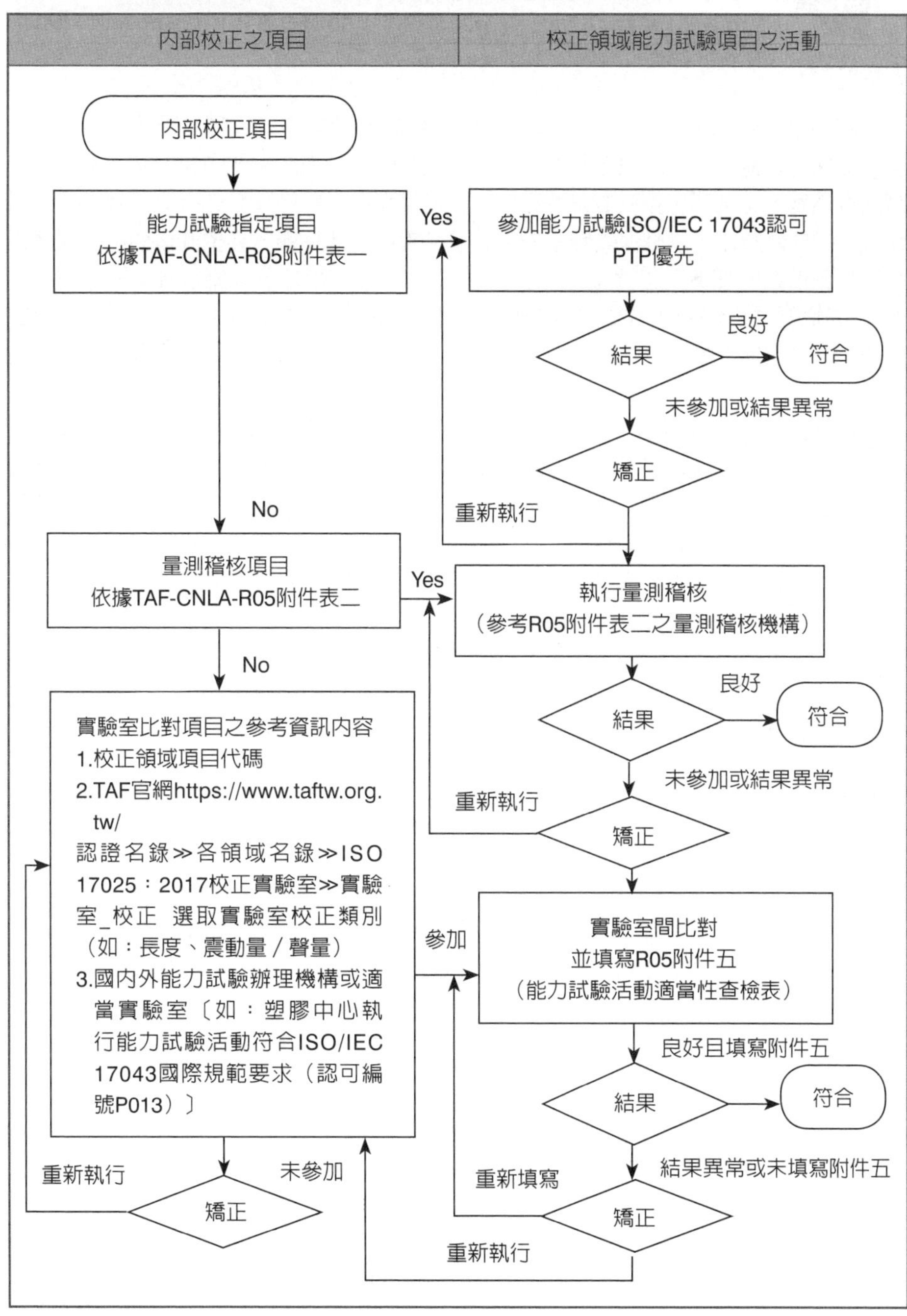

Unit 7-14 結果的報告(1)

實驗室主管每年至少召開一次管理審查會議，以查證實驗室品質系統之適切性及有效性，且導入必要之改善行動。實驗室爲TAF（財團法人全國認證基金會）所認證之實驗室，每年皆會接受TAF所委託的專家學者進行評鑑，另亦有第二者如工業局或客戶的外部評鑑，以確保實驗室的品保及品管系統無偏離，亦提升廠商對管理機構執法之公信力。實驗室主管每年至少召開1次內部品質稽核，以查證實驗室各項品質管理系統是否符合ISO 17025：2017規範與實驗室品質文件及檢測方法是否符合NIEA（如環保署環境檢驗所）之規定，且稽核改善結果，由實驗室主管督導改善並確認追蹤。

個案研究以「鋰電池」爲例，「鋰電池」的性能與安全性，一直是消費者最關心的議題。標準標驗局已於中華民國103年5月1日將3C二次鋰單電池組產品實施強制性檢驗，標準測試檢驗依CNS 15364（中華民國102年版）規定。目前針對鋰鈷氧化物電池分別在最高試驗溫度及最低試驗溫度之周圍溫度下調適（stabilization）1h至4h後，採用定電壓充電法對單電池以上限充電電壓4.25V及最大充電電流充電（依設計製造廠規定），直到充電電流降至0.05 /t (a)爲止。若單電池所規定之上限及／或下限充電溫度超出所規定之試驗（充電）溫度上限45℃及／或下限10℃時，在可測試之情況下，仍應對該單電池進行測試；並將單電池所規定之上限充電溫度增加5℃，並將下限充電溫度減少5℃。

ISO 17025：2017條文7.8結果的報告

7.8.1.1 結果於發布前應經審查與授權。

7.8.1.2 結果提供通常爲報告的型式，（例如：試驗報告、校正證書或抽樣報告），其應準確、清楚、不混淆及客觀。且結果應包括經顧客同意、結果解釋所必要及使用方法所要求的所有資訊。所有已發行的報告應視爲技術紀錄予以保存。

備考1：本文件所稱的試驗報告與校正證書，有時可分別稱爲試驗證書與校正報告。

備考2：只要符合本文件要求，報告能採用紙本或電子方式發行。

7.8.1.3 當取得顧客同意時，可採用簡化的方式報告結果。任何列於7.8.2至7.8.7未向顧客報告的資訊應易於取閱。

結果的報告之一般做法及要求

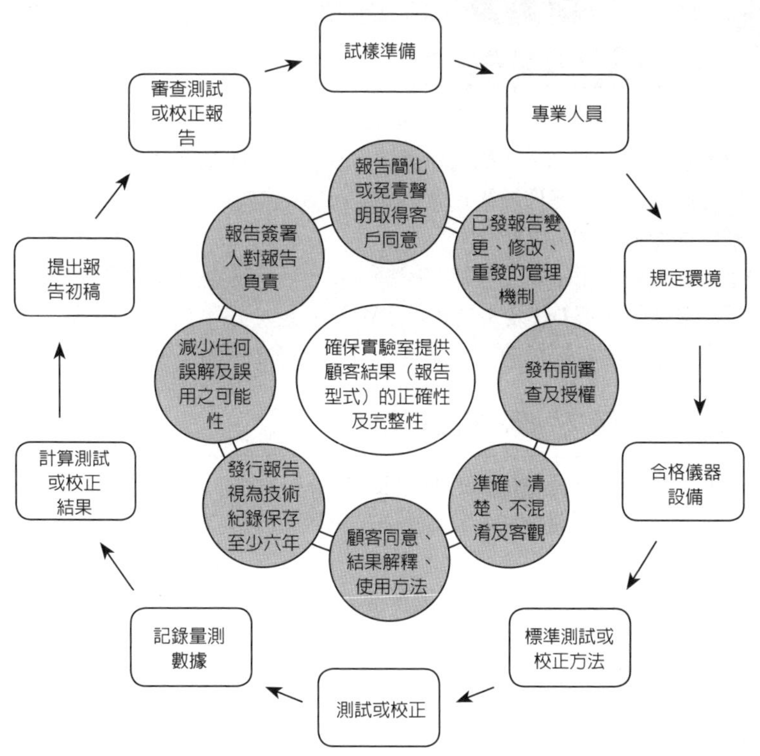

結果的報告應包括的資訊

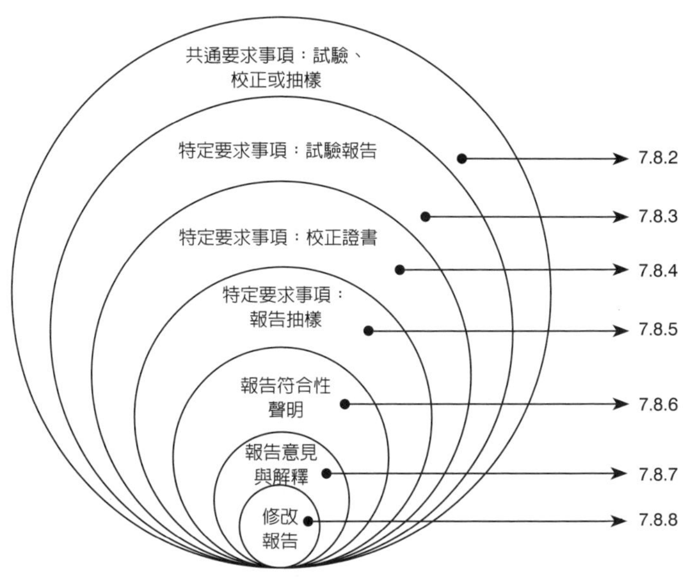

Unit 7-15 結果的報告(2)

從結果報告過程管理中，人員資格面向，實驗室一般常有缺失列舉：

□試驗室權責劃分僅訂有操作技術員資格限制，實驗室主管、技術主管、品質主管、文件管制員之能力要求未文件化。

□查實驗室人員代碼表單未有主管核定紀錄，不符合該實驗室相關文件規定，另該表標註之報告簽署人，與TAF及本局認可之報告簽署人不符。

□報告簽署人之資格認可紀錄中，欠缺實際簽署領域之檢驗標準。

ISO 17025：2017條文7.8結果的報告

7.8.2 報告（試驗、校正或抽樣）的共通要求

7.8.2.1 除非實驗室有正當理由不採用外，否則每份報告應至少包括下列資訊，以減少任何誤解或誤用之可能性：

(a) 標題（例如：試驗報告、校正證書或抽樣報告）；

(b) 實驗室的名稱與地址；

(c) 執行實驗室活動的場所，包括在顧客設施或實驗室固有設施以外的場所，或其相關的臨時性或移動性設施；

(d) 唯一識別，包括報告組成內容，以作爲辨識完整報告之一部份與其結束的清晰識別；

(e) 顧客的名稱與聯絡資料；

(f) 使用方法的識別；

(g) 物件的描述、明確識別，必要時，包括其狀態；

(h) 對結果有效性與應用至關重要的試驗件或校正件之收件日期與抽樣的日期；

(i) 實驗室執行活動的日期；

(j) 報告發行的日期；

(k) 如與結果的有效性或應用相關時，實驗室或其他機構所用的抽樣計畫與抽樣方法；

(l) 結果僅對試驗、校正或抽樣的物件相關之有效聲明；

(m) 結果，適當時，具有量測單位；

(n) 對方法的增加、偏離或排除；

(o) 授權報告之人員的識別；

(p) 當結果來自外部供應者時之清楚識別。

備考：報告內包含本報告未經實驗室同意不得複製，惟全文複製除外的特定聲明，能提供部份報告不被分離使用的保證。

（Logo）實驗室的名稱與地址

報告首頁

報告編號：

測試報告（校正報告／抽樣報告）

報告編號：
委測單位：
委測地址：
報告日期：
試驗名稱：
廠牌型號：

聲明
備註1：本報告僅對送測產品負責，不得作為訴訟用途。
備註2：報告含封面共計____頁，分離使用無效。
備註3：未獲得實驗室同意，此報告不得摘錄複製，但全文複製除外。

報告簽署人：　　　　　　　　　　測試人員：

表單編號：　　　　　　　　　第____頁，共____頁

（Logo）實驗室的名稱與地址

報告首頁

報告編號：

測試標準：
測試程序及依據：
儀器名稱：
委測地址：
收件日期：
測試期間：
環境溫度：
環境濕度：
樣品資訊：
測試地點：
不執行抽樣：

測試結果及說明：

測試樣品說明
測試標準依據說明
測試方法說明
量測單位說明
測試相片說明

表單編號：　　　　　　　　　第____頁，共____頁

Unit 7-16 結果的報告(3)

從結果報告過程管理中，品質文件管理面向，實驗室一般常有缺失列舉：

□某程序文件後方夾雜其他程序書內頁及TAF申請文件，文件錯置，文件管制上有疏漏。

□供應商資料與另定之一覽表文件不一致。

□試驗室對受理試驗樣品測試廠商之資訊，有制定顧客保密契約書，但未於品質手冊中建立文件編號，建議將文件納入管理。

□文件缺少發行之權責者、總頁數、頁碼等識別。

□現職之職務說明書尚有離職員工之相關資料。

□相關標準作業程序書未包含試驗室申請認證之所有依據標準。

從結果報告過程管理中，測試或審查不實面向，實驗室一般常有缺失列舉：

□報告簽署人出國卻以其名義簽署報告，未經實質有效簽署。

□測試報告未經有效之報告簽署人簽署。

□僅取部份樣品做部份測試，其餘樣品未依照檢驗標準規定執行相關測試。

□樣品數量不足，部份測試項目未執行，但出具完整測試數據之試驗報告。

□測試報告未對產品之結構做出正確判定，如試驗標準對產品之結構有相關要求，該商品具有其結構，但試驗報告該章節卻判定爲不適用。

□查試驗室測試人員在使用充放電試驗機測試過程，將電池組重疊放置於測試抽屜中測試，電池組測試引線電極使用鱷魚夾連接，並直接裸露於抽屜中未使用適當方法或材質加以隔離，極易造成在試驗過程中發生相互干擾或意外事件，不符合5.3節規定。

□報告簽署人審查報告後以口頭方式告訴行政人員，行政人員製作報告後送本局審查，並無報告簽署人簽名相關資料，無法確認報告簽署人是否有審查過相關案件，違反第5.2節規定。

從結果報告過程管理中，儀器設備管理面向，實驗室一般常有缺失列舉：

□儀器設備資料缺107年查驗紀錄，不符合該實驗室相關作業程序。

□儀器設備校驗管制清冊未更新。

□外測有使用溫升紀錄器（未註記設備編號）遊測後未建立期間查核紀錄表，不符合該試驗室相關程序文件規定。

□試驗室設備校正後新修正係數由測試人員更新測試用電腦軟體修正係數，對於所有電腦係數是否完成更新並無查核人員進行確認。

ISO 17025：2017條文7.8結果的報告

7.8.2.2	實驗室應對報告提供的所有資訊負責，惟顧客提供的資訊除外。當數據爲顧客所提供時應清楚識別。此外，當資訊爲顧客所提供且能影響結果有效性時，報告應包括免責聲明。當實驗室未負責抽樣作業時（例如樣品爲顧客提供），應於報告中指出其結果僅適用收取的樣品。

認證範圍

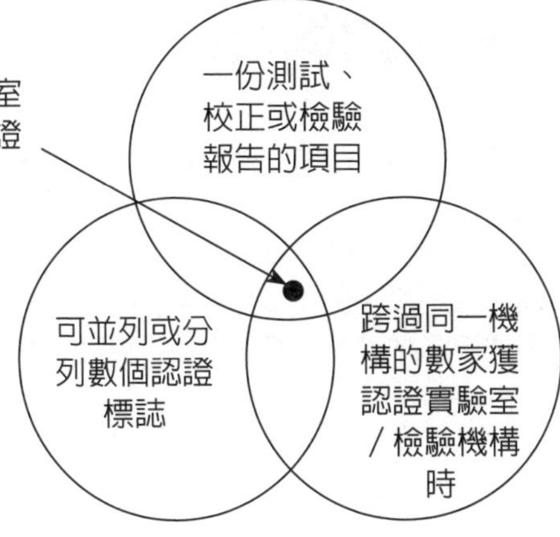

認證範圍以認證證書上登載的事項為界定

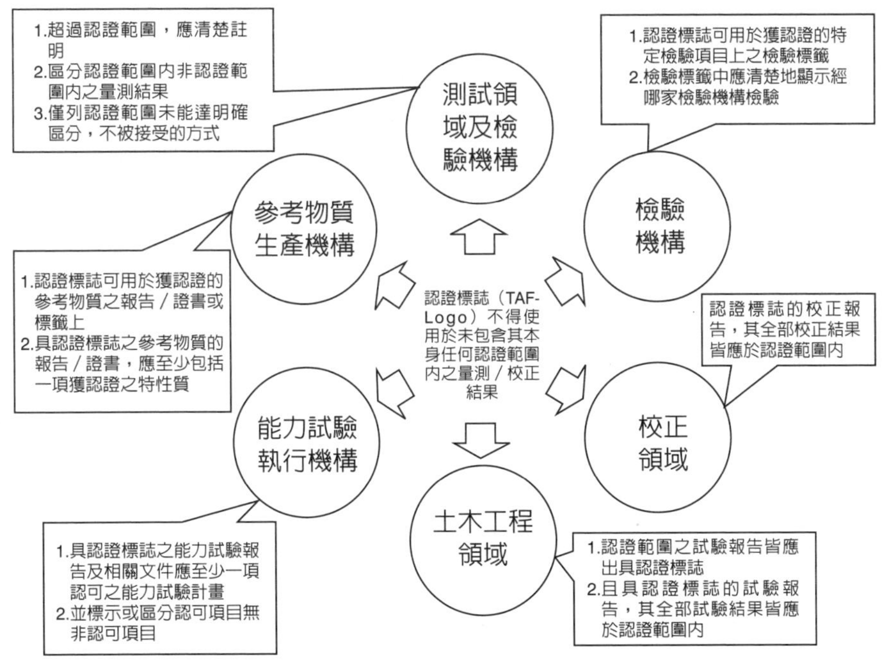

Unit 7-17 結果的報告(4)

從結果報告過程管理中，技術文件管控面向，實驗室一般常有缺失列舉：

□檢驗紀錄表以鉛筆記錄，不符合CNS 17025第7.11.3節之規定。

□原始紀錄中未依規定記載試驗溫度。

□原始測試raw data無顯示溫濕度及測試時間。

□相關測試文件無標示測試日期，使用儀器、溫度、濕度均未填寫，亦無測試人員或審核人員簽署。

□出具之試驗報告，未有完整之原始測試紀錄可查。

□測試報告登載之量測值，與raw data不相符。

□測試報告之試驗人員、報告簽署人，與原始試驗紀錄不相符。

□送TAF審查之測試報告之試驗人員及報告簽署人，與試驗室存檔資料不一致。本局登錄之報告簽署人，與實驗室存檔資料不一致。

□報告之測試儀器列表中並未詳實記載所用測試儀器，例如：三相電力分析儀、角度規、三用電表、電流鉤表等。

□測試報告中儀器設備型號登載有誤。

□報告無提到判定規則，與ISO 17025：2017第7.8.6節之規定不符。

□查輻射測試場地校正採內部校正方法執行，正規化場地衰減（NSA）、場地電壓駐波比（SVSWR）校正報告未載明所校正場地之靜區（quiet zone）大小，將會導致一定風險，無法有效分辨適用於此測試場地之待測物大小範圍。

□不同測試場地報告測試數據及各項補償係數之小數點後取幾位四捨五入方式計算不同。

□試驗室輻射場地測試每日確認測試規範規定每日確認測試結果必須與基準值比較，惟基準值未做定義且允許誤差與文件表單規定不同。

ISO 17025：2017條文7.8

7.8.3 試驗報告的特定要求

7.8.3.1 除7.8.2所列要求外，當必要為試驗結果做解釋時，試驗報告應包括以下：

(a) 特定試驗條件資訊，如環境條件；

(b) 相關時，符合要求或規格的聲明（見7.8.6）；

(c) 可行時，在下列情況下，量測不確定度採用與受測量相同單位的表達方式，或其相對量（如百分比）來表達：

— 攸關試驗結果的有效性或應用時；

— 顧客的指示如此要求時；或

— 量測不確定度影響到規格界限的符合性時；

(d) 適當時，意見與解釋（見7.8.7）；

(e) 特定方法、主管機關、顧客或顧客團體可要求的附加資訊。

7.8.3.2 當實驗室負責抽樣活動，而必要對試驗結果解釋時，試驗報告應滿足7.8.5所列要求。

獨立報告

A_Lab

A_test Report　TAF

- a項目
- b項目
- c項目
- d項目

有TAF認可項目

說明：

1.當機台故障時或是測試案件太多時，也可委託外部供應者，但是要通知顧客同意

B_Lab

B-1_test Report 

- e項目
- f項目

有TAF認可項目

說明：

B_Lab

B-2_test Report

- e項目
- f項目

或無TAF認可項目

說明：

合併報告

A_Lab

A_test Report　TAF

- a項目
- b項目
- c項目
- d項目

說明：委託e及f項給B-1_Lab

並將B-1 Test Report附在報告之後面，以任何形式均可（如裝訂或不裝訂）

節錄外部供應者所產出的結果時，獲認證符合性評鑑機構應取得外部供應者的同意；報告註明被委託獲認證機構名稱與其認證編號，並同時註明為認證範圍內

A_Lab

A_test Report 

- a項目
- b項目
- c項目
- d項目

說明：委託e及f項給B-2_Lab但無TAF認證

雖委託外部供應者無TAF認證，只要說明清楚也可以蓋認證標誌

並將B-2 Test Report附在報告之後面，以任何形式均可（如裝訂或不裝訂）

節錄外部供應者所產出的結果時，獲認證符合性評鑑機構應取得外部供應者的同意；應明確標註該測試、校正或檢驗結果及註明被委託單位名稱，同時亦應註明為非認證範圍

Unit 7-18 結果的報告(5)

從結果報告過程管理中，試驗環境管理面向，實驗室一般常有缺失列舉：

□試驗室無濕度資料可查，與標準第5.3節不符。

□測試區域環境溫、濕度紀錄表紀錄顯示3月3日至25日無任何溫、濕度紀錄。

□經查品質文件之電力系統配置圖未畫出短路試驗回路。

□樣品管理測試樣品無客戶領回簽章，不符合第5.8節規定。

（測試樣品標籤勿顯示送件廠商名稱，可改以編碼形式顯示，或其他適當方式，以確保檢測公正性。）

實驗室人員保密及利益衝突迴避之內部規範或出具切結書，可增列「辦理檢驗工作時，遇有涉及本人、配偶、共同生活家屬或二親等以內親屬之利害事件，應行迴避」之類似規定。

有關試驗報告首頁內容規定，爲有效識別係供申辦TAF驗證之試驗報告。型式試驗報告首頁必要資訊，包括：TAF logo應標示於明顯處、指定試驗室認可編號應標示於頁面上方明顯處，以及產品測試之相關資料等。除試驗室名稱、TAF logo、指定試驗室認可編號及報告編號外，其餘資訊得標示於次頁。

ISO 17025：2017條文7.8

7.8.4 校正證書的特定要求

7.8.4.1 除7.8.2所列出要求外，校正證書應包括以下：

(a) 量測結果的量測不確定度，採與受測量相同單位的表達方式，或其相對量（如百分比）來表達；

備考：根據ISO/IEC Guide 99，量測結果通常採用單一受測量值來表達，包括量測單位與量測不確定度。

(b) 會影響量測結果的校正執行條件（如環境）；

(c) 量測如何達成計量追溯性的聲明（見附錄A）；

(d) 可行時，任何調整或修理前後的結果；

(e) 相關時，符合要求或規格的聲明（見7.8.6）；

(f) 適當時，意見與解釋（見7.8.7）。

7.8.4.2 當實驗室負責抽樣活動，而必要對校正結果解釋時，校正證書應滿足7.8.5所列要求。

7.8.4.3 校正證書或校正標籤應不包含任何校正週期的建議，除非已得到顧客的同意。

制訂校正週期的基本方法

依照風險程度以及使用頻率憑經驗制定一校正週期

依照頻率調整：常使用——縮短週期；不常使用——拉長週期

依校正結果（穩定性）當校正結果誤差大——縮短週期；校正結果穩定——拉長週期

依風險程度與校正費用相比，儀器誤差造成的損失較小——拉長週期；損失較大——縮短週期

儀器設備管理

實驗室所使用之儀器設備	• 滿足校正週期 • 軟體準確度 • 符合相關之試驗與（或）校正的規格
訂定儀器設備	• 允收標準 • 運用校正結果判斷 • 是否在此允收標準範圍內
校正結果	• 量測不確定度 • 量測不確定度皆在允收上下限內
校正結果超出儀器的允收標準	• 調整儀器設備 • 重新校正
設備之紀錄	• 校正的報告與證書之日期 • 結果及複本 • 調整 • 允收標準 • 下次預定校正日期
校正的儀器已被調整或修理	• 調整或修理前後的校正結果 • 應列入報告

Unit 7-19 結果的報告(6)

楊義明、鄭鴻業、盤天培（2003）所整理的美軍抽樣計畫表之比較，相較於MIL-STD-105E和MIL-STD-1414標準，MIL-STD-1916抽樣計畫不僅適用於計量、計數和連續抽樣計畫，且爲簡化流程，便於使用，將多次級雙次抽樣計畫剔除，只採單次抽樣之型式，且品質保證方式是採取製程能力指標（Cpk）來取代MIL-STD-105E和MIL-STD-1414的允收水準（AQL），以強調MIL-STD-1916著重於製程管制，因爲MIL-STD-1916有一很重要的觀念，抽樣檢驗其實不爲主要管制項目；且製程管制澈底管制實施時，抽樣計畫反而成爲不必要的成本支出。

抽樣計畫的階段區分：(1)正常檢驗：一般買賣雙方如無特別訂定時均以此爲出點；(2)減量檢驗：交貨品質已有一定之水準以上時，雙方議定減量檢驗；(3)加嚴檢驗：批量有不合格情況發生時，進行加嚴檢查。

MIL-STD-1916計數值抽樣計畫之彈簧秤檢定作業，若一天彈簧秤之檢定數量爲300個，在查證水準爲IV級，就可從表五查得在查證水準爲IV，且檢定批量爲300之情況下，查得CL爲A；然後再從表四查得查證水準爲IV及CL爲A之情況下只要從300個中隨機抽取80個進行檢定，若80個全數合格，則判定該批彈簧秤檢定合格。

MIL-STD-1916抽樣計畫其製程能力指標（Cpk）所訂定的查證水準是必須依據業者的實際製程能力來決定，將MIL-STD-1916抽樣計畫導入檢定作業，應可解決的課題就是去評估業者之製程能力指標（Cpk）維持品質水準。MIL-STD-1916 抽樣計畫之最終目的在於提醒業者不斷的持續改善品質，才有減量與加嚴的查證水準，品質好的業者可給予減量檢驗以達到鼓勵改善品質之目的，反之品質不好之業者就考量給與加嚴檢驗，以加促其改善品質。

ISO 17025：2017條文7.8

7.8.5 報告抽樣的特定要求

當實驗室負責抽樣活動時，而必要對結果做解釋時，除7.8.2所列要求外，抽樣結果報告應包括以下：

(a) 抽樣的日期；
(b) 抽樣物件或物質的唯一識別（適當時，包括製造商的名稱、標示的型號或型式及序號）；
(c) 抽樣場所，包括任何圖示、草圖或照片；
(d) 所提及的抽樣計畫與抽樣方法；
(e) 在抽樣過程影響結果解釋的任何環境條件細節；
(f) 作爲評估後續測試或校正的量測不確定度所需的資訊。

測試或校正報告、校正證書，以及報告抽樣的特定要求

章節	7.8.3	7.8.4	7.8.5
項目	測試報告特定要求	校正證書特定要求	報告抽樣特定要求
要求內容	測試期間的環境或其他條件	以與測量結果相同的單位或相對於測量結果（例如百分比）的測量不確定度	抽樣日期
	關於是否符合規範或要求的決定（例如：通過、失敗、不確定等）	完成校正時的環境條件，它們會影響測量結果	抽樣的每個項目或材料的唯一標識符號（對於抽樣的設備，可能需要指定序列號、製造商、型號或其他適當和相關的標識符號）
	與測量結果採用相同測量單位的測量不確定度（例如，當需要解釋測試結果、客戶合同要求或影響對合格決定的解釋時）	說明如何建立計量追溯性	確認抽樣位置的資訊（例如圖表、照片等）
	意見或解釋	在對物品進行任何調整或維修後，對要校正的物品「按原樣」進行校正的測量結果	參考抽樣計畫和抽樣方法
	為符合測試方法而需要報告的其他資訊	符合規範或規定要求的聲明（例如，通過、失敗、不確定），如果這是相關的	抽樣期間影響結果解釋的環境條件細節
		酌情提出意見和解釋	對測試或校正產生後續測量不確定性的資訊

Unit 7-20 結果的報告(7)

實施符合性聲明之商品若前已取得驗證登錄證書或商品型式認可證書者，報驗義務人得憑該證明書簽具符合性聲明書。實施符合性聲明之商品，如屬非銷售之自用品、商業樣品、展覽品、研發測試用物品等，需向標準檢驗局辦理免驗申請，經標準檢驗局同意免驗後，該同意文件供日後市場查核使用。

甲公司自國外網購該產品，並以甲公司名義上市銷售，該公司已屬商品檢驗法第8條「商品之報驗義務人如下：採驗證登錄及符合性聲明者，為商品之生產者；生產者不在國內者，為其在國內有住所或營業所之代理商或輸入者。」現該產品雖貼有符合性聲明檢驗標識，惟非屬甲公司所有，故該公司已涉嫌違反商品檢驗法第6條「前項商品採驗證登錄或符合性聲明方式執行檢驗者，主管機關得指定公告於進入市場前完成檢驗程序」之規定，有關符合性聲明手冊及各相關附件申請書可參考下載http://www.bsmi.gov.tw/。

「符合性聲明」檢驗制度之精神，是由廠商本誠信原則，自行控管產品品質。廠商需委由標準檢驗局指定試驗室，依據國家制定公告的標準辦理試驗。在備妥相關技術文件、確認商品符合檢驗標準，並據以簽具符合性聲明書，方能聲明產品符合標準；且應保存相關技術文件與檢驗資料。經標準檢驗局依商品檢驗法第5條公告為實施符合性聲明之商品，才能採用符合性聲明之檢驗方式。

提醒網路賣家應注意事項，進貨時詳細檢查有無黏貼「商品安全標章」。自行於國外／中國大陸購買或自行攜回之商品，需向標檢局認可之指定試驗室辦理試驗，備妥相關技術文件並簽具符合性聲明書，黏貼「商品安全標章」，始得上網販售。若有標識之問題，可透過標準檢驗局商品檢驗標識查詢確認。若商品無法確認是否屬「商品檢驗法」之管制範疇，請與標準檢驗局「承辦單位」聯繫。

ISO 17025：2017條文7.8

7.8.6 報告符合性聲明

7.8.6.1 提供規格或標準的符合性聲明時，實驗室應文件化所採用的決定規則，考量所採用的決定規則其相關風險等級（例如：錯誤接受、錯誤拒絕及統計假設），並應用此決定規則。

備考：當決定規則由顧客、法規或標準文件規範時，無必要再進一步考量風險等級。

7.8.6.2 實驗室在報告符合性聲明時，聲明應清楚識別：

(a) 符合性聲明適用那些結果；

(b) 滿足或不滿足那些規格、標準或其中部份；

(c) 使用的決定規則（除非所需求的規範或標準中已包含）。

備考：進一步資訊請參照ISO/IEC Guide 98-4。

符合性聲明檢驗注意事項

- 商品檢驗標識：「圖式+D字軌+指定代碼之商品安全標章」（D表示聲明Declare）

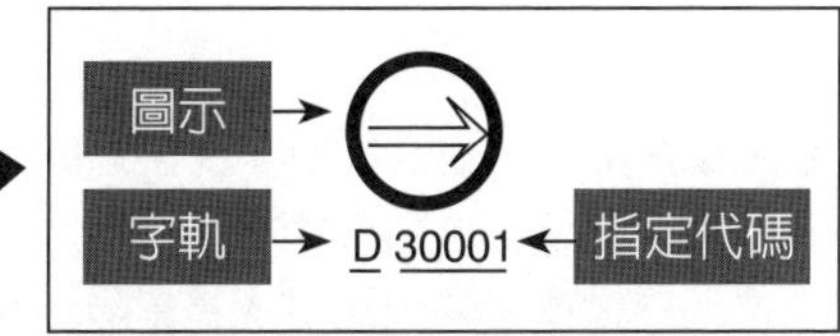

- 檢定設備：標準法碼、電子台秤
- 廠商需保存的相關申請資料包含：
  1. 貼附「符合性聲明檢驗標識」的商品測試報告
  2. 相關技術文件
  3. 符合性聲明書
- 註：相關檔案需保存至該商品停止生產或停止輸入後五年。

資料來源：https://www.bsmi.gov.tw/

決策規則概念說明

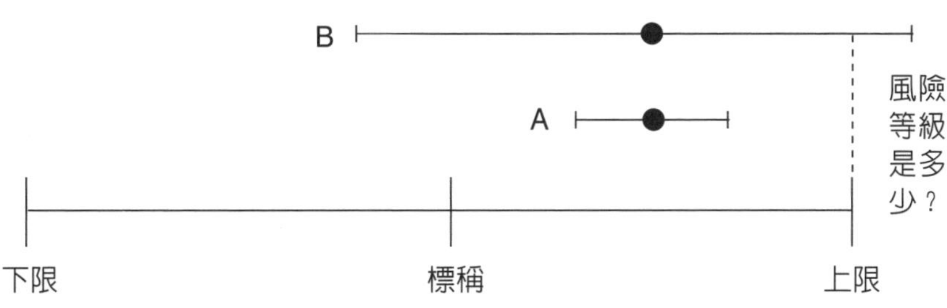

說明：

每個測量值都有一個相關的測量不確定度。上圖顯示了兩個相同的測量值，但具有不同的測量不確定度。較低結果（情況A）中的擴展測量不確定度完全在公差範圍內。上面的結果（情況B）具有明顯更大的測量不確定性。測量不確定度反映了實際測量值可能出現的範圍，由於較大的測量不確定性和超出上限的測量不確定性，在情況B中錯誤接受結果的風險更高。

在將測量值聲明為在規格範圍內之前，必須使用上述決策規則考慮測量的不確定性。

Unit 7-21 結果的報告(8)

商品檢驗法中，第5章**符合性聲明**第43條報驗義務人應備置技術文件，以確認商品符合檢驗標準，並據以簽具符合性聲明書。技術文件及符合性聲明書應符合之事項及包含之要件，由標準檢驗局依商品種類公告之。經標準檢驗局認定危害風險性高之商品，其報驗義務人爲符合性聲明時，應依規定辦理登記後，始生效力。適用符合性聲明商品，其檢驗標準修正時，標準檢驗局爲安全、衛生、環境保護、資源利用效率或其他公益之目的，得公告通知報驗義務人限期依修正後檢驗標準，重新聲明其符合性。第44條適用符合性聲明之商品，其試驗應向標準檢驗局或其認可之指定試驗室辦理。商品係由模組化零組件組裝者，如其模組化零組件均爲應施檢驗商品且已符合檢驗規定，標準檢驗局得准予該組裝完成之商品免經前項試驗。

實驗室服務從接受委託開始到發出報告爲止，實驗室測試或校正服務的流程中包括了受理申請、取樣或收樣、試樣存放與保護、備樣、測試或校正、記錄量測數據、計算測試或校正結果以及審查測試或校正報告等多項工作。針對確認客戶需求、收樣或取樣以及審核測試或校正報告這些工作，ISO 17025：2017在7.1需求、標單及合約的審查、7.3抽樣、7.4測試或校正件或校正件的處理、7.8結果的報告等各條文要點中，分別都有明確的規定與要求。

列舉國內冰水機組製造公司所附屬的冰水機組測試實驗室而言，實驗室品質系統之建置目的是提供公司內部執行冰水機組產品性能驗證；對外部顧客而言，則提供專業測試技術服務，使顧客滿意之產品性能測試服務。國內冰水機組製造廠大部份都先取得ISO 9000系列之品質系統認證，此項品質系統是針對冰水機製造廠整體及各部門做一共通性之規範要求，除此之外，現行冰水機組測試實驗室的品質系統以TAF認證爲主。

ISO 17025：2017條文7.8

7.8.7 報告意見與解釋

7.8.7.1 當表達意見與解釋時，實驗室應確保僅有已授權者才能發佈意見與解釋。實驗室應將提出意見與解釋的依據予以文件化。

備考：重要的是區分意見與解釋，其與ISO/IEC 17020及ISO/IEC 17065所指的檢驗與產品驗證，以及其與7.8.6所述之符合性聲明間的差異。

7.8.7.2 於報告中表達的意見與解釋，應來自試驗件或校正件所獲得的結果，而且應清楚識別。

7.8.7.3 當意見與解釋係藉由與顧客直接溝通的對話時，應保存對話的紀錄。

報告意見與解釋做法及要求

報告基本依據 7.8.7.1	實驗室必須管理	不同於檢查聲明	顧客進行溝通的對話	ISO/IEC 17020 檢驗	ISO/IEC 17065 產品驗證	ISO/IEC 17025 第7.8.6
意見	限制對有能力的人發表意見	產品認證	交流紀錄必須成為保存的實驗室紀錄的文件化（例如電話、電子郵件、LINE等）	合格評定：對各類執行檢驗機構的操作要求	合格評定：對產品、流程和服務認證機構的要求	符合性報告
解釋	發表意見和解釋的授權 6.2.6b	報告符合性決定				ISO/IEC 17025第7.8.67.2 試驗件或校正件所得結果，應清楚識別

規定規則（Decision Rule）

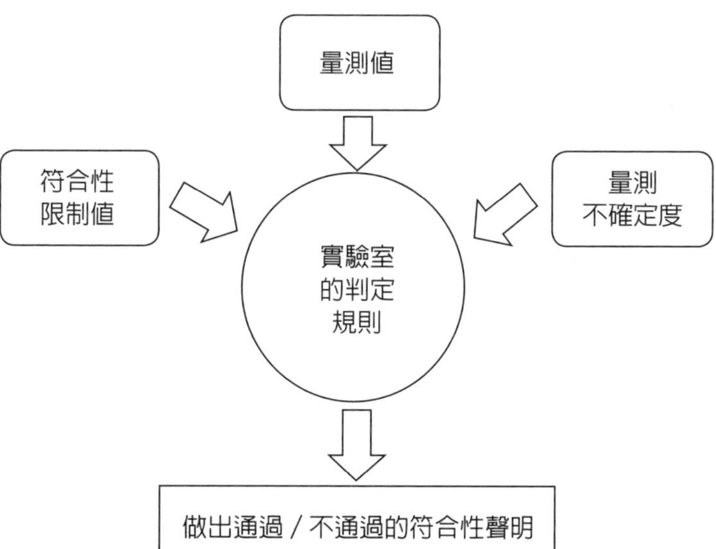

簡單接受（Simple acceptance）判定規則

ISO/IEC Guide 98-4

簡單接受（Simple acceptance）
規定規則

Upper limit D+

D

d

Lower limit D-

■：量測值
d：量測不確定度範圍（K=2）
D：允收區間範圍

量測值必須要在D+與D-之間才能判斷為符合。量測行為的擴充不確定度，必須小於允收區間的三分之一（d<D/3），或與客戶溝通其範圍

ISO/IEC Guide 115

（Accuracy method）判定規則
以降低量測不確定度

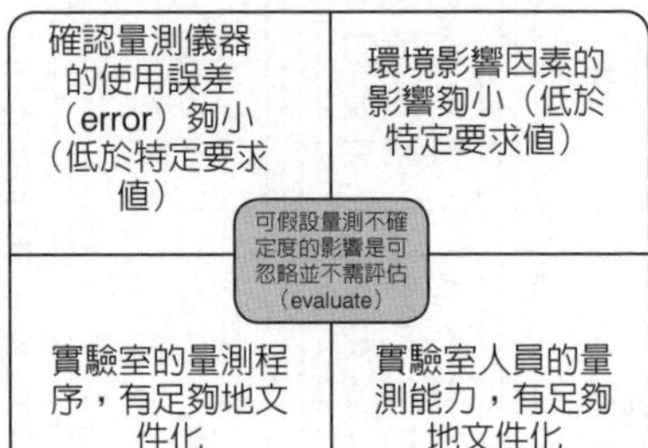

簡單接受判定規則的類型有很多種，實驗室須依風險程度，在嚴格與寬鬆之間，選擇適當的判定規則並與顧客取得共識

保護帶（Guard bands）判定規則

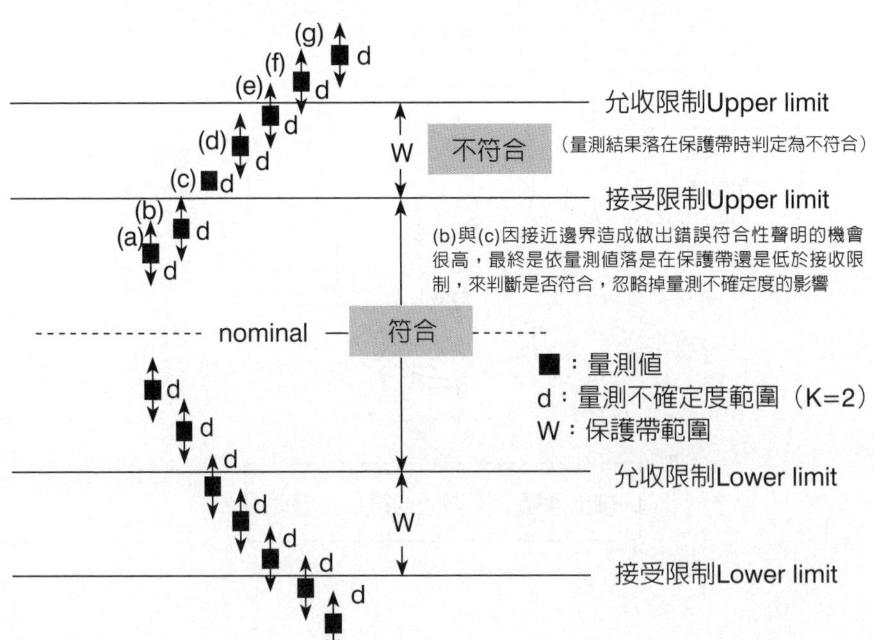

Unit 7-22 結果的報告(9)

個案研究美商通用檢驗科技（GSL LAB）2011於台灣成立公司，是目前國內檢驗公司中少數橫跨土木、測試及安全檢驗機構領域的第三方公正檢驗機構，GSL自2011年成立至今，秉持嚴謹的品質規範，專業服務屢屢獲得國內外認可，爲台灣各主管機關政府公告之認證實驗室，亦是國內同時符合ISO 17025：2017及ISO/IEC 17020國際標準認證的專業實驗室，其檢驗報告可與亞太認證合作組織（APAC）相互認可，與國際實驗室認證聯盟（ILAC）接軌。

其中試驗條款，公告委託者經GSL報價並簽名回傳後，塡妥試驗委託申請書粗框內之內容及提供報告所需之資訊，並提供足夠之樣品及試驗委託申請書郵寄或送達GSL，確認前述內容及資訊無誤後，即完成申請程序。若委託者於委外（外包/轉件）試驗申請書或試驗委託申請書轉件欄位簽名，即同意授權予實驗室處理外包/轉件之事宜。預計完成時間及費用（以收件日隔日起計）：(1)普通件：視試驗委託時間排單；(2)速件：優先於普通件排單，依試驗規範流程執行試驗，試驗完成後5天出具報告，試驗費用爲普通件的1.5倍；(3)最速件：優先於速件排單，依試驗規範流程執行試驗，試驗完成後3天出具報告，試驗費用爲普通件的2.2倍；(4)特殊項目及大宗試驗：交件時間及費用另議。特殊狀況時預計完成時間另行通知。委託者若需測試過程照片，請於申請委託時向本公司提出申請並會酌收費用，委託試驗完成後提出申請者恕無法受理。公司試驗樣品於報告出具後保留7天，大量餘樣或大型樣品將退還給委託者。查詢試驗項目及報告進度，請至網址：https://www.gsl-lab.com報告進度查詢區查詢。

其中報告修改或加發，公告委託者對試驗報告有刪除／項目分案或修改資訊等需求時，請於原報告出具後1個月內塡妥顧客確認單提出申請，並將酌收報告修改費用。委託者於報告寄出後，需加印中文及英文副本時，請塡妥顧客確認單提出申請，並將酌收報告修改費用。（參考來源：https://www.gsl-lab.com/list/cate-61059.htm）

ISO 17025：2017條文7.8

7.8.8 修改報告

7.8.8.1 當已發行的報告需要變更、修改或重新發行時，應在報告中清楚識別任何變更的資訊，適當時包括變更的原因。

7.8.8.2 對已發行報告的修改，應僅能以更進一步之文件或資料傳輸形式進行，並包括聲明：「報告修改，序號……（或其他識別）」，或等同形式的文字。這種修改應符合本文件所有要求。

7.8.8.3 當必要發行全新報告時，應具唯一識別，並應包括提及它所取代的原始文件。

出具TAF認可報告型式

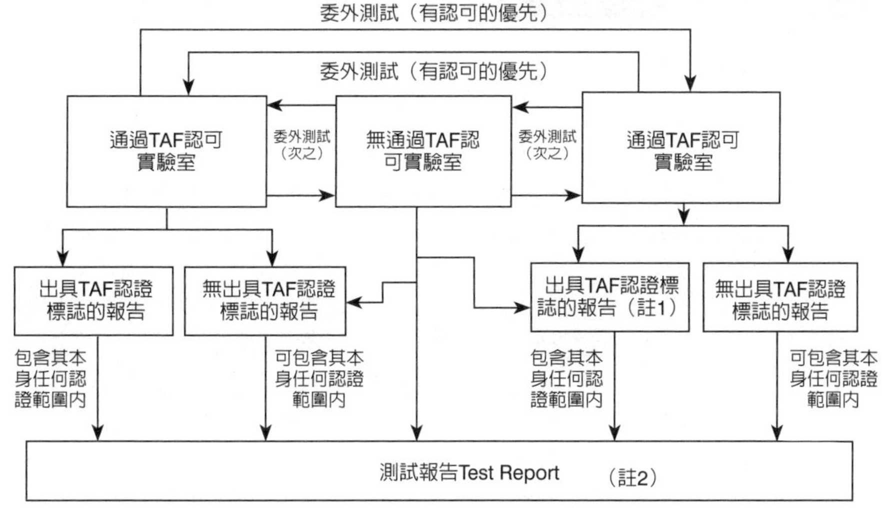

註1：測試報告中說明委託何單位執行測試項目及它是否有包含在認證範圍內，其委託項目應在合約審查項目內告知客戶，其委託測試報告應以任何方式附在測試報告中。

註2：實驗室出具認證標誌的報告應依據「使用認證標誌與宣稱認可要求」（TAF-CNLA-R03）規定，TAF規定認證標誌不得使用於未包含其本身任何認證範圍內之量測／校正結果、檢驗結果、能力試驗報告或參考物質報告（證書）中。

修改報告的做法及要求

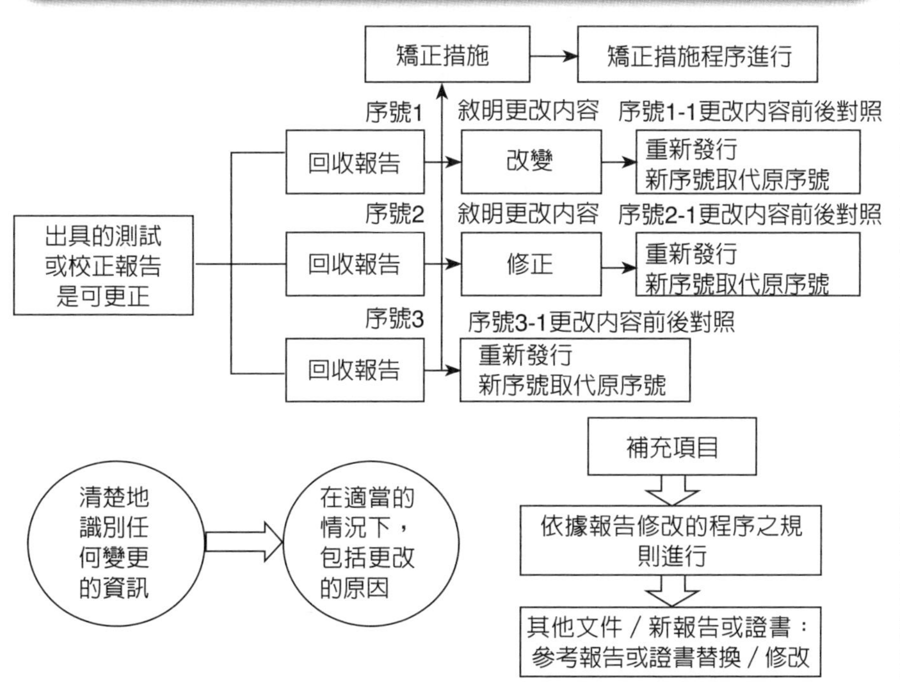

Unit 7-23 抱怨

利害關係者鑑別可依據AA1000 stakeholder engagement standards之六大原則，包含責任、影響力、親近度依賴性、代表性、政策及策略意圖，由社會企業責任CSR委員會評估小組成員及相關代表，依據上述原則確認爲股東及投資者、政府機關、客戶、供應商、員工及社區。

個案研究列舉標竿企業上銀科技在照顧員工與投資者的最大獲利之時，也追求公司永續發展。爲確保企業永續發展之規劃與決策，須與公司所有利害關係人建立透明及有效的多元溝通管道及回應機制，將利害相關人所關注之重大性議題引進企業永續發展策略中，作爲擬定公司社會責任實行政策與相關規劃的參考指標。

個案研究中，聚鼎科技股份有限公司於1998年建立的新竹科學園區內，爲亞洲第一間專業PPTC（高分子正溫度係數）製造公司。公司擁有領先的技術優勢，提供客戶創新的電路保護及熱管理系列產品之解決方案，以確保現今高密度電子產品中的安全性及可靠度。

ISO 17025：2017條文7.9

7.9 抱怨

7.9.1 實驗室應有文件化的過程，以處理抱怨的接收、評估及決定。

7.9.2 在任何利害關係者需求下，應可獲得抱怨處理過程的說明。收到抱怨後，實驗室應確認是否與負責的實驗室活動相關，倘若確實相關，則應進行處理。實驗室應對抱怨處理過程中的所有決定負責。

7.9.3 抱怨處理的過程應至少包括下列要素與方法：

(a) 對抱怨之接收、確認及調查，以及決定採取回應措施的過程說明；

(b) 追蹤與記錄抱怨，包括用於解決抱怨採取的措施；

(c) 確保已採取任何適當措施。

7.9.4 實驗室接收抱怨，應負責蒐集與查證所有必要的資訊以確認抱怨。

7.9.5 當可能時，實驗室應告知已收到抱怨，並提供其處理進程的報告與結果。

7.9.6 傳達給抱怨者的處理結論，應由未涉及實驗室原問題活動的人員產出或審查與同意。

備考：此能由外部人員執行。

7.9.7 當可能時，實驗室在抱怨處理完成後應正式通知給抱怨者。

聚鼎科技利害關係者溝通

對象	關注議題	溝通做法
員工	• 實驗室檢驗能力 • 薪資福利 • 職涯發展 • 職業安全衛生與健康 • 勞資關係	• 檢驗技術能力訓練 • 定期舉行月會、不定期舉行福委會會議／勞資會議、面對面溝通協調問題 • 性騷擾投訴、舞弊或違反從業道德檢舉信箱、保密匿名申訴制度 • HR滿意度調查
客戶	• 客戶服務 • 產品品質／價格 • 客戶關係管理	• 定期內部溝通討論訂單／品質／客戶需求會議、每年進行客戶滿意度調查、定期及不定期拜訪客戶 • 按公司標準程序檢驗並調整產品品質／價格
股東	• 永續發展策略 • 經營績效 • 風險管理	• 每年股東大會 • 於公司網頁及公開資訊公布每月營收／季度及年度財報及營收分布等 • 不定期舉辦法人說明會
供應商	• 綠色供應鏈 • 永續發展策略 • 經營績效 • 供應商評核	• 進料檢驗追溯確證 • 舉辦供應商會議及供應商評核 • 不定期訪查供應商 • 要求外包商／供應商共同遵守電子產業行為規範

如有上述議題或其他議題均可利用以下之信箱聯絡本公司。
另可利用網站上之銷售、股東服務、企業社會責任聯絡進行聯絡。

顧客抱怨的處理程序

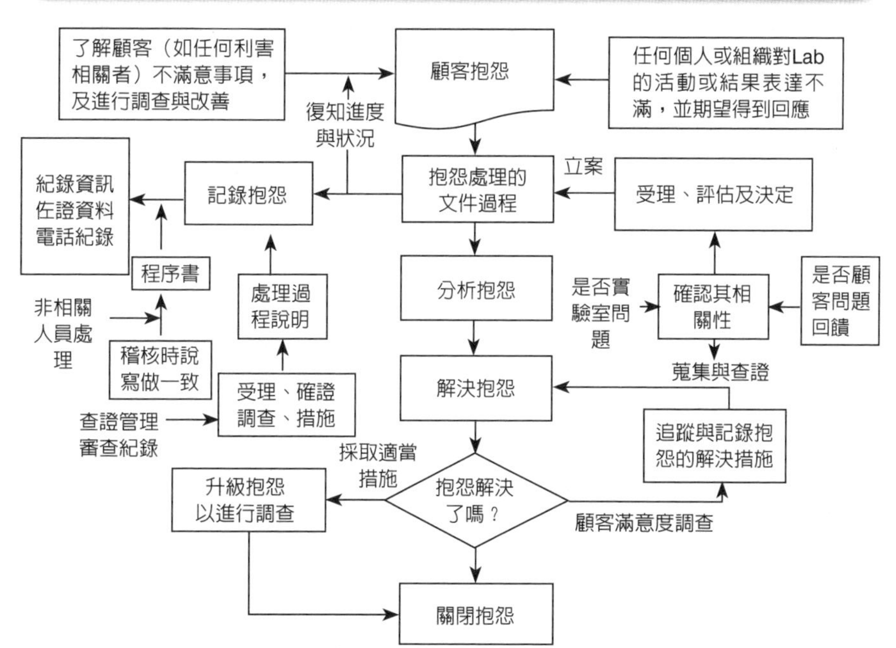

Unit 7-24 不符合工作

實驗室營運相關之業務、作業或活動過程中，發生異常安全管理及監督量測、作業管制、內部稽核與內部控制所發生的事件、不符合程序及法令規定所產生的衝擊，因應適當、迅速處理對策，以防止再發生及確保ISO實驗室／職安衛／品質管理系統處於穩定狀態。

不符合事項，即營運過程中，任一與作業標準、實務操作、程序規定、法令規章、管理系統績效等產生的偏離事件，該偏離可能直接或間接導致人員不安全、產品品質不良、服務不到位、業務或財產損失、環境損壞、預期風險之虞等皆屬之。矯正措施，係針對所發現不符合事項之現象或直接原因所採取防患未然之改善措施。

執行矯正措施，可採行PDCA循環又稱「戴明循環」。Plan（計畫），確定專案方針和目標，確定活動計畫。Do（執行），落實現地去執行，實現計畫中的內容。Check（檢核），查核執行計畫的結果，了解效果爲何及找出問題點。Action（行動），根據檢查的問題點進行改善，將成功的經驗加以水平展開適當擴散、標準化；將產生的問題點加以解決，以免重複發生，尚未解決的問題可再進行下一個 PDCA循環，繼續進行改善。

ISO 17025：2017條文7.10

7.10 不符合工作

7.10.1 當實驗室活動的任何方面或工作結果，不符合其程序或顧客同意的要求（例如：設備或環境條件超出規定界限、監控結果不符合規定的準則）時，實驗室應有程序並予實施。這些程序應確保：

(a) 明定不符合工作的管理責任與授權；
(b) 處理措施（必要時，包括暫停或重複工作以及報告留置）係以實驗室建立的風險等級爲基礎；
(c) 評估不符合工作的嚴重性，包括對先前結果的影響分析；
(d) 對不符合工作的可接受性做決定；
(e) 必要時，通知顧客與召回或取消工作；
(f) 明定授權恢復工作的責任。

7.10.2 實驗室應保存不符合工作與規定於7.10.1(b)至(f)措施的紀錄。

7.10.3 當評估顯示不符合工作可能再發生，或是對實驗室作業與其管理系統之符合性有懷疑時，實驗室應實施矯正措施。

管制不符合程序與顧客要求的作業結果

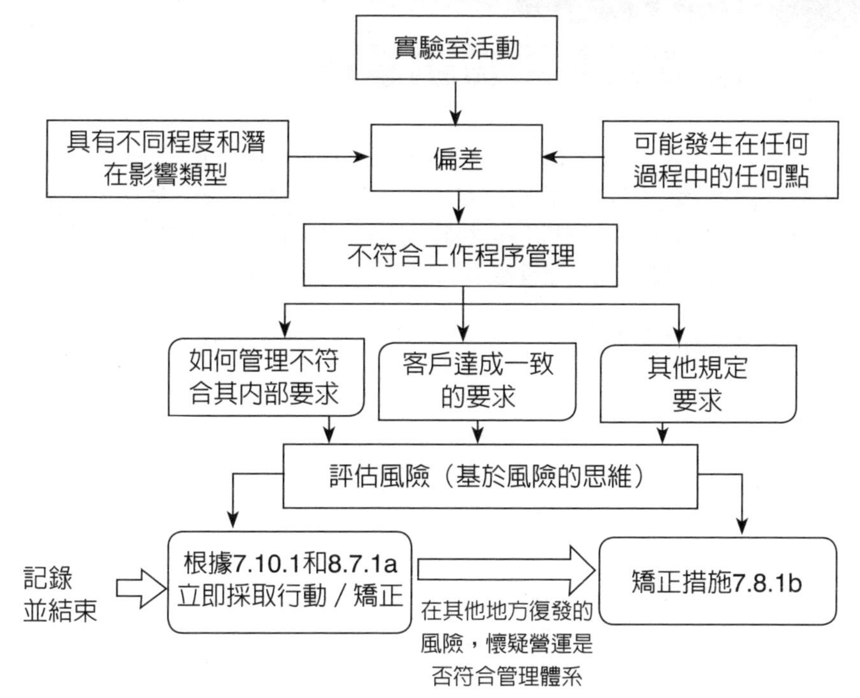

建立及實施不符合工作管制程序

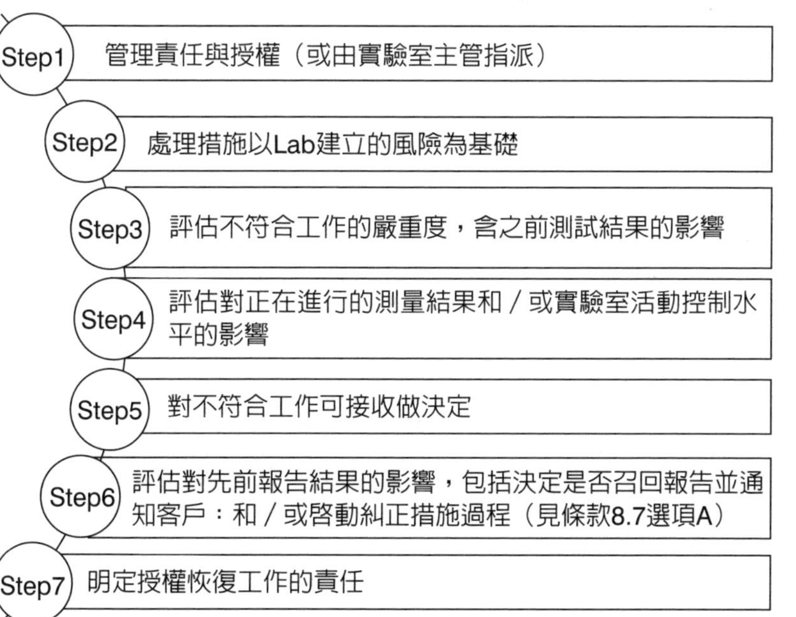

Unit 7-25 數據管制與資訊管理

環境檢測業務雖屬幕僚性質之工作，但科學的檢驗數據卻是環境保護工作重要之基石，舉凡環保政策之釐訂、環保法規訂定、各項防制費之徵收、飲用水品質之確保乃至環境品質及污染源稽查管制工作之執行成效，莫不以具有公信力之環境檢驗數據爲依據，故其準確度之確認尤爲重要。

ISO 17025：2017條文7.11

7.11 數據管制與資訊管理

7.11.1 實驗室應取得執行其活動所需的數據與資訊。

7.11.2 用以收集、處理、紀錄、報告、儲存或擷取數據的實驗室資訊管理系統，在投入使用前，應確認其功能，包括實驗室資訊管理系統內部介面。當系統有任何變更時，包括實驗室軟體配置或對市售商用軟體修改時，在實施前，應已授權、文件化及確認。

備考1：本文件所稱「實驗室資訊管理系統」，包括電腦化與非電腦化系統內的數據與資訊管理。與非電腦化系統相比，某些要求能更適用於電腦化系統。

備考2：常用的市售商用軟體在其設計的應用範圍內使用能予考量已經過充分的確認。

7.11.3 實驗室資訊管理系統應：

(a) 防止未經授權存取；

(b) 安全保護防止竄改或遺失；

(c) 遵照供應商或實驗室規定的環境操作，或對於非電腦化系統，提供安全保護人工紀錄與轉錄準確性的條件；

(d) 以確保數據與資訊完整性的方式予以維持；

(e) 包括系統失效的記錄與其適當的立即與矯正措施。

7.11.4 當實驗室資訊管理系統是由外部場所或由外部供應者加以管理與維持時，實驗室應確保系統提供者或操作者，遵照本文件所有適用的要求。

7.11.5 實驗室應確保資訊管理系統相關之說明、手冊及參考資料，易於人員取閱。

7.11.6 計算與數據轉換應經由適當且系統化的方式查核。

數據管制結果及其有效性

計算與數據之轉換應以系統化方式適當地查核		
由使用者自行開發之電腦程式、試算表或其他軟體，應有詳細之書面化文件，並被適當的驗其適用性	電腦需建立使用者密碼，以保護數據輸入或收集、數據儲存、數據傳輸及數據處理之完整性與機密性	電腦與自動化設備必須經常維護，以確保正常功能，並提供其必要之環境與操作條件，以維持檢測數據之完整性

數據管制與資訊管理系統

實驗室活動所需的數據和相關資訊

實驗室資訊管理系統（LIMS）可以採用多種形式，具體取決於實驗室的規模、範圍和自動化程度（例如，從簡單的紙質記錄到複雜的計算機系統）
在其定義的應用程序中使用的商業軟件系統可以被認為是經過驗證的

蒐集、處理、記錄、報告、儲存或擷取數據的實驗室資訊管理系統，再投入使用前應確證其功能
防止未經授權存取、竄改或遺失

妥善維護數據及完整性，參照供應商或實驗室相關手冊規定，或對於非電腦化系統，提供安全保護人工紀錄與轉錄準確性條件。系統失效的紀錄及適當的立即與矯正措施

實驗室套裝軟體、自訂軟體均應對數據進行確認及數據參數修改的權限紀錄。使用電腦軟體符合資安要求、軟體修改或調整應確認其確效，尤其是運算數據也要查證

個案討論

分組個案中，實驗室有哪些抽樣計畫程序（ISO/CNS/JIS/EN……）？

章節作業

分組個案中實驗室儀器設備治工具，有哪些校正程序？

第8章

管理要求

章節體系架構

Unit 8-1 管理系統要求(1)

實驗室管理規模，視其活動、過程、產品及服務的型態，進行制訂相關文件化程序文件。一般多採用四階層文化方式進行品質管理系統建置，文件化資訊程度，視組織內外過程及過程間交互作用之複雜性、組織人員的適任性。

建置文件程序為使組織所有文件與資料，能迅速且正確的使用及管制，以確保各項文件與資料之適切性與有效性，以避免不適用文件與過時資料被誤用。確保文件與資料之制訂、審查、核准、編號、發行、登錄、分發、修訂、廢止、保管及維護等作業之正確與適當，防止文件與資料被誤用或遺失、毀損，進行有效管理措施。

有關組織文件，用於指導、敘述、索引各類國際標準管理系統，如品質業務或活動，在其過程中被執行、運作者，如品質手冊、程序書、標準書、表單等。

有關組織資料，凡與品質系統有關之公文、簽呈及承攬、合約書、會議紀錄等，均為資料。外來資料如：國家主管機關法令基準、ISO國際標準規範、VSCC或檢測機關所提供之資料及供應商或客戶所提供之圖面，亦屬資料。

有關組織管制文件與資料，需隨時保持最新版之資料，具有制訂、修訂與分發之紀錄，修訂後需重新分發過時與廢止之資料需由文件管制中心依規定註記或經回收並銷毀。例如已製造醫療器材與測試之過期文件，至少在使用壽命內能被取得，自出貨日起至少保存三年。

有關組織非管制文件與資料，凡不屬前述管制文件與資料者皆為非管制文件與資料。

維持（maintain）文件化資訊：如表單文件、書面程序書、品質手冊、品質計畫。

保存（retain）文件化資訊：紀錄、符合要求事項證據所需要之文件、保存的文件化資訊項目、保存期限及其用以保存之方法。

ISO 17025：2017條文8.1選項

8.1 選項

8.1.1 概述實驗室應建立、文件化、實施及維持一套管理系統，其能支持與證明一致性的達到本文件要求，並確保實驗室結果品質。除了滿足第4章至第7章的要求外，實驗室應依據選項A或選項B，實施管理系統。

備考：更多資訊，請參照附錄B。

實驗室文件化流程

權責單位	作業流程	應用表單
各單位部門	文件制定	文件封面 文件履歷
各單位部門	審核 / 核定	文件目錄一覽表
各單位部門	文件編號	
各單位部門	文件發行	
各單位部門	文件紀錄保存 / 歸檔	文件目錄一覽表
稽核小組	稽核與審查	稽核查檢表
各單位部門	文件修訂	文件履歷 文件目錄一覽表
各單位部門	文件廢止	文件履歷 文件目錄一覽表
各單位部門	文件更新歸檔	

Unit 8-2 管理系統要求(2)

實驗室文件化資訊之建立與更新，必要建立版本編訂相關管理辦法，可經由文管中心發行之品質手冊、程序書、標準書及互相關聯之表單，應適切顯示版次編號，原則上除表單外，版本由首頁顯示版次，配合2017版標準條文要求融合ISO 9001：2015品質手冊（通稱一階文件）、程序書（通稱二階文件）統一由A版起。

建立二階程序書架構，大致要點說明包括目的、範圍、參考文件、權責、定義、作業流程或作業內容、相關程序作業文件 、附件表單，章節建立由一、二……依序編排。建立三階作業標準書架構，大致要點說明，標準書之編寫架構由各制訂部門視實際需要自行制定，以能表現該標準書之精神爲主，並易於索引閱讀與了解。

組織負責人應指派適任之文件管制人員成立文件管理中心負責文件管制作業，以管理系統文件之制訂、核准權責與適當儲存保管。

TAF於2016年公告實驗室檢驗機構主管應具備之條件：4.1實驗室／檢驗機構主管應熟悉實驗室／檢驗機構運作，實驗室／檢驗機構主管需能以回答對其提出有關實驗室／檢驗機構運作之實務問題，來展現其熟悉實驗室／檢驗機構運作。4.2實驗室／檢驗機構主管應監督實驗室／檢驗機構滿足本會權利義務規章與認證規範，實驗室／檢驗機構主管需能回答對其提出之相關問題，展現其具備此條件。

醫學實驗室主管另應具備下列條件：4.3.1實驗室主管應滿足ISO 15189：2012 第4.1.1.4節要求，亦應具參與實驗室品質管理與醫學檢驗／檢查相關訓練證明。4.3.2實驗室主管應確保實驗室維持於認可時的品質系統與技術能力水準，並依據檢驗／檢查技術屬性，指派適當報告簽署人。

實驗室／檢驗機構主管之變更：實驗室／檢驗機構主管之認可爲實驗室／檢驗機構獲得認證條件之一，若需變更實驗室／檢驗機構主管時，應由其機構負責人提出新指定人選。

ISO 17025：2017條文8.1管理系統要求

8.1.2 選項A實驗室的管理系統，至少應敘明下列各項：一管理系統文件化（見8.2）；一管理系統文件的管制（見8.3）；一紀錄的管制（見8.4）；一處理風險與機會之措施（見8.5）；一改進（見8.6）；一矯正措施（見8.7）；一內部稽核（見8.8）；一管理審查（見8.9）。

8.1.3 選項B實驗室已依照ISO 9001要求建立與維持一套管理系統，其能支持與證明一致地滿足第4章至第7章要求，也同時至少滿足管理系統要求規定於8.2至8.9之目的。

與ISO 9001連結的做法

ISO 9001		ISO 17025：2017
更加關注監測和評估過程的產品要求和實施要求	共同要求	技術能力要求
管理系統文件 管理系統文件管制 紀錄管制 風險與機會的處理措施 改進 矯正措施 內部稽核 管理審查	選項A 實驗室建立依左列之基本要求 或 選項B 實驗室依據ISO 9001建立左列之基本要求	＋ ISO 17025：2017 Ch4至Ch7的要求

導入風險與機會之概念

導入ISO 9001第6.1節之條文，提出實驗室應將風險評估、分析、處理等導入持續改善的手法，落實於整體管理及技術活動中，以利推動實驗室整體的運作

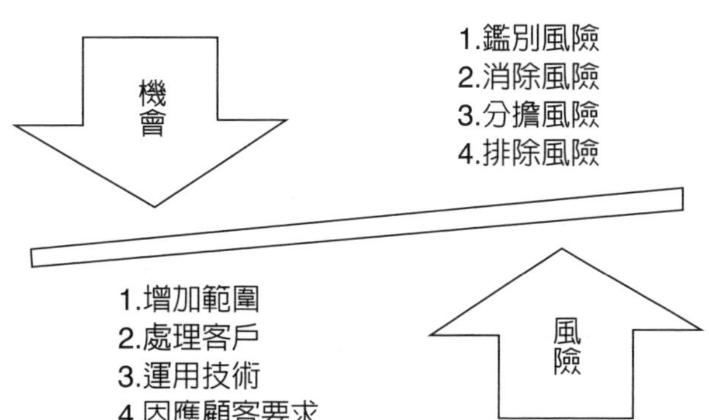

Unit 8-3 管理系統文件化（選項A）

大仁科技大學檢驗中心實驗室之ISO 17025：2017品質政策聲明：

品質承諾

1. 符合法規主管機關（食品藥物管理署）之法律、法規、ISO 17025：2017及TAF規範要求、辦理食品、藥物及環境樣品等檢測工作。
2. 提供專業性之檢測技術、功能完善的儀器設備及最適水準之品質系統，依本中心之檢驗規範，辦理各項檢測服務，以提供顧客信賴之檢測報告。
3. 加強本中心實驗室的檢測技術與持續提升數據品質，使所提供之檢測數據具備法規上可辯護之佐證，爲本中心檢驗品質系統管理的目標。
4. 管理手冊所陳述之政策、目標及規定，凡檢測相關人員均應了解、熟悉及遵守，並據以執行檢測作業。

品質政策

1. 誠實：忠誠於事實，不偏袒、隱瞞、壓制或誇大事實，勇於承擔後果。
2. 準確：精進檢驗能力，力求準確度（accuracy）與精密度（precision）無誤。
3. 效率：積極的工作態度，顧客至上及持續改進之服務態度。

品質目標

實驗室依據品質政策提出品質目標於每年管理審查會議中進行檢討與訂定。

ISO 17025：2017條文8.2管理系統文件化（選項A）

8.2.1 實驗室管理階層應建立文件化及維持達成本文件目的之政策與目標，並應確保該政策與目標在實驗室組織的所有階層得到認知與實施。
8.2.2 政策與目標應敘明實驗室的能力、公正性及一致性運作。
8.2.3 實驗室管理階層應提供承諾發展與實施管理系統、且持續改進其有效性的證據。
8.2.4 滿足本文件要求相關之所有文件、過程、系統、紀錄應予包括、提及或連結至管理系統。
8.2.5 參與實驗室活動的所有人員，應能取得適用其責任的管理系統文件部份與相關資訊。

實驗室組織的管理體系必須達到的要求

對實驗室管理體系實施和持續改進組織有效性的目標和承諾

處理能力、公正性和一致性（例如，可靠性）

識別與實驗室管理系統相關的特定文件（備註：此要求即使在完整管理系統中也能保持實驗室相關文件可被看見）

讓所有相關人員都可以清楚了解文檔的相關部份和相關資訊

包括內部生成的文件以及從組織外部收到的重要文件（例如，參考資料、公布的方法、法規、客戶規範等）

實驗室管理系統的文件檔案建立

定義

確認其組織政策及目標的架構，以確保在整個組織中運作公正性、一致的方法，並滿足持續改進的承諾及證據

文件化資訊由組織控制及維護，可以任何格式、媒體及來源、運作產生的文件及達成結果的證明紀錄

文件將根據組織的規模和複雜程度以及人員的能力而有所不同，依其適任責任取得文件與相關資訊

做法

文件檔案提供了明確的做法，以便獲得有效和可靠的測量結果

滿足ISO 17025：2017之要求事項之文件、過程、系統及紀錄

實驗室管理系統的文件化資訊可以與組織實施的其它資訊管理系統融合。它不必是手冊形式或一系列獨立文件檔案

實驗室管理層

確定需要哪些資訊來控制其組織類型及其實驗室活動

實驗室應建立文件化及承認其實施、維持：管理系統相關過程

實驗室管理體系的有效實施和實驗室績效，而不是複雜的文件化資訊

Unit 8-4 管理系統的文件管制（選項A）

國立清華大學BSL2實驗室生物安全管理手冊中，依據衛生福利部疾病管制署公告「生物安全第一等級至第三等級實驗室安全規範」訂定管理守則，為降低操作RG2病原體及一般生物性毒素過程所產生之風險，請實驗室人員務必熟讀手冊內容，並遵守相關規範辦理。

其適用範圍，BSL-2實驗室適用於可能對人員及環境造成中度危害的病原相關工作。

其實驗室管理與維護

1. 每3個月定期上疾管署「實驗室生物安全管理資訊系統」（網址：https://biosafety.cdc.gov.tw/）更新資料。
   註：將更新資料列印下來，請實驗室負責人簽名後繳交至環安中心。
2. 訂定文件管理制度，文件由專人管理，且保存地點有門禁管制或上鎖，以落實文件保全管理。
3. 於實驗室門口明顯處張貼生物安全資訊，內容包含：
   (1) 生物安全等級。
   (2) 生物危害標識。
   (3) 實驗室主管及實驗室管理人員之姓名和聯絡電話。
   (4) 緊急聯絡窗口。
   (5) 實驗室所在樓層位置平面圖。

ISO 17025：2017條文8.3管理系統的文件管制（選項A）

8.3.1 實驗室應管制滿足本文件相關的內部與外部文件。
備考：在此情況下，「文件」可以是政策聲明、程序、規範、製造商的說明書、校正表、圖表、教科書、海報、通知、備忘錄、圖樣、計畫等。其能為各類媒體型式，如紙本或數位。

8.3.2 實驗室應確保：
(a) 文件的適當性，在發行前由經授權人員核准；
(b) 定期審查文件與，必要時更新；
(c) 文件的變更與最新修訂狀況已加以識別；
(d) 在使用地點可取得適用文件的相關版本，必要時，管制其分發；
(e) 文件有唯一的識別；
(f) 防止失效文件被誤用，且若此等文件為任何目的而保存時，應有適當識別。

實驗室管理系統的關鍵控制措施

文件的適切性及發行前由經授權人員核準

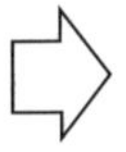

定期審查文件並包含更新

文件最新、變更及修訂的識別

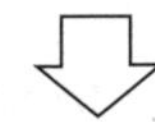

適當地點取得適用文件的相關版本，並應需求管制其分發

唯一的識別

防止失效文件被誤用

文件管制的做法及要求

文件的範圍

- 內部生成的文件
- 組織外部執行實驗室活動文件
- 符合ISO 17025：2017要求所需的文件

文件的型態

- 文檔可以用多種形式，如紙本、數位文件、海報、參考資料、軟體、通信等

條文8.3.1

- 鑑別文件管制的範圍（內部生成文件／外部文件）及型態
- 建立文件管制的做法

條文8.3.2(a)
條文8.3.2(b)
條文8.3.2(c)
條文8.3.2(e)

- 發行前經審查及核準
- 定期審查以達持續符合要求
- 修訂文件的識別
- 文件的識別與管理

條文8.3.2(f)

- 防止失效文件被誤用
- 如果是任何目的保存應標明

條文8.3.2(d)
條文7.2.1.2

- 適當地點取得適用文件的相關版本
- 所有方法、程序及支援文件

Unit 8-5 紀錄的管制（選項A）

個案研究衛福部新營醫院醫事檢驗科品質手冊之紀錄管制內容中揭露：(1)本科應建立及維持程序，以鑑別蒐集、索引、取閱、建檔、管制、儲存、維護與銷毀品質紀錄，包括內部稽核報告、管理審查報告、矯正紀錄、預防措施紀錄及人員訓練紀錄等；(2)本科制訂「紀錄管制作業程序」（SYH-Lab-QP-1301），以管制所有品質與技術系統運作過程中產生之紀錄，品質組長應確保保存環境之適合性，應予以安全保護及保密；(3)品質組長應負責品質與技術紀錄之保存，以利協助量測不確定度之估算，且要方便取閱防止遺漏及損壞，保存期限至少六年；(4)本科使用電子形式保存紀錄時，應依據「紀錄管制作業程序」（SYH-Lab-QP-1301），確保電子資料及備份可適當保存，並防止未經授權者的取閱或修改紀錄內容；(5)本科應依據「紀錄管制作業程序」（SYH-Lab-QP-1301），對於檢驗工作中之原始檢驗值、計算過程、數據理論推導、人員紀錄、校正紀錄、查驗紀錄、檢驗／校正報告等資料，應加以管制並妥善保存；(6)技術紀錄亦包括不確定度評估結果、統計分析結果、能力比對結果、驗證結果、送檢過程、查驗及請驗執行之工作人員等識別資料，以利後來之追溯作業；(7)檢驗報告管制流程，可依據「結果的報告作業程序」（SYH-Lab-QP-2301）之規定辦理，技術紀錄及原始檢驗紀錄依規定應保存至少為六年以上。

個案研究衛福部公告實驗室生物風險管理規範及實施指引中紀錄文件與資料管制補充說明，對於文件與資料管制及紀錄保存過程，設置單位需考量下列要點：(1)檢視文件與資訊需求，考慮文件、資料與紀錄管理相關法律及其他要求；(2)文件與資訊系統明細；(3)針對版本管制與最新版文件日期、或是下次修訂到期日，訂定明確流程；(4)指派資訊文件化與保管的職責，包括維持期限與處置方法；(5)決定採用何種媒介記錄與保存資訊，亦考慮電子保存裝置（文件版本索引、電子紀錄等）；(6)對於電子文件與電子保存系統，需考慮軟體相容性，尤其是進行軟體升級時；(7)決定資料是否需要保全及保全方式；(8)確保僅有需要者才能取得資訊；(9)現有文件內容足以確保生物風險管理方案獲得妥善了解，並在兼具效率與成效下執行。

ISO 17025：2017條文8.4紀錄的管制（選項A）

8.4.1 實驗室應建立與保存清晰的紀錄，以證明滿足本文件要求。

8.4.2 實驗室應對紀錄的識別、儲存、保護、備份、歸檔、檢索、保留時間及清除實施所需的管制。實驗室應保存紀錄，其保存期限應與它的合約與法律義務一致。此等紀錄的取閱，應與保密承諾一致且紀錄應易於取閱。

備考：有關技術紀錄的額外要求已提供於7.5。

實驗室應管制的紀錄

第6章
- 人員能力管理
- 環境監督及管制紀錄
- 能影響實驗室活動的設備
- 外部提供產品與服務

第7章
- 審查的紀錄
- 導入方法前的查驗紀錄
- 方法確認的紀錄
- 抽樣紀錄，當抽樣資料構成測試或校正的一部份時
- 確保結果的效力的監督紀錄
- 已發行報告視為技術紀錄
- 物件紀錄
- 抱怨處理紀錄
- 不符合工作與措施與措施紀錄
- 資訊管理系統失效的紀錄
- 當意見與解釋來自於與顧客直接溝通的對話時，應保存對話的紀錄

第8章
- 顧客的溝通紀錄
- 矯正措施紀錄
- 內部稽核之相關紀錄
- 管理階層審查之相關紀錄

管理風險與機會可能涉及內容

要求並評估所採取措施的有效性
實驗室承諾遵守ISO 17025：2017的所有

實驗室內的每個過程都有可能失敗（風險）
- 控制潛在的流程
- 通過消除活動（如果不需要）來避免風險
- 減少／控制失效的影響
- 加強監測以預測潛在失效
- 根據授權人員的決定保留風險
- 分擔風險
- 接受風險以尋求相關機會
- 改變失敗的可能性

改進（機會）
- 將實驗室活動的範圍擴展到新的測試或校正技術、附加方法、客戶服務等
- 為業務營運投資新技術
- 提高組織的知識
- 滿足客戶或內部需求的任何其他方式
- 達成改進目標
- 強化達成實驗室目的與目標的機會

個案研究衛福部公告實驗室生物風險管理規範及實施指引中紀錄文件與資料管制，管制的文件可包括：(1)風險評鑑、SOP與安全手冊；(2)工作危害分析與職權表；(3)設計紀錄與試運轉／測試計畫、維修方案與紀錄，以及所有相關資料；(4)稽核與查核表；(5)實驗室生物保全手冊與風險評鑑、授權及其他保全文件；(6)訓練紀錄；(7)阻隔設備之驗證；(8)儀器品質管制相關紀錄的文件；(9)庫存管理的收據、儲存、使用、運送和處置；(10)諮詢報告（內部和外部）；(11)意外事件／事故報告及追蹤；(12)醫療與健康監測報告；(13)緊急應變演練報告；(14)管理審查紀錄；(15)不符合事項及後續處理；(16)工作描述。 此份管制的文件清單雖然未臻完善周全，卻納入需正式記錄且採行文件管制措施的部份主要範疇。根據此條文內容的意涵，資料必須結構化進而形成文件。設置單位需建立一套程序，明訂關於文件紀錄的識別、保存、保護、索引、保存期限與銷毀所需的管制措施。亦需建立程序明訂發行或公布文件前，需採取的管制措施，進而確保病原體保存場所的指定冷藏位置等機敏性資訊，不致於不慎流出。此外，設置單位還需建立程序明訂文件審查、更新及再核准，以及變更管制方式與修訂流程等管制措施。

Unit 8-6 處理風險與機會之措施（選項A）

2018年5月中華電信推出499快閃方案，宏華國際表示母公司中華電信，雖促銷方案事出突然，與中華電信為承攬業務關係，當然要對客戶負責。不過他們承諾，全體同仁的延時加班都會加倍發給薪資，所有的加班時間都會計入，由門市主管紙本統一申報，避免由繁忙之同仁自行逐筆於系統申報，發生漏報、晚報或忘了申報情形。

宏華國際針對此事件聲明表示，「善待員工同時維護公司價值」是宏華全體主管之責任，此次499快閃方案造成員工的擔心及社會大眾的誤解，「我們深感抱歉，也希望社會體諒門市員工的辛苦。」

宏華國際表示，他們會全力配合勞檢，但也懇求在此忙碌的情形下，給他們準備勞檢資料的時間，讓他們平安度過此突發事件，更祈使全體同仁平安健康，未來在公司內能有更好的發展。

ISO 17025：2017條文8.5 處理風險與機會之措施（選項A）

8.5.1 實驗室應考量其活動相關的風險與機會，為了：

(a) 對管理系統達成其預期結果給予保證；

(b) 強化達成實驗室目的與目標的機會；

(c) 預防或降低實驗室活動中所不希望的影響與潛在的失敗；

(d) 達成改進。

8.5.2 實驗室應規劃：

(a) 處理此等風險與機會的措施；

(b) 如何：—整合與實施這些措施至其管理系統中； —評估此等措施的有效性。

備考：雖然本文件規定實驗室規劃措施來處理風險，但並不要求採用正式的風險管理方法或文件化風險管理過程。實驗室能決定是否發展比本文件要求更為廣泛的風險管理方法，如經由其他指引或標準的應用。

8.5.3 處理風險與機會所採取的措施，應與實驗室結果有效性的潛在影響成比例。

備考1：處理風險的選項能包括鑑別與避免威脅、為尋求機會承擔風險、消除風險來源、改變可能性或後果、分攤風險、或是根據已知資訊而決定保留風險。

備考2：機會能導引實驗室擴展其活動範圍、因應新顧客、運用新技術及處理顧客需要的其他可能。

化危機為商機

危機發生前

企業應：
1.建立標準作業程序（SOP）
2.投保企業保險
3.加強管理

危機

危機發生後

企業應：
1.採行危機處理
1.1積極性原則
1.2即時性原則
1.3真實性原則
1.4統一性原則
1.5責任性原則
1.6靈活性原則

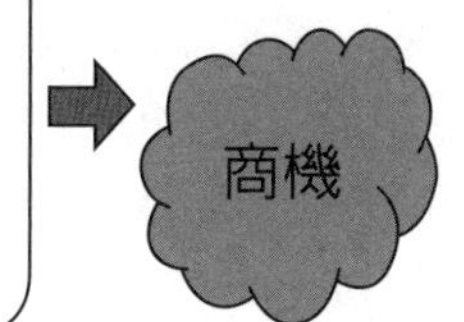

危害鑑別與風險評估之過程考量的要項

項次	危害鑑別實施方法	風險評估應包括
1	制定危害識別和風險評估的方法	不了解組織環境的變化
2	識別危害	未能滿足有關方面的需求和期望
3	在評估危險事件或暴露發生的可能性以及事件或暴露可能造成的傷害或健康不良的嚴重性的基礎上，考慮到現有控制措施的充分性，估算相關的風險水平	工作者的諮詢和參與不足
4	根據組織的法律義務及其職業健康安全目標確定這些風險是否可以接受	規劃或資源分配不足
5	在認為有必要的情況下，確定適當的風險控制措施	無效的審核程序
6	記錄風險評估的結果	不完整的管理審查
7	持續審查危害識別過程	關鍵角色的持續計畫不佳
8	持續審查風險評估過程	高層管理人員參與度低

Unit 8-7 改進（選項A）

選擇流程改進機會並實施必要措施，激勵內化員工對流程管理與品質提升等問題，提出自己創造性的方法去改善。經由公司提案流程及審查基準加以評定，並對被採用者予以表揚的制度。透過提案改善活動過程，尋求創造機會與積極消除危機事件發生，維持適合、充分及有效持續改進提案活動。

符合顧客要求事項並增進顧客滿意度，為使全體員工具有品質提升與意識、問題解決意識及改善意識，以減少不良品並提高品質水準，持續改善確保產品品質，降低成本、達到客戶全面滿意與公司永續經營之目標。

將改進活動潛移默化至企業文化之基石，改善精進措施可學習豐田式生產管理，運用團隊成員本職學能於生產製造中消除浪費與有限資源最佳化的精神，發揚至內部流程管理的所有作業活動。團結圈活動，由工作性質相同或有相關聯的人員，共同組成一個圈，本著自動自發的精神，運用各種改善手法，啓發個人潛能，透過團隊力量，結合群體智慧，群策群力，持續性從事各種問題的改善活動；而能使每一成員有參與感、滿足感、成就感，並體認到工作的意義與目的。

一般創新提案改善流程，提案發想階段，可自組跨部門團隊，激發創新提案構想，有利工作效能提升，可包括新產品的開發、向他部門的提案建議、有關工作場所之作業、安全、環境及品質提升、治工具專利等。提案作業階段，每季檢附創新提案表向總經理室提出申請，收件完成後安排初審作業，複審作業則視提案件數每半年審查一次。審查階段，審查分為初審與複審方式評選。初審委員由部門主管擔任，提案評分表，複審由總經理室，依提案改善之量化效益評估可行性進行審查。初審與複審作業，至少安排提案人員口述或簡報方式依提案內容向審查委員進行提案構想說明。核定作業階段，可採發放獎金或記功獎賞方式，改善提案所需經費由公司全力支援，經提案推動提案成果視效益金額，發放獎勵金於季獎金或年終獎金進行激勵。

ISO 17025：2017條文8.6 改進

8.6.1 實驗室應鑑別與選擇改進的機會，並實施任何必要的措施。

備考：改進的機會能經由操作程序、運用政策、整體目標、稽核結果、矯正措施、管理審查、人員建議、風險評鑑、數據分析及能力試驗結果，這些審查中予以鑑別。

8.6.2 實驗室應從其顧客尋求正面或負面回饋。回饋應加以分析與運用，以改進管理系統、實驗室活動及顧客服務。

備考：回饋類型舉例，包括顧客滿意度調查、和顧客溝通的紀錄與其共同審查的報告。

改進可能來自多種來源

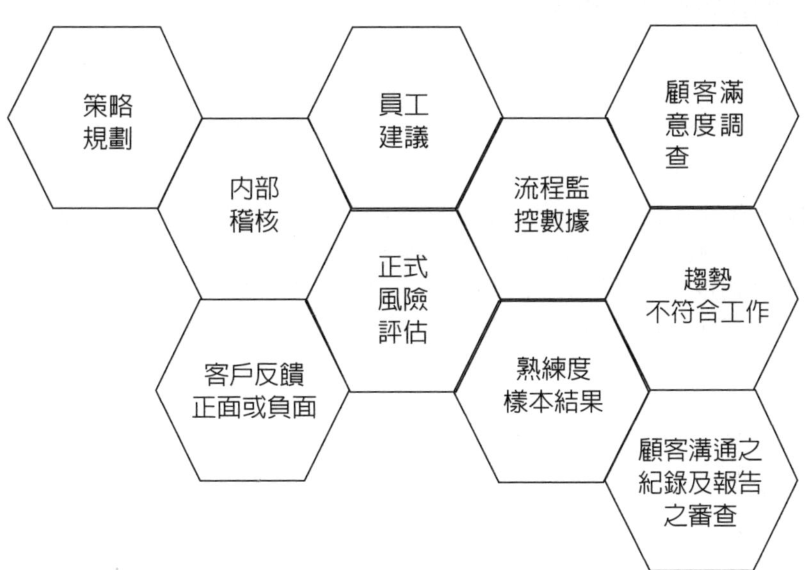

與處理項目相關的流程步驟

項目 → 抽樣（7.3） → 項目準備 → 校正／測試執行 → 項目發布 → 項目

從訂單要求到交付結果的流程步驟

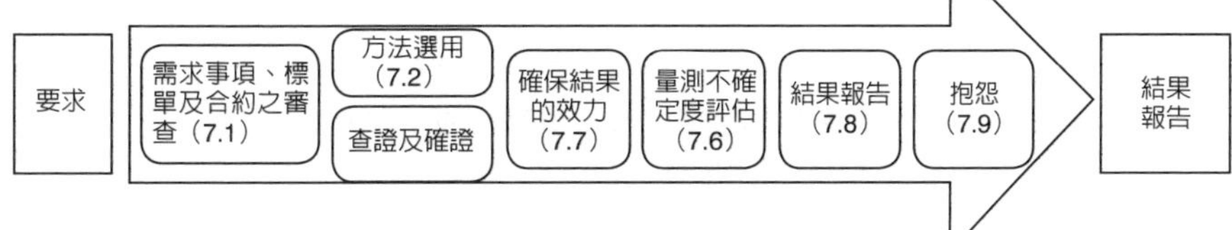

範例：提案改善管制程序

一、目的：

激勵內化員工對實驗室管理、預防職業傷害、安全衛生流程管理與品質提升等問題，提出自己創造性的方法去改善。經由公司提案流程及審查基準加以評定。並對被採用者予以表揚的制度。

透過提案改善活動過程，尋求創造機會與積極消除危機事件發生與實驗室工作環境危害，維持適合、充分及有效持續改進提案活動。

爲使全體員工具有實驗室安全衛生、品質提升與意識、問題解決意識及改善意識，以減少不良品並提高工安與品質水準，持續改善確保安全管理、產品品質，降低成本、達到客戶全面滿意與公司永續經營之目標。

二、範圍：

本公司員工與外部供應商之智動化精實生產、團結圈活動持續改善均屬之。

三、參考文件：

（一）品質手冊

（二）ISO 9001 10.3（2015年版）

（三）ISO 17025：2017 8.6（2017年版）

（四）ISO 45001 10.3（2018年版）

四、權責：

總經理專案室充分規劃與溝通，負責激勵全公司持續改善各項活動措施。

五、定義

精實生產：運用本質學能於生產製造中消除浪費與有限資源最佳化的精神，發揚至內部流程管理的所有作業活動。

團結圈活動：由工作性質相同或有相關連的人員，共同組成一個圈，本著自動自發的精神，運用各種改善手法，啓發個人潛能，透過團隊力量，結合群體智慧，群策群力，持續性從事各種問題的改善活動；而能使每一成員有參與感、滿足感、成就感，並體認到工作的意義與目的。

六、作業流程：略

七、作業內容：

（一）提案發想：自組跨部門團隊，激發創新提案構想，有利工作效能提升，可包括新產品的開發、向他部門的提案建議、有關工作場所之作業、安全、環境及品質提升、治工具專利等。自己的工作職責項目不包括在內。

（二）提案作業：每季檢附創新提案表向總經理室提出申請，收件完成後安排初審作業，複審作業則視提案件數每半年審查一次。

（三）審查作業：審查分爲初審與複審方式評選。初審委員由部門主管擔任，提案評分表，複審由總經理室，依提案改善之量化效益評估可行性進行審查。初審與複審作業，至少安排提案人員口述或簡報方式依提案內容向審查委員進行提案構想說明。

（四）核定作業：可行提案採二階段發放獎金，改善提案所需經費由公司全力支援，經初審複審之可行提案團隊優先發放獎勵金1,000元，經提案推動提案成果視效益金額，發放3%～5%之獎勵金於年終進行激勵。

八、相關程序作業文件：

管理審查程序

知識分享管制程序

矯正再發管制程序

九、附件表單：

1. 創新提案表QP-XX-01
2. 提案評分表QP-XX-02

腦力激盪發想提案參考例：

一、降低成本之改善	二、作業合理之改善
1-1工作流程之簡化	2-1自動化之導入
1-2工作流程之改善與合併	2.2現有設備之改善
1-3包裝合理化	2-3作業方法之改善
1-4過剩品質之消除	2-4流程之改善或變更
1-5呆料的防止及利用	2-5治具之建議與使用
1-6材料、物料之節省	2-6管理方法之改善
三、提升品質之改善	四、增加安全性之改善
3-1不良率之降低	4-1作業員安全性增進
3-2防止不良再發生	4-2產品之安全性改進
3-3產品壽命之延長	4-3設備之安全性及壽命改進
3-4有關品質向上之改善	4-4有關安全性向上之改善
五、環境之改善	六、能源效率之改善
5-1產品之生產環境品質之改善	6-1有效利用能源或節約能源
5-2增進作業員身心健康之環境改善	6-2能源之再利用
5-3作業環境空氣流通性或照明之改善	6-3能源供應形式之改變
5-4公害之防止	6-4其他有關能源效率提高之改善
七、創新之構想	八、專利
7-1新技術開發的構想	8-1組裝治工具
7-2多元化產品的開發	8-2運搬省力裝置
7-3技術、知識、管理方法之資訊化的建議	8-3工作便利性
	8-4實驗檢驗技術程序方法

工　業　有　限　公　司

創新提案表

<table>
<tr><td>單位</td><td></td><td>姓名</td><td></td><td>站別</td><td></td><td>設備NO.</td><td></td></tr>
<tr><td>項目</td><td colspan="7">□安全衛生 □工作簡化 □製程改善 □設備改善 □效率提升 □良率提升
□實驗室</td></tr>
<tr><td>主題</td><td colspan="7"></td></tr>
<tr><td>期間</td><td colspan="7">年　月　日 ～　年　月　日</td></tr>
<tr><td></td><td colspan="7"></td></tr>
<tr><td>費用</td><td colspan="2">元</td><td>效果</td><td colspan="4">金額</td></tr>
</table>

A版　　QP-XX-01

工 業 有 限 公 司

提案評分表　　　　案號：

項目	分項	分數	初評	複評	總評
問題說明（20%）	具體完善，對實施對策做詳細分析	16～20			
	清楚描述，並附佐證資料	11～15			
	原則性而較無內容	6～10			
	交代不清楚	0～5			
改善與創意（30%）	團隊創新並具優異性	26～30			
	創意來自腦力激盪	16～25			
	擴散應用他人改善	6～15			
	一般程度，舉手之勞可完成	0～5			
可行性評估（20%）	難度雖高，極為可行，屬中長期計畫	16～20			
	難度中等，可行，可即時規劃改善	11～15			
	可行但須經過修改	6～10			
	可行性低	0～5			
預期成本效益（30%）	顯著，效益改善50萬以上	26～30			
	不錯，效益改善30～49.9萬	16～25			
	尚可，效益改善10～29.9萬	6～15			
	一般，效益改善10萬以下	0～5			
合計					

	評語	主審	日期
初審			
複審			
總經理	獎勵方式		

□推薦通過提案　　□未推薦，列入嘉獎鼓勵

提案成員：　　　　日期：

（提供附件文件：　　　　）

A版　　　　QP-XX-02

Unit 8-8 矯正措施（選項A）

實驗室營運相關之業務、作業或活動過程中，發生異常實驗室品質管理及監督量測、作業管制、內部稽核與內部控制所發生的事件、不符合程序及法令規定所產生的衝擊，因應適當、迅速處理對策，以防止再發生及確保ISO實驗室／職安衛／品質管理系統處於穩定狀態。

不符合事項，即營運過程中，任一與作業標準、實務操作、程序規定、法令規章、管理系統績效等產生的偏離事件，該偏離可能直接或間接導致人員不安全、產品品質不良、服務不到位、業務或財產損失、環境損壞、預期風險之虞等皆屬之。矯正措施，係針對所發現不符合事項之現象或直接原因所採取防患未然之改善措施。

執行矯正措施，可採行PDCA循環又稱「戴明循環」。Plan（計畫），確定專案方針和目標，確定活動計畫。Do（執行），落實現地去執行，實現計畫中的內容。Check（檢核），查核執行計畫的結果，了解效果爲何，及找出問題點。Action（行動），根據檢查的問題點進行改善，將成功的經驗加以水平展開適當擴散、標準化；將產生的問題點加以解決，以免重複發生，尚未解決的問題可再進行下一個PDCA循環，繼續進行改善。

ISO 17025：2017條文8.7 矯正措施（選項A）

8.7.1 當發生不符合時，實驗室應：(a)對不符合做出反應，於可行時：—採取措施以管制與改正；—處理後果；(b)藉由下列，評估所需措施，以消除不符合原因，避免其再發生或於其他場合發生：—審查與分析不符合；—確定不符合的原因；—確定類似的不符合是否存在或有可能發生；(c)實施任何所需的措施；(d)審查所採取矯正措施的有效性；(e)必要時，更新在規劃期間所確定的風險與機會；(f)必要時，變更管理系統。

8.7.2 矯正措施應適當於所遇之不符合的影響。

8.7.3 實驗室應保存紀錄，作爲以下的證明：(a)不符合的性質、產生原因及後續採取的措施；(b)任何矯正措施的結果。

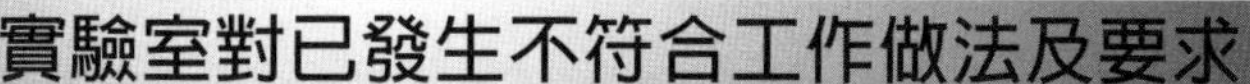

實驗室對已發生不符合工作做法及要求

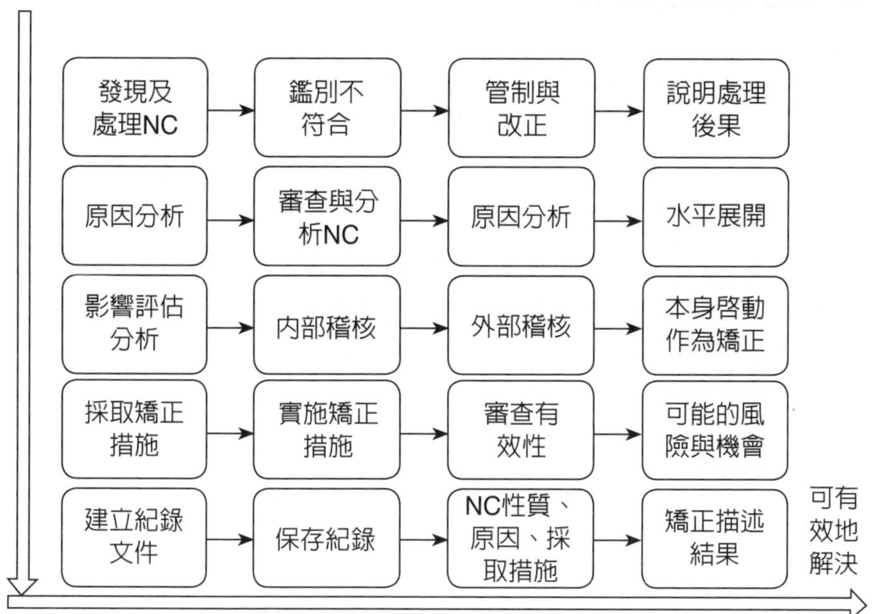

發現及處理NC
鑑別不符合
管制與改正
說明處理後果
原因分析
審查與分析NC
原因分析
水平展開
影響評估分析
內部稽核
外部稽核
本身啓動作為矯正
採取矯正措施
實施矯正措施
審查有效性
可能的風險與機會
建立紀錄文件
保存紀錄
NC性質、原因、採取措施
矯正描述結果
可有效地解決

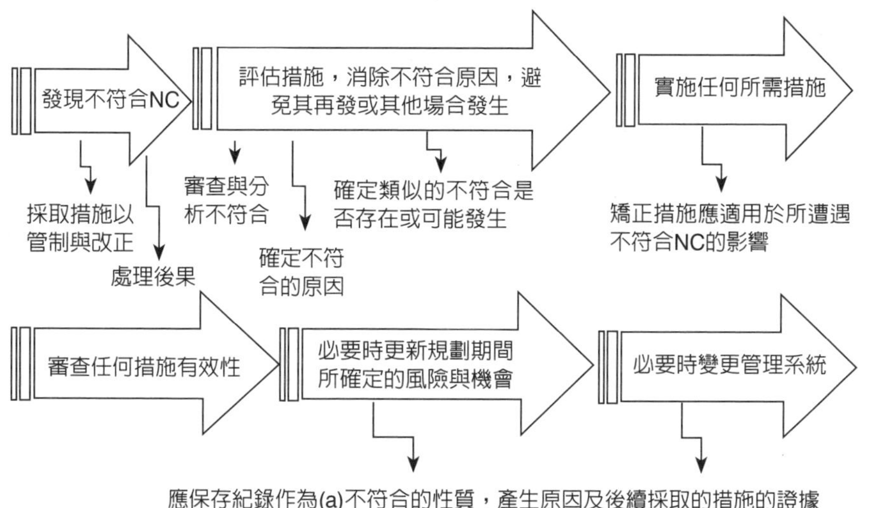

實驗室發生不符合工作時處置
發現不符合NC
評估措施，消除不符合原因，避免其再發或其他場合發生
實施任何所需措施
採取措施以管制與改正
處理後果
審查與分析不符合
確定不符合的原因
確定類似的不符合是否存在或可能發生
矯正措施應適用於所遭遇不符合NC的影響
審查任何措施有效性
必要時更新規劃期間所確定的風險與機會
必要時變更管理系統
應保存紀錄作為(a)不符合的性質，產生原因及後續採取的措施的證據
(b)任何矯正措施的結果證據

範例：矯正再發管制程序

一、目的：

爲防止營運作業過程異常狀況重複發生，需做好預防，提升服務與生產優質產品，對工作環境不安全與不良品之原因提出矯正並具體有效的管制措施，以預防事件再發生，即時因應內部實驗室品質目標／職安衛目標／品質目標達成的機會與可能面臨風險的降低。

二、範圍：

凡本公司各部門，爲達成部門營運目標與政策，可能遭遇到實驗室管理、各項不安全事件與品質異常狀況均皆屬之。各單位所發現工作環境不符合安全衛生、加工組裝製程之品質異常現象之不符合事件及品質制度之缺失。

三、參考文件：

（一）品質手冊

（二）ISO 9001 10.2（2015年版）

（三）ISO 17025：2017 8.7（2017年版）

（四）ISO 45001 10.2（2018年版）

四、權責：

由各部門主管、實驗室人員、職安衛人員及品保檢驗人員判定不合格或不良情況是否執行異常矯正預防再發措施。

五、定義：

（一）矯正：對影響實驗室／職安衛／品質管理系統之缺失所提出的改善方案。

（二）再發：避免可能發生之風險與異常狀況之事前防備。

（三）異常：工作環境不安全或重大不合格，需做矯正，或核計損失金額超過1萬元以上，即屬異常，日常管理由部門主管認定不符合情況需特別矯正處理時，視爲異常。

六、作業流程：略

七、作業內容：

（一）各單位於發現異常狀況時，應塡寫「矯正再發紀錄表」說明異常狀況及分析異常原因，一般不合格之處置依「不合格管制程序」辦理。

（二）問題異常原因及責任明確者，應立即提出矯正措施方案，並記錄於「矯正再發紀錄表」上，並將此方案書面或會議告知各相關部門更正，各部門主管應對其處理經過與成效做評估追蹤，並記錄於「矯正再發紀錄表」上，如改善效果未達要求時，則應重新提出新的方案，必要時進行改善機會評估與風險管理評估，以防止異常狀況再發生。

（三）針對相關文件化資訊發現有潛在異常可能發生時，應塡寫「矯正再發紀錄表」以預先做好再發措施處理。

（四）「矯正再發紀錄表」應在日常管理會議中提出並討論其成效，必要時將重大議案於管理審查會議中進行討論。

八、相關程序作業文件：

不合格管制程序

內部稽核程序

管理審查程序

車輛審驗管制程序

九、附件表單：

矯正再發紀錄表QP-XX-01

矯正再發紀錄表

<table>
<tr><td>主題</td><td colspan="3"></td><td>日期</td><td></td></tr>
<tr><td colspan="6">不良狀況：</td></tr>
<tr><td>單位主管</td><td colspan="2"></td><td>填表人</td><td colspan="2"></td></tr>
<tr><td colspan="6">原因分析：</td></tr>
<tr><td>單位主管</td><td colspan="2"></td><td>填表人</td><td colspan="2"></td></tr>
<tr><td colspan="6">對策及防止再發生：</td></tr>
<tr><td>單位主管</td><td colspan="2"></td><td>填表人</td><td colspan="2"></td></tr>
<tr><td colspan="6">對策後效果確認：</td></tr>
<tr><td>核准</td><td></td><td>審查</td><td></td><td>主辦</td><td></td></tr>
</table>

A版 QP-XX-01

Unit 8-9 內部稽核（選項A）

如何落實標準化，即企業文化中，全體上下員工能充分內化落實日常說寫做一致的有效性與符合性，追求全員品質管理TQM。公司內部稽核作業，大致可分為充分性稽核與符合性稽核。大多公司為落實國際標準管理系統之運作，宣達各部門能確實而有效率之執行，以達成ISO管理系統之要求，並能於營運過程執行中發現品質異常，能即時督導矯正以落實管理系統適切運作。內部稽核作業，可分三大步驟，說明如下：

1. 步驟一、稽核計畫之擬定：由管理代表每年12月前提出「年度稽核計畫表」，每年定期舉行內部品質稽核，由總經理核定後實施。稽核人員資格需由合格之稽核人員擔任之，以實施對全公司各部門實施ISO管理系統稽核。不定期稽核得視需要由管理代表隨時提出，如發生品質異常，視情節可臨時提出後實施。
2. 步驟二、稽核執行：稽核人員於稽核前依ISO 17025：2017/ISO 45001/ISO 9001標準、品質手冊、程序書與作業辦法等進行要求事項稽核，並將稽核填於「稽核查檢表」中，受稽單位主管將稽核不符合原因及矯正措施填寫於「稽核缺失報告表」中。稽核範圍不得稽核自己所承辦之相關業務，參照「受稽核單位與稽核程序書對照表」執行。
3. 步驟三、稽核後之追蹤複查，部門流程文件化連結強弱程度，精實營運流程改進的機會。

ISO 17025：2017條文8.8

8.8.1 實驗室應在規劃的期間執行內部稽核，以提供資訊於管理系統是否：

(a) 符合於：

—實驗室自身的管理系統要求，包括實驗室活動；

—本文件的要求；

(b) 已有效地實施與維持。

8.8.2 實驗室應：

(a) 規劃、建立、實施及維持一套包括頻率、方法、責任、規劃要求及報告的稽核方案，此稽核方案應將有關實驗室活動的重要性、對實驗室有影響的改變，以及先前稽核的結果納入考量；

(b) 明定每次稽核的準則與 範圍；

(c) 確保稽核的結果已向相關的管理階層報告；

(d) 及時實施適當的改 正與矯正措施；

(e) 保存紀錄以作為實施稽核方案與稽核結果的證據。

備考：ISO 19011提供內部稽核指引。

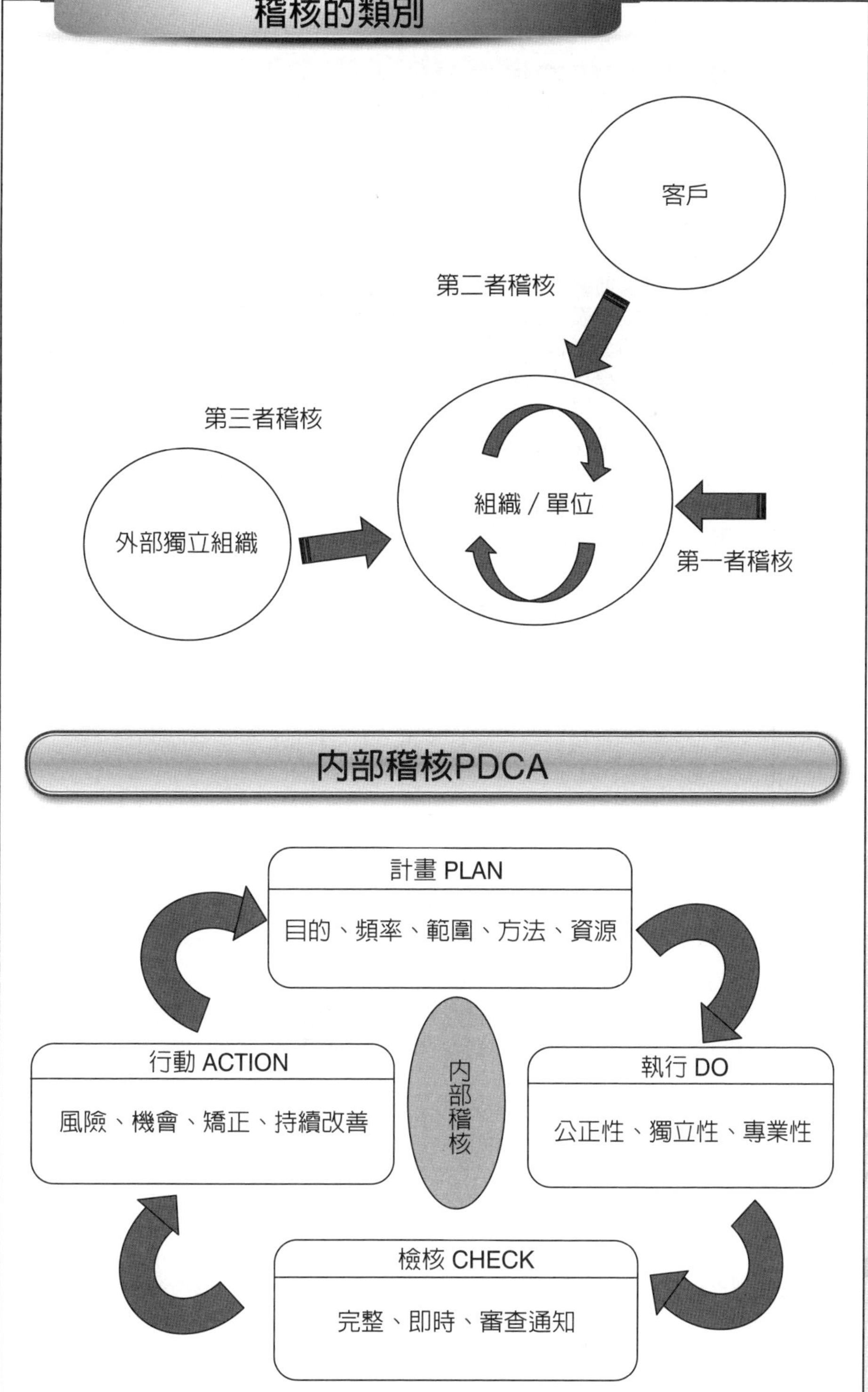
稽核的類別
客戶
第二者稽核
第三者稽核
外部獨立組織
組織／單位
第一者稽核
內部稽核PDCA
計畫 PLAN
目的、頻率、範圍、方法、資源
執行 DO
公正性、獨立性、專業性
檢核 CHECK
完整、即時、審查通知
行動 ACTION
風險、機會、矯正、持續改善
內部稽核

實驗室品質稽核之執行程序

稽核規劃
- 擬訂實驗室稽核計畫
- 通知接受實驗室稽核之單位與人員

稽核準備
- 確定、取得並審查所有與稽核實驗室相關之文件
- 編寫稽核檢查表（ISO 17025：2017要求、管理系統在實驗室要求）
- 與被稽核者協議實驗室稽核時程
- 召開實驗室稽核協調會

執行稽核
- 召開實驗室稽核前會議
- 展開實驗室稽核作業
- 填寫實驗室改正行動通知書
- 實驗室稽核後會議

撰寫報告
- 以書面報告說明實驗室稽核之基本資料、實驗室稽核發現與改正行動通知等相關資訊

追蹤查證
- 確定實驗室稽核缺失已確實改善，並已採取防止缺失重複發生的行動

實驗室稽核檢查表範例

稽核項目	確認內容	稽核發現
1.實驗室儀器設備是否有最新版本使用操作說明書	查核實驗室儀器設備操作程序是否為最新版？	
2.實驗室設備有缺陷停止作業時，是否有清楚標記與適當儲存	查核異常實驗室設備是否清楚標示？及適當隔離，以防止誤用？	
3.實驗室儀器設備是否識別及紀錄	查核實驗室儀器設備清單紀錄與儀器設備管理表是否符合？	
4.實驗室設備是否有校正紀錄、校正標示、編碼或識別	查核實驗室設備之校正標籤標示是否符合？查核實驗室儀器設備定期校正計畫表是否依計畫校正？	
5.實驗室是否建立儀器維修保養紀錄、設備紀錄和儀器表	與實驗室儀器設備校驗維護紀錄表是否符合？查核儀設維修資料卡紀錄是否符合？查核儀器使用紀錄表是否有依規定填寫？	

Unit 8-10 管理審查（選項A）

管理審查程序爲維持公司的ISO管理系統制度，以審查組織內外部品質管理系統活動，以確保持續的適切性、充裕性與有效性，即時因應風險與掌握機會，達到品質改善之目的並與組織策略方向一致。

管理審查程序與執行權責，一般建議由總經理室進行統籌與分工，由總經理主持管理審查會議，並擬定實驗室品質目標與實驗室政策／品質政策。由管理代表召集管理審查會議報告檢討有關的ISO管理系統活動及成效，並執行了解有關組織背景、規劃品質目標與風險機會因應、有效系統性監督量測分析評估專案報告。

適當的管理代表由總經理室專案經理擔任，符合法規適任性要求及確保推動品質管理系統，能確實依ISO 17025：2017/ISO 9001國際標準要求建立、實施，並維持正常之運作。

管理審查程序中，管理代表首要任務是傾聽與溝通。有關建立良性內部溝通機制是非常重要，公司爲確保建立適當溝通過程，原則上不定期視需要召開實驗室檢驗風險危害評估、員工會議做好溝通，員工平時如有意見（表）則可隨時透過相關管道反映或建言，做好內部溝通傳達政策與目標、危害鑑別結果、內部稽核與管理審查，必要時可借重智能科技工具來輔助。

管理審查作業，經由管理審查會議，進行定期檢討品質系統績效的適切性與有效性。一般性管理審查會議，原則上每年定期至少召開一次，管理代表得視需要，召開臨時不定期審查會議。

ISO 17025：2017條文8.9 管理審查（選項A）

8.9.1 實驗室管理階層應在所規劃的期間，審查其管理系統，以確保其持續的適當性、充分性及有效性，包括達成本文件有關的政策聲明與目標。

8.9.2 管理審查的輸入應予記錄，且應包括下列相關資訊：(a)與實驗室相關的內部與外部議題的改變；(b)目標的達成；(c)政策與程序的適當性；(d)先前管理審查採取措施的狀況；(e)近期內部稽核的結果；(f)矯正措施；(g)外部機構的評鑑；(h)工作量與類型或實驗室活動範圍的改變；(i)顧客與人員回饋意見；(j)抱怨；(k)任何已實施改進的有效性；(l)資源的充分性；(m)風險鑑別的結果；(n)保證結果有效性的產出；及(o)其他相關因素，如監控活動與訓練。

8.9.3 管理審查的輸出，至少應記錄與下列有關的所有決定與措施：

(a) 管理系統與其過程的有效性；

(b) 達成與本文件要求相關之實驗室活動的改進；

(c) 所要求資源的提供；

(d) 對於改變的任何需求。

管理審查進行評估方式

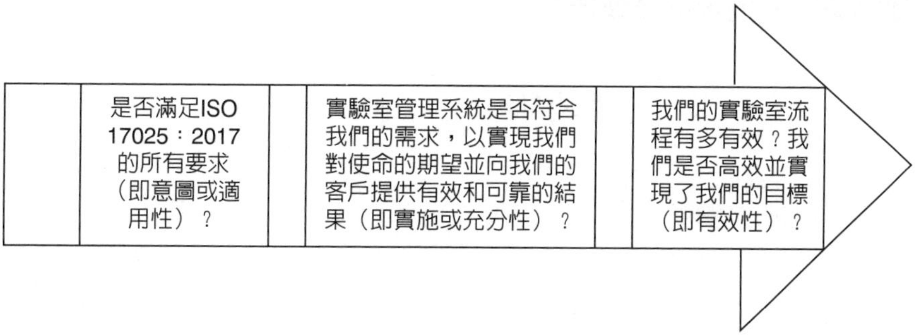

	是否滿足ISO 17025：2017的所有要求（即意圖或適用性）？		實驗室管理系統是否符合我們的需求，以實現我們對使命的期望並向我們的客戶提供有效和可靠的結果（即實施或充分性）？		我們的實驗室流程有多有效？我們是否高效並實現了我們的目標（即有效性）？

管理階層審查內容涵蓋的資訊

管理階層審查投入	管理階層審查產出
• 組織內部和組織外部與實驗室相關的問題發生變化（例如，法規、客戶期望、業務條件、人員配置挑戰等） • 在解決先前管理審查中的行動項目方面取得的進展 • 第三方機構（例如，客戶、監管機構、認證機構等）的評估 • 工作量、工作類型的變化以及實驗室活動的變化（例如，增加、刪除、升級等） • 至少來自員工和客戶的反饋，並且可能包括其他反饋； • 與結果有效性相關的資訊（例如，熟練程度結果、趨勢結果、監測結果等） • 評估先前的改進以驗證有效性 • 評估實驗室活動所需的各類資源 • 實驗室文件的適用性或可用性 • 任何其他值得評估的事情，包括培訓 • 實現實驗室目標的進展 • 風險管理流程 • 內部稽核結果 • 矯正措施學習 • 投訴	必須至少保留以下決定和計畫行動的正式紀錄 • 對管理體系的整體評價和支持管理體系的過程 • 下一個計畫改進的決定 • 確認實現期望和承諾所需的資源 • 關於需要啟動的任何其他更改的決定

管理階層審查的規劃及執行

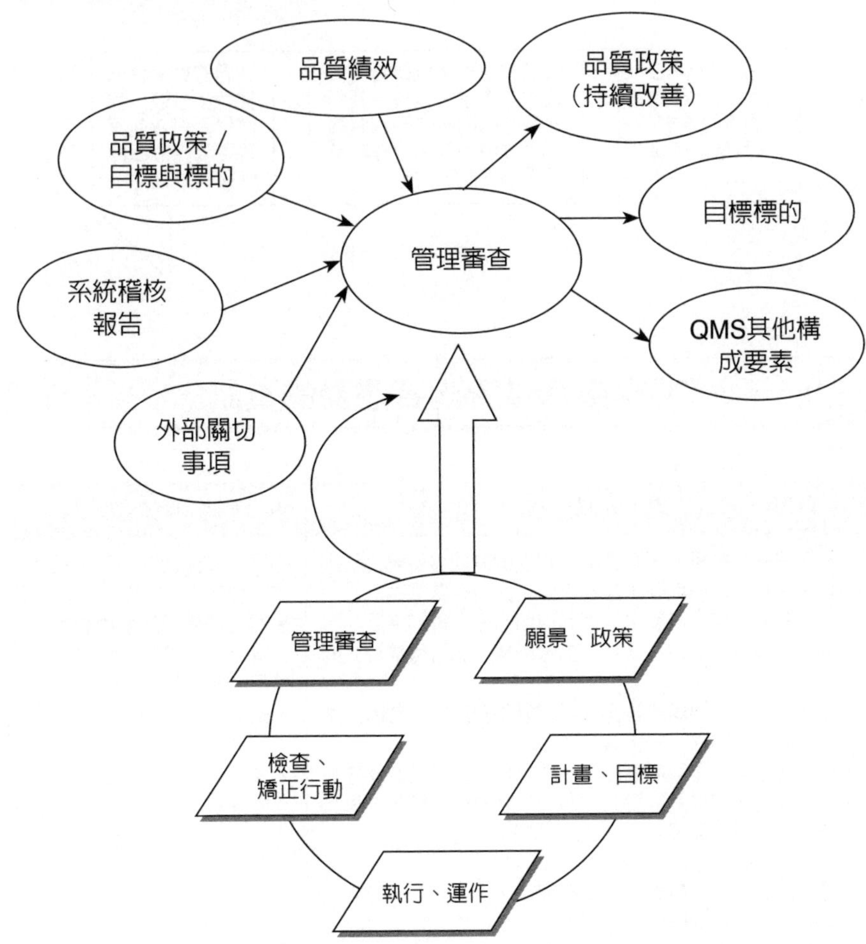

管理審查會議內容列舉如下參考：

1. 顧客滿意度與直接相關利害相關者需求期望之回饋。
2. ISO管理系統目標／品質目標符合程度並審視上次審查會議決議案執行結果。
3. 組織過程績效與產品服務的符合性。
4. 客戶抱怨、不符合事項及相關矯正再發措施。
5. 服務過程、產品之監督及量測結果（如法規、車輛審驗）。
6. 內外部品質稽核結果，影響實驗室品質管理系統的變更。
7. 外部提供者之績效，如客供品、向監管機構的報告。
8. 處理風險及機會所採取措施之有效性。
9. 持續改進之機會，新法規要求。
10. 其他議題（知識分享、提案改善）。

範例：文件化管制程序書

工　業　有　限　公　司

文件修訂紀錄表

文件名稱：文件管制程序　　　　　　　　文件編號：QP-xx

修訂日期	版本	原始內容	修訂後內容	提案者	制訂者
108.01.01	A		制訂		

A版　　　　　　　　　　　　　　　　QP-xx-02

工 業 有 限 公 司

文件類別	程 序 書		頁次	1 / 6
文件名稱	文件管制程序	文件編號	QP-xx	

一、目的：

為使公司所有文件與資料，能迅速且正確的使用及管制，以確保各項文件與資料之適切性與有效性，以避免不適用文件與過時資料被誤用。確保文件與資料之制訂、審查、核准、編號、發行、登錄、分發、修訂、廢止、保管及維護等作業之正確與適當，防止文件與資料被誤用或遺失、毀損，進行有效管理措施。

二、範圍：

凡屬本公司有關國際標準管理系統文件及程序文件與資料皆適用之。

三、參考文件：

（一）品質手冊

（二）ISO 9001：2015_7.5

（三）ISO 17025：2017_8.1

四、權責：

（一）專案負責人應指派適任之文件管制人員成立文件管理中心負責文件管制作業，以管理系統文件之制訂、核准權責與適當儲存保管。

（二）

類　別	制　訂	審　查	核　准	發　行
品質手冊	文管	經理	總經理（管理代表）	文管中心
程序書（標準書）	各部門主辦人	部門主管	總經理	文管中心
表單	各部門主辦人	部門主管	總經理	文管中心

五、定義：

（一）文件：

用於指導、敘述、索引各類國際標準管理系統，如品質業務或活動，在其過程中被執行、運作者，如品質手冊、程序書、標準書、表單等。

（二）資料：

1. 凡與品質系統有關之公文、簽呈及承攬、合約書、會議紀錄等等，均為資料。
2. 外來資料如：國家主管機關、ISO國際標準規範、VSCC或檢測機關所提供之資料及供應商或客戶所提供之圖面，亦屬資料。

（三）管制文件與資料：

需隨時保持最新版之資料，具有制訂、修訂與分發之記錄，修訂後需重新分發過時與廢止之資料需由文件管制中心依規定註記或經回收並銷毀。已製造醫療器材與測試之過期文件，至少在使用壽命內能被取得，自出貨日起至少保存三年。

（四）非管制文件與資料：

凡不屬前述管制文件與資料者皆為非管制文件與資料。

工　業　有　限　公　司

文件類別	程　序　書		頁次	3 / 6
文件名稱	文件管制程序	文件編號	QP-xx	

（五）品質手冊：

乃本公司國際標準管理系統，如品質管理系統與品質一致性之政策說明，實施品質制度與落實政策，如品質政策與環境政策，最基本的指導文件。

（六）程序書：

品質手冊中，管理重點所引用之下一階文件的內容說明，為品質系統要項所含之各項程序的管理運作指導。各單位作業過程中，為確保操作品質與高效率的作業標準所依據的詳細指導文件，如作業標準書等。

（七）表單：品質系統中各項程序書、標準書所衍生之各種表單。

六、作業內容：

（一）品質系統文件編號原則：

1. 品質手冊編號---QM-01
2. 程序書編號-----QP-ΔΔ
   QP：代表程序書代碼
   ΔΔ：代表流水號
3. 表單編號----QP-ΔΔ-□
   QP-ΔΔ：代表該對應之程序書代碼
   □：代表表單流水號01～99
   ◇：於表單左下角位置標識版次（A版B版……），以利識別
4. 外來資料編號---**-◎◎◎
   **：代表收錄年度（中華民國年曆）
   ◎◎◎：代表收錄流水

（二）版本編訂辦法：

經由文管中心發行之品質手冊、程序書、標準書及相衍生之表單，應適切顯示版次編號，原則上除表單外，版本由首頁顯示版次，配合2015版標準條文要求，手冊、程序書統一由A版起。

（三）內部文件系統架構說明：

1. 品質手冊各章架構，依ISO 9001：2015版條款對應。
2. 程序書架構說明：目的、範圍、參考文件、權責、定義、作業流程或作業內容、相關程序作業文件、附件表單，由一、二……依序編排。作業標準書架構說明：標準書之編寫架構由各制訂部門視實際需要自行制定，以能表現該標準書之精神為主，並易於閱讀與了解。

（四）文件編訂：

1. 依國際品質標準要求，責成有關部門制訂各種程序書、標準書。
2. 製定之文件由權責人員審查、核定。
3. 經核定後之文件，由總經理室文管中心編號。

工 業 有 限 公 司

文件類別	程 序 書		頁次	5 / 6
文件名稱	文件管制程序	文件編號	QP-xx	

（五）文件修訂

1. 文件若要修訂，應提出「文件修訂申請表」，要求研擬修改，並附上原始文件，請審核人員審查、核定，送文管中心作業。
2. 文管中心應將修訂內容載於「文件修訂紀錄表」。
3. 文件修訂後，其版次遞增。
4. 分發修訂時，需將「文件修訂記錄表」及新修訂文件加蓋管制章後，一併分發於原受領單位。
5. 按分發程序辦理分發，必要時，同時收回舊版文件，並於相關表單簽註。

（六）文件之分發（指品質手冊、程序書、標準書）即發文文件，於首頁加蓋「文件管制」章，並請受領單位於文管中心之「文件資料分發，回收簽領紀錄表」上簽收。發行之文件、資料需每張蓋發行章，發行章格式參考如下：紅色發行章

發 行

（七）文件廢止、回收作業：

1. 文件之廢止，得由相關部門提出文件廢止申請，呈原審核單位核定後，由文件管制中心，註記於相關表單上。
2. 因修訂、作廢而回收之文件，文管中心應予銷毀並記錄於「文件資料分發、回收簽領記錄表」之備註欄內。
3. 若版次更新時將舊版文件或蓋作廢章識別。

作 廢

工　業　有　限　公　司

文件類別	程　序　書		頁次	6 / 6
文件名稱	文件管制程序	文件編號	QP-xx	

（八）如有外部單位需要有關文件時，文管中心應於「文件資料分發，回收簽領紀錄表」登錄，並於發出文件上加蓋「僅供參考」，以確實做好相關管制。

1. 因參考性質需要留存的舊版，無效的文件，資料，應於適當位置加蓋「僅供參考」章，以免誤用。
2. 蓋有「僅供參考」章或未加蓋管制文件章或未註記保存期限之文件、記錄僅能作為參考性閱讀，不得據以執行品質活動。

（九）文件遺失、毀損處理：

1. 填「文件資料申請表」，註記原因後，各部門主管核准後，向文管中心提出申請補發。
2. 損毀之文件；應將剩餘頁數繳回文管中心銷毀。
3. 遺失之文件尋獲時，應即繳回文管中心銷毀。

（十）外部文件管制：

凡與品質相關之法規資料如國家標準規範等，均由文管中心管制並登錄於「文件管理彙總表」，並隨時主動向有關單位查詢最新版的資料。

（十一）有關DHF（design history file）醫療輔具器材已開發完成之設計歷史完整紀錄、DMR（device master record）醫療輔具器材主紀錄、DHR（device history record）醫療輔具器材歷史生產紀錄，依「鑑別與追溯管制程序」記錄存查。

七、相關程序作業文件

QP-16 鑑別與追溯管制程序

八、附件表

（一）文件修訂申請表	QP-07-01
（二）文件修訂紀錄表	QP-07-02
（三）文件資料分發，回收簽領紀錄表	QP-07-03
（四）文件資料申請表	QP-07-04
（五）文件管理彙總表	QP-07-05

工 業 有 限 公 司

文件修訂申請表　　　　　　　　　　　　日期：

提出人		提出單位	
文件名稱		文件編號	
提出修訂內容			
備註說明			

核准		審查		申請人	

A版　　　　　　　　　　　　　　QP-xx-01

工　業　有　限　公　司

文件修訂紀錄表

文件名稱：　　　　　　　　　　　　文件編號：

修訂日期	版本	原始內容	修訂後內容	提案者	制訂者

A版　　　　　　　　　　　　　　　　QP-xx-02

工 業 有 限 公 司

文件資料申請表

申請日期：

<table>
<tr><td>申請單位名稱</td><td colspan="5"></td></tr>
<tr><td>申請文件名稱</td><td></td><td>文件編號</td><td></td><td>申請份數</td><td></td></tr>
<tr><td colspan="6">申請原因：</td></tr>
<tr><td colspan="6">審核意見：</td></tr>
</table>

<table>
<tr><td colspan="2">文件管制狀況</td><td colspan="4">□管制文件　□非管制文件</td></tr>
<tr><td>核　　准</td><td></td><td>審　　核</td><td></td><td>申　請　人</td><td></td></tr>
</table>

A版　　QP-xx-04

個案討論

一般管理審查程序書，其目的是爲維持公司的**實驗室**品質管理系統制度，以審查組織內外部**實驗室**品質管理系統活動，以確保持續改善活動的適切性、充裕性與有效性，即時因應風險與掌握機會，達到品質改善之目的並與組織策略方向一致。

選定一個案，請檢視個案之管理審查程序或流程之優缺點說明。

章節作業

年　　月　　日　　　　　內部稽核查檢表

ISO 9001：2015 條文要求	
相關單位	
相關文件	

項次	要求內容	查檢之 相關表單	是	否	證據 （現況符合性 與不一致性描述）	設計變更或 異動單編號
1						
2						
3						
4						
5						
6						
7						
8						

管理代表：　　　　　　　　　　　　　　　　　　　　　稽核員：

附錄 A

計量追溯性

A.1 一般

此附錄提供了計量追溯性的附加資訊，計量追溯性是確保國內與國際間量測結果可比較性的一個重要概念。

A.2 建立計量追溯性

A.2.1 計量追溯性的建立係經由考慮並確保下列項目：

(a) 受測量（measurand；欲量測之量）的規格；
(b) 一個文件化不間斷的校正鏈，可追溯至聲明適當參考基準（包括國家或國際標準、以及固有標準（intrinsic standard））；
(c) 追溯鏈的每個步驟，量測不確定度是依據約定的方法評估；
(d) 追溯鏈的每個步驟係依據適當方法執行，並具有量測結果、以及相關已記錄的量測不確定度；
(e) 在追溯鏈中執行一個或多個步驟的實驗室提供具備技術能力的證據。

A.2.2 將計量追溯性傳遞至實驗室量測結果時，應考量已校正設備的系統量測誤差（有時稱為「偏差」）。目前已有數項機制可用以考量傳遞量測計量追溯性時之系統量測誤差。

A.2.3 有時用以作為傳遞計量追溯性的量測標準，其追溯報告是由某一具有能力之實驗室所提供，而報告資訊僅陳述規格符合性聲明（省略了量測結果與相關不確定度）。此方式由於將規格極限導入為不確定度來源，需取決於：

—運用適當決定規則來建立符合性；
—後續在不確定度估算表（uncertainty budget）以技術上適當方式處理規格極限。

此方式的技術基礎是由聲明規格的符合性以明定量測值的範圍，並預期在特定信賴水準下，眞值可能存在於該量測值的範圍中，此不但考慮了與眞值的任何偏差，也考慮了量測不確定度。

例：利用OIML R 111等級的法碼來校正天平。

A.3 展現計量追溯性

A.3.1 實驗室有責任依本標準建立計量追溯性。符合本標準的實驗室之校正結果可提供計量追溯性。符合ISO 17034之參考物質生產者所提供之驗證參考物質的驗證值，可提供計量追溯性。展現符合本標準的方式甚多，例如取得第三者承認（如認證機構）、由顧客進行外部評鑑或自我評鑑。國際接受的途徑包括，但不限於下面幾項：

(a) 由國家計量機構與指定機構所提供之經適當同儕審查過程之校正與量測能力（CMC）。此同儕審查是在國際度量衡委員會相互承認協議（CIPM MRA）下進行。CIPM MRA所涵蓋之服務項目能在國際度量衡局關鍵比對資料庫（BIPM KCDB）之附錄C中瀏覽，其詳述了各項所列服務之範圍及量測不確定度。
(b) 經過國際實驗室認證聯盟（ILAC）協議或由ILAC承認之區域性協議認證機構認證通過之校正與量測能力（CMC），可展現具備計量追溯性。各認證機構有公開提供其所認證實驗室的範圍。

A.3.2 當需要展現計量追溯鏈的國際可接受性時，國際度量衡局（BIPM）、國際法定計量組織（OIML）、ILAC及ISO針對計量追溯性之聯合聲明，提供了特定指引。

附錄 B

實驗室品質管理系統選項

B.1 隨著管理系統的使用日益增長，確保實驗室能符合ISO 9001：2015及ISO 17025：2017的管理系統運作的需要漸增。因此，ISO 17025：2017提供與實施管理系統有關之要求事項的兩個選項。

B.2 選項A（參考8.1.2）列出了實驗室實施管理系統的最低要求事項，其已納入ISO 9001：2015中與實驗室活動範圍相關的管理體系所有要求事項。因此實驗室符合本標準第4章至第7章，並實施第8章之選項A者，通常也依照ISO 9001：2015的原則。

B.3 選項B（參考8.1.3）允許實驗室依照ISO 9001：2015的要求事項，以支持並展現一致地滿足第4章至第7章要求之作法，建立與維持管理系統。實施第8章的選項B之實驗室，因此也將是依照ISO 9001：2015運作。實驗室管理系統符合ISO 9001：2015的要求事項本身，並無法展現其具有出具技術有效的數據與結果之能力。此能力係藉由符合第4章至第7章之規定來展現。

B.4 此兩個選項的意圖，都是爲達成相同結果，即實施管理系統與符合第4章至第7章之規定。

備考：如同使用ISO 9001：2015及其他管理系統的標準，文件、數據及紀錄是文件化資訊的組成項目。文件的管制涵蓋於第8.3節，紀錄的管制涵蓋於第8.4節與第7.5節，實驗室活動相關數據的管制則涵蓋於第7.11節。

B.5 圖B.1展示了一個實驗室運作過程可能的示意圖之範例，內容如第7章所述。

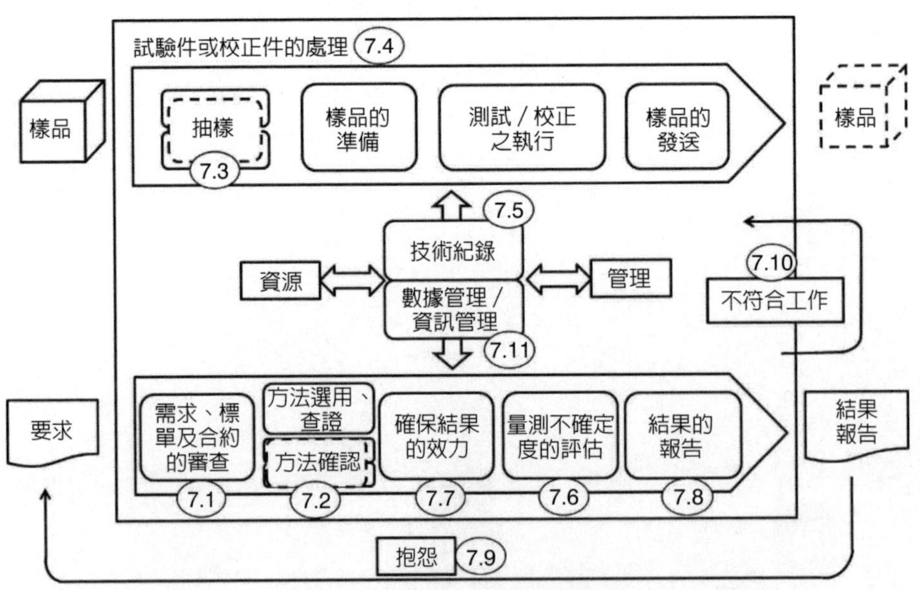

圖B.1 實驗室運作過程可能的示意圖

附錄 1

ISO 17025：2017 與ISO 17025：2005 版本對照表

章節	ISO/IEC 17025：2017	章節	ISO/IEC 17025：2005
1	適用範圍	1	適用範圍
2	引用標準	2	引用標準
3	用語及定義	3	用語及定義
4	一般要求事項	4	管理要求
4.1	公正性	4.1.4, 4.1.5(b), (d)	
4.2	保密	4.1.5(c)	保密
5	架構要求事項	4.1	組織
6	資源要求事項	5	技術要求
6.1	一般	5.1	概述
6.2	人員	5.2	人員
6.3	設施與環境條件	5.3	設施與環境條件
6.4	設備	5.5	設備
6.5	計量追溯性	5.6	量測追溯性
6.6	外部提供的產品與服務	4.6	服務與供應品之採購
7	過程要求事項	5	技術要求
7.1	需求事項、標單及合約之審查	4.4,4.5	要求、標單及合約之審查 試驗與校正之外包
7.2	方法的選用、查證及確證	5.4	試驗與校正方法及方法確認
7.3	抽樣	5.7	抽樣
7.4	試驗件或校正件的處理	5.8	試驗與校正件之處理
7.5	技術紀錄	4.13.2	技術紀錄
7.6	量測不確定度的評估	5.4.6	量測不確定度之估算
7.7	確保結果的效力	5.9	試驗與校正結果品質之保證
7.8	結果的報告	5.10	結果報告
7.9	抱怨	4.8	抱怨
7.10	不符合工作	4.9	不符合測試與（或）校正工作 管制
7.11	數據管制與資訊管理	5.4.7	資料管制
8	管理要求	4	管理要求
8.1	選項		

章節	ISO/IEC 17025：2017	章節	ISO/IEC 17025：2005
8.2	管理系統文件化 （選項A）	4.2	管理系統
8.3	管理系統的文件管制（選項A）	4.3	文件管制
8.4		4.13	紀錄管制
8.5			
8.6		4.10	改進
8.7		4.11, 4.12	矯正措施、預防措施
8.8	內部稽核（選項A）	4.14	內部稽核
8.9	管理階層審查（選項A）	4.15	管理審查

附錄 2

ISO17025：2017 實驗室品質管理系統條文要求

0. 簡介
1. 適用範圍
2. 引用標準
3. 名詞與定義
4. 一般要求事項

4.1 公正性

4.1.1 實驗室活動應公正進行，並藉由架構與管理防護公正性。

4.1.2 實驗室管理階層應承諾達成公正性。

4.1.3 實驗室應對其實驗室活動的公正性負責，且不應允許商業、財務或其他壓力危害到公正性。

4.1.4 實驗室應持續鑑別對其公正性的風險。此等風險應包括來自實驗室活動或實驗室的關係或其人員的關係。此關係不必然使實驗室面臨公正性的風險。

備考：威脅實驗室公正性的關係可能來自於所有權、管轄權、管理階層、人員、共用資源、財務、合約、行銷（品牌），以及給付銷售佣金或介紹新顧客的其他誘因等。

4.1.5 若公正性的風險已被鑑別，實驗室應能展現如何消除此類風險或降低。

4.2 保密

4.2.1 實驗室應透過具法律效力的承諾，負責管理在執行實驗室活動中所獲得或產生的所有資訊。實驗室應事先將預定公開的資訊知會顧客。除了顧客所公開提供或是實驗室與顧客之間達成協議的資訊（如爲了回應抱怨），其他所有資訊都被視爲專屬資訊，且應予以保密。

4.2.2 當實驗室依法律和合約授權的要求揭露機密資訊時，除非法律禁止，所提供的資訊應通知到相關顧客或個人。

4.2.3 從顧客以外來源（如抱怨者、法規主管機關）所獲得關於顧客之資訊，應在顧客與實驗室間加以保密。實驗室應對此類資訊的提供者（來源）加以保密，除非獲得來源同意，不應將其透露給顧客得知。

4.2.4 人員，包括任何委員會成員、合約商、外部機構人員或代表實驗室工作的個人，除法律要求外，均應對在執行實驗室活動中所獲得和產生的所有資訊予以保密。

5. 架構要求事項

5.1 實驗室應是對其所有活動負法律責任之法律主體（如：法人），或是法律主體內已界定的部分。

備考：爲了本標準之目的，政府之實驗室基於其政府的地位被視爲法律主體。

5.2 實驗室應鑑別對實驗室全權負責的管理階層。

5.3 實驗室應界定且文件化符合本標準要求的實驗室活動範圍，並僅針對該範圍內之活動聲明符合本標準，不包括在現有基礎下由外部提供之實驗室活動。

5.4 實驗室活動應以滿足本標準、實驗室顧客、法規主管機關及認可組織之要求事項的方式來執行。此包括在其所有固定設施以外的場所、相關的臨時性或移動性設施或是在顧客之設施所執行的實驗室活動。

5.5 實驗室應：

(a) 界定實驗室的組織與管理架構、其在任何母體組織的位階，以及其與管理、技術運作及支援服務間的關係。

(b) 明定對從事會影響實驗室活動結果的所有管理、執行或查證之工作人員，其責任、授權及相互關係。

(c) 將程序文件化至必要的程度，以確保實驗室活動一致的應用與結果之效力（validity）。

5.6 實驗室應有人員，不考慮其所負的其他責任，具有所需的授權與資源執行其任務，包括：

(a) 實施、維持及改進其管理系統。

(b) 鑑別來自管理系統或執行實驗室活動程序之偏離。

(c) 啓動措施以防範或降低此類偏離。

(d) 向實驗室管理階層報告管理系統實施成效與對於改進的任何需求。

(e) 確保實驗室活動的有效性。

5.7 實驗室管理階層應確保：

(a)就管理系統的有效性與滿足顧客及其他要求事項的重要性進行溝通。

(b)當規劃與實施管理系統變更時，維持管理系統的完整性。

6. 資源要求事項

6.1 一般要求

實驗室應備妥必要的人員、設施、設備、系統及支援服務，以管理與執行實驗室活動。

6.2 人員

6.2.1 對實驗室活動有影響的所有人員，無論內部或外部人員，皆應行事公正，具備適任性且依照實驗室管理系統進行工作。

6.2.2 實驗室應將影響實驗室活動結果的各項職務之適任性要求事項文件化，包括學歷、資格、訓練、技術知識、技能及經驗的要求事項。

6.2.3 實驗室應確保人員具備執行其負責的實驗室活動之適任性，並評估偏離之顯著程度。

6.2.4 實驗室管理階層應對人員傳達其職責、責任及授權。

6.2.5 實驗室應具備下列程序與保存紀錄：

(a)確定適任性的要求事項。(b)人員遴選。(c)人員訓練。(d)人員督導。(e)人員授權。(f)監督人員適任性。

6.2.6 實驗室應授權人員執行特定實驗室活動，包括但不限於：

(a) 方法的開發、修訂、查證及確證。

(b) 結果的分析，包括符合性聲明或意見與解釋。

(c) 結果的報告、審查及授權。

6.3 設施與環境條件

6.3.1 設施與環境條件應適合實驗室活動，且應不會對結果之效力造成不利影響。

備考：對結果之效力的不利影響，能包括但不限於：微生物污染、粉塵、電磁擾動、輻射、濕度、電力供應、溫度、聲音及振動。

6.3.2 執行實驗室活動必要的設施與環境要求事項，應予以文件化。

6.3.3 當相關規格、方法或程序有所要求，或環境條件對結果之效力有影響時，實驗室應監督、管制及記錄環境條件。

6.3.4 用於管制設施之措施應予實施、監督及定期審查，其應包括但不限於：

(a) 影響實驗室活動區域的進出與使用。

(b) 預防實驗室活動遭到污染、干擾或不利影響。

(c) 有效隔離與實驗室活動不相容的區域。

6.3.5 當實驗室在其長期管制以外的場所或設施執行活動時，應確保符合本標準對設施與環境條件的相關要求事項。

6.4 設備

6.4.1 實驗室應取得正確執行實驗室活動所要求與能影響結果的設備（包括但不限於：量測儀器、軟體、量測標準、參考物質、試劑、消耗品或是輔助器具）。

備考1. 參考物質與驗證參考物質存有數種名稱，包括參考標準、校正標準、標準參考物質及品質管制物質。ISO 17034包含對於參考物質生產者的附加資訊。滿足ISO 17034要求事項的參考物質生產者，可被視爲具備能力。由滿足ISO 17034要求事項的參考物質生產者所提供之參考物質，隨附產品資料表/證書，載明指定屬性的均勻性、穩定性與其他特性。至於驗證參考物質，則載明了指定屬性的驗證值，其相關量測不確定度與計量追溯性（metrological traceability）。

備考2. ISO Guide 33提供了選用參考物質的指引。ISO Guide 80則提供製備內部品質管制物質的指引。

6.4.2 當實驗室使用長期管制以外的設備時，應確保滿足本標準對設備之要求事項。

6.4.3 實驗室應有程序以處理、運送、儲存、使用及計畫性維護設備，以確保其正常運作並防止污染或變質。

6.4.4 實驗室應在設備設置使用前或回復使用前，先查證設備符合規定要求事項。

6.4.5 用於執行量測的設備，應能達到有效結果所需的量測準確度及/或量測不確定度。

6.4.6 當有下列情形時，量測設備應予校正：

－量測準確度或量測不確定度影響報告結果之效力時。

－爲建立報告結果之計量追溯性，此設備的校正被要求時。

備考：對報告的結果之效力有影響之設備類型可包括：

－用於直接量測受測量（measuran(d)的設備，例如使用天平來量測質量。

－用於修正量測值的設備，例如溫度量測。

－從多種類的量（multiplequantities）計算而獲得量測結果的設備。

6.4.7 實驗室應建立校正方案，其應予審查與必要的調整，以維持對校正狀態的信心。

6.4.8 所有需要校正或有明定有效期限的設備，應使用標籤、編碼或其他方式予以識別，以利設備使用者能即時地識別出校正狀態或有效期限。

6.4.9 設備受到超負荷或不當處理、顯示可疑結果、已顯示有缺點或超出規定要求時，應予停止服務。這些設備應予隔離以防止誤用，或清楚地用標籤或標誌標明停止服務，直到查證能正確運作爲止。實驗室應查明此缺點或偏離規定要求的影響，並啓動不符合工作程序的管理（見7.10）。

6.4.10 當必要以中間查核來維持對設備性能之信心時，這種查核應根據既定程序來執行。

6.4.11 當校正與參考物質的資料包含參考値或修正係數時，實驗室應確保參考値與修正係數妥善更新與實施，適當時，滿足規定要求。

6.4.12 實驗室應確保採取可行措施，以防止設備經非預期調整而使結果無效。

6.4.13 能影響實驗室活動的設備，應保存其紀錄。當可行時，應包括下列項目：

(a) 設備的識別，包括軟體與韌體版本；

(b) 製造商名稱、型號、及序號或其他唯一識別；

(c) 設備符合規定要求的查證證據；

(d) 目前位置；

(e) 校正日期、校正結果、調整、允收準則、以及下次校正日期或校正週期；

(f) 參考物質、結果、允收準則、相關日期及有效週期的文件；

(g) 與設備性能相關的維護計畫與至今進行之維護作業；

(h) 設備的任何毀損、故障、修改或修理之詳細資訊。

6.5 計量追溯性

6.5.1 實驗室應透過文件化之不間斷的校正鏈，以建立與維持其量測結果的計量追溯性，使量測結果與適當的參考基準相關聯；而鏈的每個環節均對量測不確定度有貢獻。

備考1：在ISO/IEC Guide 99中，計量追溯性被定義爲「量測結果之特性，能透過已文件化不間斷的校正鏈，使量測結果與參考標準有相關聯，而鏈的每個環節均對量測不確定度有貢獻。」

備考2：見附錄A計量追溯性之附加資訊。

6.5.2 實驗室應確保量測結果透過下列方式追溯至國際單位制（SI）：

(a) 由具備能力的實驗室提供的校正；或

備考1：符合本文件要求的實驗室，被視爲具備能力。

(b) 由具備能力的生產機構所提供聲明可追溯至國際單位制（SI）之驗證參考物質的驗證值；或

備考2：符合ISO 17034要求的參考物質生產機構，被視爲具備能力。

(c) SI單位的直接實現由透過直接或間接與國家或國際標準比對予以保證。

備考3：國際單位制手冊（SIbrochur(e)有具體實現部分重要單位定義的細部說明。

6.5.3 當計量追溯在技術上無法追溯至國際單位制（SI）時，實驗室應證明計量追溯性至適當參考基準，例如：

(a) 由具備能力的生產機構提供之驗證參考物質的驗證值；或

(b) 由參考量測程序、規定方法或共識標準取得之結果，經明確描述與接受其量測結果可符合預期用途，並由適當之比對予以確保。

6.6 外部供應的產品與服務

6.6.1 實驗室應確保對實驗室活動有影響之外部供應的產品與服務其適用性後才能使用，當此類產品與服務爲：

(a) 預期納入於實驗室自身活動時；

(b) 經實驗室將外部提供的部分或全部產品與服務直接提供給顧客時；

(c) 經用於支持實驗室運作時。

備考：產品能包括量測標準與設備、輔助設備、消耗性材料及參考物質。服務能涵蓋校正服務、抽樣服務、測試服務、設施與設備維修服務、能力試驗服務、評鑑及稽核服務。

6.6.2 實驗室應有下列程序且保存紀錄：

(a) 明定、審查及核准實驗室對外部供應產品與服務的要求；

(b) 明定對外部供應者的評估、遴選、監控其表現及再評估的準則；

(c) 在使用外部供應產品與服務或將其直接提供給顧客前，確保其符合實驗室已建立的要求，或可行時，符合本文件相關要求；

(d) 依據對外部供應者的評估、表現的監控及再評估的結果，所採取任何措施。

6.6.3 實驗室應與外部供應者傳達其要求：

(a) 提供的產品與服務；

(b) 允收準則；

(c) 能力，包括人員資格的任何要求；

(d) 實驗室或其顧客欲在外部供應者設施內執行的活動。

7. 過程要求

7.1 需求、標單及合約的審查

7.1.1 實驗室應有審查需求、標單及合約的程序。此程序應確保：

(a) 要求已被適當地明定、文件化及瞭解；

(b) 實驗室有能力與資源滿足這些要求；

(c) 當使用外部供應者時，則適用於條文6.6的要求，且實驗室應告知顧客將由外部供應者執行的特定實驗室活動，並取得顧客同意。

備考1：在下列情況下能使用外部提供的實驗室活動

—實驗室具有執行活動的資源與能力，然而，基於非預期的原因而無法執行部分或全部活動時。

—實驗室不具有執行活動之資源或能力。

(d) 選用適當的方法或程序，並能達成顧客要求。

備考2：對於內部或例行的顧客，需求、標單及合約的審查，能採簡化的方式執行。

7.1.2 當認爲顧客需求的方法不合適或已過時，實驗室應通知顧客。

7.1.3 當顧客需求針對試驗或校正結果（例如通過/未通過、允差內/允差外）作出對規格或標準的符合性聲明時，應清楚明定該規格或標準及決定規則。選擇的決定規則，應傳達給顧客與應獲得其同意，除非規格或標準本身已包含決定規則。

備考：關於符合性聲明的進一步指引，請參照ISO/IEC Guide 98-4。

7.1.4 需求或標單與合約間的任何差異，應在實驗室活動開始前解決。每項合約都應得到實驗室與顧客雙方接受。顧客需求的偏離，不應影響實驗室的誠信或結果的有效性。

7.1.5 任何與合約之間的偏離應通知顧客。

7.1.6 工作開始後，如果必須修改合約，應重新進行合約審查，且任何修改應予傳達所有受影響的人員。

7.1.7 實驗室應與顧客或其代表合作，以釐清顧客的需求與其監控實驗室執行相關工作的表現。

備考：此類合作能包括：

(a) 提供合理進出實驗室相關區域，以見證顧客的特定實驗室活動。

(b) 顧客為查證目的所需之物件的準備、包裝及發送。

7.1.8 審查的紀錄，包括任何重大變更，應予保存。關於顧客要求或實驗室活動結果，而與顧客討論的紀錄，皆應予保存。

7.2 方法的選用、查證及確認

7.2.1 方法的選用與查證

7.2.1.1 實驗室應使用適當的方法與程序執行實驗室活動，適當時，應包含量測不確定度的評估與資料分析的統計方法。

備考：本文件使用的「方法」一詞，能予考量與ISO/IEC Guide 99定義之「量測程序」等同。

7.2.1.2 所有方法、程序及支援文件，例如與實驗室活動相關的使用說明、標準、手冊及參考資料，應維持最新版與應易於人員取閱（見條文8.3）。

7.2.1.3 實驗室應確保使用最新有效版本的方法，除非不適當或不可能達成。當必要時，應補充方法應用的額外細節，以確保應用的一致性。

備考：國際的、區域的或國家的標準，或其他公認的規範已包含了如何執行實驗室活動的簡明與充分資訊，並且這些標準能採以實驗室操作人員使用的方式書寫時，能不需再進行補充或改寫為內部程序。但是可能有必要對方法內選擇性步驟或額外細節，提供額外文件。

7.2.1.4 當顧客未指明採用的方法時，實驗室應選擇適當的方法且通知顧客所選用的方法。建議選用國際、區域或國家標準，或是著名技術組織、相關科學書籍或期刊發行的方法，或是設備製造商指定的方法。實驗室開發或修改的方法亦能使用。

7.2.1.5 在導入方法前，實驗室應先查證其能適當地執行方法，以確保能達到所需的成效。查證的紀錄應予保存。方法如經發行機構修訂，應重新執行必要程度的查證。

7.2.1.6 當需要開發方法時，此作業應有已規劃的活動，且應指派具足夠資源與有能力的人員執行。方法開發過程應定期審查，以確認持續滿足顧客需求。開發計畫的任何修改，均應獲得核准與授權。

7.2.1.7 對於實驗室所有活動之方法的偏離，應僅能在該偏離已被文件化、技術評定、授權，並經顧客接受的情況下才採用。

備考：顧客接受的偏離能事前於合約內約定。

7.2.2.1 實驗室應對非標準方法、實驗室開發的方法、超出預期範圍使用的標準方法或其他已修改的標準方法加以確認。確認應盡可能全面，以滿足預期用途或應用領域的需要。

備考1：確認能包括試驗或校正件的抽樣、處理及運輸的程序。

備考2：用於方法確認的技術，能為下列任一種或其組合：

(a)利用參考標準或參考物質來校正或評估偏差與精密度；

(b)對影響結果的因素，進行系統化評鑑；

(c)透過已控制參數（如：培養箱溫度、分注量等）的變更，以測試方法的穩健性；

(d)與其他已確認的方法進行結果的比對；

(e)實驗室間比對；

(f)基於對方法原理的瞭解與執行抽樣或試驗方法之實務經驗，執行結果的量測不確定度評估。

7.2.2.2 當對已確認過的方法進行變更時，應確定這些變更的影響。當發現其影響原有的確認時，應重新執行方法確認。

7.2.2.3 依預期用途評鑑已確認的方法之性能特性時，應與顧客的需求相關且與規定之要求一致。

備考：性能特性，能包括但不限於：量測範圍、準確度、結果的量測不確定度、偵測極限、定量極限、方法的選擇性、線性、重複性或再現性、抵抗外部影響的穩健性、或是抵抗來自樣品或試驗件基質干擾的交叉靈敏度，以及偏差。

7.2.2.4 實驗室應保存下列方法確認的紀錄：

(a) 使用的確認程序；

(b) 要求的規格；

(c) 方法性能特性的確定；

(d) 獲得的結果；

(e) 方法有效性的聲明，包含詳述預期用途的適用性。

7.3 抽樣

7.3.1 當實驗室為後續的測試或校正需對物質、材料或產品進行抽樣時，應具有抽樣計畫與方法。抽樣方法應說明預定控制的因素，以確保後續測試或校正結果的有效性。抽樣計畫與方法應能在執行抽樣的場所取得。只要合理，抽樣計畫應依據適合的統計方法為基礎。

7.3.2 抽樣方法應描述：

(a) 樣品或場所的選擇；

(b) 抽樣計畫；

(c) 從物質、材料或產品所得樣品之準備與處理，以產出後續測試或校正所需的物件。

備考：當實驗室收到樣品後，能依7.4之規範要求進一步處理。

7.3.3 當抽樣資料構成測試或校正的一部分時，實驗室應保存抽樣紀錄。相關時，這些紀錄應包括：

(a) 提及所用的抽樣方法；

(b) 抽樣日期與時間；

(c) 識別與描述樣品的資料（例：編號、數量、名稱）；

(d) 執行抽樣人員識別；

(e) 所用設備的識別；

(f) 環境或運輸條件；

(g) 適當時，以圖示或其他等同方式識別抽樣位置；

(h) 對於抽樣方法與抽樣計畫的偏離、增加或排除。

7.4 試驗件或校正件的處理

7.4.1 實驗室應備有試驗件或校正件的運輸、接收、處理、防護、儲存、保留、清理或歸還的程序，包括保護試驗件或校正件完整性，以及實驗室與顧客利益所有必要條款。應採取預應措施（precautio(n)以避免在處理、運輸、儲存/等候、製備、測試或校正過程中的物件變質、污染、遺失或損壞。應遵守隨物件提供的操作說明。

7.4.2 實驗室應有清晰識別試驗件或校正件的系統。實驗室應在物件保存期間全程維持其識別。識別系統應確保物件不會於實體上、在參照紀錄或其他文件時發生混淆。適當時，此系統應納入單一物件或物件群組的細分類，以及物件的傳遞方式。

7.4.3 收到試驗件或校正件時，與規定條件的偏離應予記錄。當對試驗件或校正件的合適性有懷疑，或當物件與所提供的描述不符合，實驗室應在進行處理前與顧客會商以得到進一步指示，並應記錄會商內容。當顧客知道偏離特定條件，仍要求執行試驗或校正時，實驗室應於報告中加註免責聲明，說明此偏離可能對結果造成影響。

7.4.4 當試驗件或校正件需要存放或限制在特定環境條件中時，這些條件應加以維持、監控及記錄。

7.5 技術紀錄

7.5.1 實驗室應確保各項實驗室活動的技術紀錄，包括結果、報告及足夠的資訊，以利於可能時，鑑別出影響量測結果與其相關的量測不確定度的因素，並確保能夠在盡可能接近原來的條件下，重複此實驗室活動。技術紀錄應包括每項實驗室活動與查核數據與結果的日期與負責人員的識別。原始觀測、數據及計算應在其執行時立即記錄，並應鑑別至特定工作。

7.5.2 實驗室應確保對於技術紀錄的修改，能回溯至前一版本或原始觀測。原始與修改後兩者的數據與檔案均應予保存，包括更改的日期、更改內容的標示及負責更改的人員。

7.6 量測不確定度的評估

7.6.1 實驗室應鑑別量測不確定度的貢獻來源。當評估量測不確定度時，所有顯著不確定度的貢獻，包括源自抽樣的不確定度，都應採用適當的分析方法納入考量。

7.6.2 實驗室執行校正，包括自有設備，應評估所有校正的量測不確定度。

7.6.3 實驗室執行測試，應評估量測不確定度。當試驗方法無法嚴謹評估量測不確定度時，實驗室應依據對試驗方法原理的理解或實際執行經驗來進行估算。

備考1：於某些情況下，當公認的試驗方法已規定量測不確定度主要來源數值的限值，同時規定了計算結果的表達形式，實驗室只要遵照試驗方法與提出報告說明則可被認定符合7.6.3之要求。

備考2：對一特定方法，如果已建立且查證了結果的量測不確定度，實驗室能證明鑑別出關鍵影響因素已予控制，就不需要對每個結果評估量測不確定度。

備考3：進一步的資訊請參照ISO/IEC Guide 98-3、ISO 21748及ISO 5725系列。

7.7 確保結果的有效性

7.7.1 實驗室應有程序以監控結果的有效性。資料結果應以便於偵測其趨勢的方式紀錄，如可行時，應運用統計技術審查結果。此項監控作業應予規劃與審查，適當時，應包括但不限於：

(a) 使用參考物質或品質管制物質；
(b) 使用其他經校正並可提供可追溯結果的替代儀器；
(c) 量測與測試設備的功能查核；
(d) 當可行時，使用具管制圖的查核或工作標準；
(e) 量測設備的中間查核；
(f) 使用相同或不同方法的重複試驗或校正；
(g) 保存的物件再測試或再校正；
(h) 物件不同特性結果的相關性；
(i) 審查已報告的結果；
(j) 實驗室內比對；
(k) 盲樣測試。

7.7.2 當可行與適當時，實驗室應透過與其他實驗室結果的比對來監控其表現。此項監控作業應經規劃與審查，適當時，應包括但不限於以下其一或兩者：

(a) 參加能力試驗；

備考：ISO/IEC 17043包含於能力試驗與能力試驗執行機構的附加資訊。符合ISO/IEC 17043要求的能力試驗執行機構被視爲具備能力。

(b) 參加不是能力試驗的實驗室間比對。

7.7.3 來自於監控活動的數據，應予分析與用於管制，並於可行時，用於改進實驗室的活動。如果發現監控活動資料分析結果超出預定的準則時，應採取適當措施，以防止報告不正確的結果。

7.8 結果的報告

7.8.1.1 結果於發布前應經審查與授權。

7.8.1.2 結果提供通常爲報告的型式，（例如：試驗報告、校正證書或抽樣報告），其應準確、清楚、不混淆及客觀。且結果應包括經顧客同意、結果解釋所必要、及使用方法所要求的所有資訊。所有已發行的報告應視爲技術紀錄予以保存。

備考1：本文件所稱的試驗報告與校正證書，有時可分別稱爲試驗證書與校正報告。

備考2：只要符合本文件要求，報告能採用紙本或電子方式發行。

7.8.1.3 當取得顧客同意時，可採用簡化的方式報告結果。任何列於7.8.2至7.8.7未向顧客報告的資訊應易於取閱。

7.8.2 報告（試驗、校正或抽樣）的共通要求

7.8.2.1 除非實驗室有正當理由不採用外，否則每份報告應至少包括下列資訊，以減少任何誤解或誤用之可能性：

(a) 標題（例如：試驗報告、校正證書或抽樣報告）；

(b) 實驗室的名稱與地址；

(c) 執行實驗室活動的場所，包括在顧客設施或實驗室固有設施以外的場所，或其相關的臨時性或移動性設施；

(d) 唯一識別，包括報告組成內容，以作爲辨識完整報告之一部分與其結束的清晰識別；

(e) 顧客的名稱與聯絡資料；

(f) 使用方法的識別；

(g) 物件的描述、明確識別，必要時，包括其狀態；

(h) 對結果有效性與應用至關重要的試驗件或校正件之收件日期與抽樣的日期；

(i) 實驗室執行活動的日期；

(j) 報告發行的日期；

(k) 如與結果的有效性或應用相關時，實驗室或其他機構所用的抽樣計畫與抽樣方法；

(l) 結果僅對試驗、校正或抽樣的物件相關之有效聲明；

(m) 結果，適當時，具有量測單位；

(n) 對方法的增加、偏離或排除；

(o) 授權報告之人員的識別；

(p) 當結果來自外部供應者時之清楚識別。

備考：報告內包含本報告未經實驗室同意不得複製，惟全文複製除外的特定聲明，能提供部分報告不被分離使用的保證。

7.8.2.2 實驗室應對報告提供的所有資訊負責，惟顧客提供的資訊除外。當數據爲顧客所提供時應清楚識別。此外，當資訊爲顧客所提供且能影響結果有效性時，報告應包括免責聲明。當實驗室未負責抽樣作業時（例如樣品爲顧客提供），應於報告中指出其結果僅適用收取的樣品。

7.8.3 試驗報告的特定要求

7.8.3.1除7.8.2所列要求外，當必要爲試驗結果做解釋時，試驗報告應包括以下：

(a) 特定試驗條件資訊，如環境條件；

(b) 相關時，符合要求或規格的聲明（見7.8.6）；

(c) 可行時，在下列情況下，量測不確定度採用與受測量相同單位的表達方式，或其相對量（如百分比）來表達：
—攸關試驗結果的有效性或應用時；
—顧客的指示如此要求時；或
—量測不確定度影響到規格界限的符合性時；
(d) 適當時，意見與解釋（見7.8.7）；
(e) 特定方法、主管機關、顧客或顧客團體可要求的附加資訊。

7.8.3.2 當實驗室負責抽樣活動，而必要對試驗結果解釋時，試驗報告應滿足7.8.5所列要求。

7.8.4 校正證書的特定要求

7.8.4.1除7.8.2所列出要求外，校正證書應包括以下：
(a) 量測結果的量測不確定度，採與受測量相同單位的表達方式，或其相對量（如百分比）來表達；

備考：根據ISO/IEC Guide 99，量測結果通常採用單一受測量值來表達，包括量測單位與量測不確定度。

(b) 會影響量測結果的校正執行條件（如環境）；
(c) 量測如何達成計量追溯性的聲明（見附錄A）；
(d) 可行時，任何調整或修理前後的結果；
(e) 相關時，符合要求或規格的聲明（見7.8.6）；
(f) 適當時，意見與解釋（見7.8.7）。

7.8.4.2 當實驗室負責抽樣活動，而必要對校正結果解釋時，校正證書應滿足7.8.5所列要求。

7.8.4.3 校正證書或校正標籤應不包含任何校正週期的建議，除非已得到顧客的同意。

7.8.5 報告抽樣的特定要求

當實驗室負責抽樣活動時，而必要對結果做解釋時，除7.8.2所列要求外，抽樣結果報告應包括以下：
(a) 抽樣的日期
(b) 抽樣物件或物質的唯一識別（適當時，包括製造商的名稱、標示的型號或型式、及序號）；
(c) 抽樣場所，包括任何圖示、草圖或照片；
(d) 所提及的抽樣計畫與抽樣方法；
(e) 在抽樣過程影響結果解釋的任何環境條件細節；
(f) 作爲評估後續測試或校正的量測不確定度所需的資訊。

7.8.6 報告符合性聲明

7.8.6.1 提供規格或標準的符合性聲明時，實驗室應文件化所採用的決定規則，考量所採用的決定規則其相關風險等級（例如：錯誤接受、錯誤拒絕及統計假設），並應用此決定規則。

備考：當決定規則由顧客、法規或標準文件規範時，無必要再進一步考量風險等級。

7.8.6.2 實驗室在報告符合性聲明時，聲明應清楚識別：

(a)符合性聲明適用那些結果；

(b)滿足或不滿足那些規格、標準或其中部分；

(c)使用的決定規則（除非所需求的規範或標準中已包含）。

備考：進一步資訊請參照ISO/IEC Guide 98-4。

7.8.7 報告意見與解釋

7.8.7.1 當表達意見與解釋時，實驗室應確保僅有已授權者才能發佈意見與解釋。實驗室應將提出意見與解釋的依據予以文件化。

備考：重要的是區分意見與解釋，其與ISO/IEC 17020及ISO/IEC 17065所指的檢驗與產品驗證，以及其與7.8.6所述之符合性聲明間的差異。

7.8.7.2 於報告中表達的意見與解釋，應來自試驗件或校正件所獲得的結果，而且應清楚識別。

7.8.7.3 當意見與解釋係藉由與顧客直接溝通的對話時，應保存對話的紀錄。

7.8.8 修改報告

7.8.8.1 當已發行的報告需要變更、修改或重新發行時，應在報告中清楚識別任何變更的資訊，適當時包括變更的原因。

7.8.8.2 對已發行報告的修改，應僅能以更進一步之文件或資料傳輸形式進行，並包括聲明：「報告修改，序號…[或其他識別]」，或等同形式的文字。這種修改應符合本文件所有要求。

7.8.8.3 當必要發行全新報告時，應具唯一識別，並應包括提及它所取代的原始文件。

7.9 抱怨

7.9.1 實驗室應有文件化的過程，以處理抱怨的接收、評估及決定。

7.9.2 在任何利害關係者需求下，應可獲得抱怨處理過程的說明。收到抱怨後，實驗室應確認是否與負責的實驗室活動相關，倘若確實相關，則應進行處理。實驗室應對抱怨處理過程中的所有決定負責。

7.9.3 抱怨處理的過程應至少包括下列要素與方法：

(a) 對抱怨之接收、確認及調查，以及決定採取回應措施的過程說明；

(b) 追蹤與記錄抱怨，包括用於解決抱怨採取的措施；

(c) 確保已採取任何適當措施。

7.9.4 實驗室接收抱怨，應負責蒐集與查證所有必要的資訊以確認抱怨。

7.9.5 當可能時，實驗室應告知已收到抱怨，並提供其處理進程的報告與結果。

7.9.6 傳達給抱怨者的處理結論，應由未涉及實驗室原問題活動的人員產出、或審查與同意。

備考：此能由外部人員執行。

7.9.7 當可能時，實驗室在抱怨處理完成後應正式通知給抱怨者。

7.10 不符合工作

7.10.1 當實驗室活動的任何方面或工作結果，不符合其程序或顧客同意的要求（例如：設備或環境條件超出規定界限、監控結果不符合規定的準則）時，實驗室應有程序並予實施。這些程序應確保：

(a) 明定不符合工作的管理責任與授權；

(b) 處理措施（必要時，包括暫停或重複工作以及報告留置）係以實驗室建立的風險等級爲基礎；

(c) 評估不符合工作的嚴重性，包括對先前結果的影響分析；

(d) 對不符合工作的可接受性做決定；

(e) 必要時，通知顧客與召回或取消工作；

(f) 明定授權恢復工作的責任。

7.10.2 實驗室應保存不符合工作與規定於7.10.1(b)至(f)措施的紀錄。

7.10.3 當評估顯示不符合工作可能再發生，或是對實驗室作業與其管理系統之符合性有懷疑時，實驗室應實施矯正措施。

7.11 數據管制與資訊管理

7.11.1 實驗室應取得執行其活動所需的數據與資訊。

7.11.2 用以收集、處理、紀錄、報告、儲存或擷取數據的實驗室資訊管理系統，在投入使用前，應確認其功能，包括實驗室資訊管理系統內部介面。當系統有任何變更時，包括實驗室軟體配置或對市售商用軟體修改時，在實施前，應已授權、文件化及確認。

備考1：本文件所稱「實驗室資訊管理系統」，包括電腦化與非電腦化系統內的數據與資訊管理。與非電腦化系統相比，某些要求能更適用於電腦化系統。

備考2：常用的市售商用軟體在其設計的應用範圍內使用能予考量已經過充分的確認。

7.11.3 實驗室資訊管理系統應：

(a) 防止未經授權存取；

(b) 安全保護防止竄改或遺失；

(c) 遵照供應商或實驗室規定的環境操作，或對於非電腦化系統，提供安全保護人工紀錄與轉錄準確性的條件；

(d) 以確保數據與資訊完整性的方式予以維持；

(e) 包括系統失效的記錄與其適當的立即與矯正措施。

7.11.4 當實驗室資訊管理系統是由外部場所或由外部供應者加以管理與維持時，實驗室應確保系統提供者或操作者，遵照本文件所有適用的要求。

7.11.5 實驗室應確保資訊管理系統相關之說明、手冊及參考資料，易於人員取閱。

7.11.6 計算與數據轉換應經由適當且系統化的方式查核。

8. 管理系統要求

8.1 選項

8.1.1 概述實驗室應建立、文件化、實施及維持一套管理系統，其能支持與證明一致性的達到本文件要求，並確保實驗室結果品質。除了滿足第4章至第7章的要求外，實驗室應依據選項A或選項B，實施管理系統。

備考：更多資訊，請參照附錄B。

8.1.2 選項A實驗室的管理系統，至少應敘明下列各項：一管理系統文件化（見8.2）；一管理系統文件的管制（見8.3）；一紀錄的管制（見8.4）；一處理風險與機會之措施（見8.5）；一改進（見8.6）；一矯正措施（見8.7）；一內部稽核（見8.8）；一管理審查（見8.9）。

8.1.3 選項B實驗室已依照ISO 9001要求建立與維持一套管理系統，其能支持與證明一致地滿足第4章至第7章要求，也同時至少滿足管理系統要求規定於8.2至8.9之目的。

8.2 管理系統文件化（選項A）

8.2.1 實驗室管理階層應建立文件化及維持達成本文件目的之政策與目標，並應確保該政策與目標在實驗室組織的所有階層得到認知與實施。

8.2.2 政策與目標應敘明實驗室的能力、公正性及一致性運作。

8.2.3 實驗室管理階層應提供承諾發展與實施管理系統、且持續改進其有效性的證據。

8.2.4 滿足本文件要求相關之所有文件、過程、系統、紀錄應予包括、提及或連結至管理系統。

8.2.5 參與實驗室活動的所有人員，應能取得適用其責任的管理系統文件部分與相關資訊。

8.3 管理系統的文件管制（選項A）

8.3.1 實驗室應管制滿足本文件相關的內部與外部文件。

備考：在此情況下，「文件」可以是政策聲明、程序、規範、製造商的說明書、校正表、圖表、教科書、海報、通知、備忘錄、圖樣、計畫等。其能爲各類媒體型式，如紙本或數位。

8.3.2 實驗室應確保：

(a) 文件的適當性，在發行前由經授權人員核准；

(b) 定期審查文件與，必要時更新；

(c) 文件的變更與最新修訂狀況已加以識別；

(d) 在使用地點可取得適用文件的相關版本，必要時，管制其分發；

(e) 文件有唯一的識別；

(f) 防止失效文件被誤用，且若此等文件爲任何目的而保存時，應有適當識別。

8.4 紀錄的管制（選項A）

8.4.1 實驗室應建立與保存清晰的紀錄，以證明滿足本文件要求。

8.4.2 實驗室應對紀錄的識別、儲存、保護、備份、歸檔、檢索、保留時間及清除實施所需的管制。實驗室應保存紀錄，其保存期限應與它的合約與法律義務一致。此等紀錄的取閱，應與保密承諾一致且紀錄應易於取閱。

備考：有關技術紀錄的額外要求已提供於7.5。

8.5 處理風險與機會之措施（選項A）

8.5.1 實驗室應考量其活動相關的風險與機會，爲了：(a)對管理系統達成其預期結果給予保證；(b)強化達成實驗室目的與目標的機會；(c)預防或降低實驗室活動中所不希望的影響與潛在的失敗；(d)達成改進。

8.5.2 實驗室應規劃：(a)處理此等風險與機會的措施；(b)如何：一整合與實施這些措施至其管理系統中；一評估此等措施的有效性。

備考：雖然本文件規定實驗室規劃措施來處理風險，但並不要求採用正式的風險管理方法或文件化風險管理過程。實驗室能決定是否發展比本文件要求更爲廣泛的風險管理方法，如經由其他指引或標準的應用。

8.5.3 處理風險與機會所採取的措施，應與實驗室結果有效性的潛在影響成比例。

備考1：處理風險的選項能包括鑑別與避免威脅、爲尋求機會承擔風險、消除風險來源、改變可能性或後果、分攤風險、或是根據已知資訊而決定保留風險。

備考2：機會能導引實驗室擴展其活動範圍、因應新顧客、運用新技術及處理顧客需要的其他可能。

8.6 改進

8.6.1 實驗室應鑑別與選擇改進的機會，並實施任何必要的措施。

備考：改進的機會能經由操作程序、運用政策、整體目標、稽核結果、矯正措施、管理審查、人員建議、風險評鑑、數據分析及能力試驗結果，這些審查中予以鑑別。

8.6.2 實驗室應從其顧客尋求正面或負面回饋。回饋應加以分析與運用，以改進管理系統、實驗室活動及顧客服務。

備考：回饋類型舉例，包括顧客滿意度調查、和顧客溝通的紀錄與其共同審查的報告。

8.7 矯正措施（選項A）

8.7.1 當發生不符合時，實驗室應：(a)對不符合做出反應，於可行時：一採取措施以管制與改正；一處理後果；(b)藉由下列，評估所需措施，以消除不符合原因，避免其再發生或於其他場合發生：一審查與分析不符合；一確定不符合的原因；一確定類似的不符合是否存在或有可能發生；(c)實施任何所需的措施；(d)審查所採取矯正措施的有效性；(e)必要時，更新在規劃期間所確定的風險與機會；(f)必要時，變更管理系統。

8.7.2 矯正措施應適當於所遇之不符合的影響。

8.7.3 實驗室應保存紀錄，作爲以下的證明：(a)不符合的性質、產生原因及後續採取的措施；(b)任何矯正措施的結果。

8.8 內部稽核（選項A）

8.8.1 實驗室應在規劃的期間執行內部稽核，以提供資訊於管理系統是否：

(a)符合於：一實驗室自身的管理系統要求，包括實驗室活動；一本文件的要求；(b)已有效地實施與維持。

8.8.2 實驗室應：(a)規劃、建立、實施及維持一套包括頻率、方法、責任、規劃要求及報告的稽核方案，此稽核方案應將有關實驗室活動的重要性、對實驗室有影響的改變，以及先前稽核的結果納入考量；(b)明定每次稽核的準則與範圍；(c)確保稽核的結果已向相關的管理階層報告；(d)及時實施適當的改正與矯正措施；(e)保存紀錄以作爲實施稽核方案與稽核結果的證據。

備考：ISO 19011提供內部稽核指引。

8.9 管理審查（選項A）

8.9.1 實驗室管理階層應在所規劃的期間，審查其管理系統，以確保其持續的適當性、充分性及有效性，包括達成本文件有關的政策聲明與目標。

8.9.2 管理審查的輸入應予記錄，且應包括下列相關資訊：(a)與實驗室相關的內部與外部議題的改變；(b)目標的達成；(c)政策與程序的適當性；(d)先前管理審查採取措施的狀況；(e)近期內部稽核的結果；(f)矯正措施；(g)外部機構的評鑑；(h)工作量與類型或實驗室活動範圍的改變；(i)顧客與人員回饋意見；(j)抱怨；(k)任何已實施改進的有效性；(l)資源的充分性；(m)風險鑑別的結果；(n)保證結果有效性的產出；及(o)其他相關因素，如監控活動與訓練。

8.9.3 管理審查的輸出，至少應記錄與下列有關的所有決定與措施：

(a) 管理系統與其過程的有效性；

(b) 達成與本文件要求相關之實驗室活動的改進；

(c) 所要求資源的提供；

(d) 對於改變的任何需求。

附錄 3

ISO 9001：2015 與ISO 17025：2017 跨系統對照表

<table>
<tr><th>ISO 9001：2015品質管理系統</th><th>ISO 17025：2017測試與校正實驗室能力一般要求</th></tr>
<tr><td>0.簡介</td><td>0.簡介</td></tr>
<tr><td>1.適用範圍</td><td>1.適用範圍</td></tr>
<tr><td>2.引用標準</td><td>2.引用標準</td></tr>
<tr><td>3.名詞與定義</td><td>3.名詞與定義</td></tr>
<tr><td>4.組織背景</td><td></td></tr>
<tr><td>4.1了解組織及其背景</td><td>5.4架構要求</td></tr>
<tr><td rowspan="3">4.2了解利害關係者之需求與期望</td><td>4.1.3公正性</td></tr>
<tr><td>4.2.1保密</td></tr>
<tr><td>7.9.2抱怨</td></tr>
<tr><td>4.3決定品質管理系統之範圍</td><td>5.4架構要求</td></tr>
<tr><td rowspan="3">4.4品質管理系統及其過程</td><td>5.6人員</td></tr>
<tr><td>8.1.1一般</td></tr>
<tr><td>8.2.4文件</td></tr>
<tr><td>5.領導力</td><td></td></tr>
<tr><td>5.1領導與承諾</td><td rowspan="3">8.2.3管理承諾</td></tr>
<tr><td>5.1.1一般要求</td></tr>
<tr><td>5.1.2顧客導向</td></tr>
<tr><td>5.2品質政策</td><td>8.9.1管理審查（選項A）</td></tr>
<tr><td>5.2.1制訂品質政策</td><td></td></tr>
<tr><td>5.2.2溝通品質政策</td><td></td></tr>
<tr><td rowspan="6">5.3組織的角色、責任和職權</td><td>5.5架構要求</td></tr>
<tr><td>5.6架構要求</td></tr>
<tr><td>6.2.4資源要求</td></tr>
<tr><td>7.10不符合工作</td></tr>
<tr><td>8.2.5文件</td></tr>
<tr><td>8.8.2內部稽核</td></tr>
<tr><td rowspan="2">6.規劃</td><td>8.7.1(e)矯正措施（選項A）</td></tr>
<tr><td>8.8.2內部稽核</td></tr>
<tr><td rowspan="4">6.1處理風險與機會之措施</td><td>4.1.4公正性</td></tr>
<tr><td>8.1.2選項A</td></tr>
<tr><td>8.5處理風險與機會之措施（選項A）</td></tr>
<tr><td>8.7.1(e)矯正措施（選項A）</td></tr>
</table>

6.2規劃品質目標及其達成	8.2.1管理系統文件化（選項A）
	8.2.2管理系統文件化（選項A）
	8.5.1(b)處理風險與機會之措施（選項A）
	8.9.1管理階層審查（選項A）
	8.9.2管理階層審查（選項A）
6.3變更之規劃	5.7(b)架構要求
	7.1.8過程要求
	7.11.2數據管制與資訊管理
	8.3.2(c)管理系統文件化（選項A）
	8.7.1(f)矯正措施（選項A）
	8.8.2(a)內部稽核
	8.9.2（l）管理階層審查（選項A）
	8.9.3(c)管理階層審查（選項A）
7.支援	6.1一般
	6.6.1外部提供產品與服務
	7.2.1.2方法的選用與查證
	8.1.1一般
7.1資源	5.6架構要求
	7.1.1(b)過程要求
	7.2.1.6方法的選用與查證
	8.9.2（l）管理階層審查（選項A）
	8.9.3(c)管理階層審查（選項A）
7.1.1一般要求	
7.1.2人力	6.2人員
7.1.3基礎設施	6.3設施與環境條件
7.1.4過程營運之環境	6.3設施與環境條件
7.1.5監督與量測資源	6.2.5(f)人員
	6.6.2(b)外部提供者的產品與服務
	6.6.2(d)外部提供者的產品與服務
	8.9.2管理階層審查（選項A）
7.1.6組織的知識	
7.2適任性	6.2.2人員
	6.2.3人員

	6.2.5人員
	7.1.3需求事項、標單及合約之審查
7.3認知	
7.4溝通	5.7(a)架構要求
	6.2.4人員
	6.6.3外部提供者的產品與服務
	7.1.3需求事項、標單及合約之審查
	7.9.6抱怨
7.5文件化資訊	7.5技術紀錄
	8.4紀錄的管制（選項A）
	8.2管理系統文件化（選項A）
	8.3管理系統的文件管制（選項A）
7.5.1一般要求	
7.5.2建立與更新	5.5(c)架構要求
	6.2.2人員
7.5.3文件化資訊之管制	8.3管理系統的文件管制（選項A）
8.營運	
8.1營運之規劃與管制	6.4.3設備
	7.2.1.6方法的選用與查證
	7.3抽樣
	7.7.1確保結果的效力
	7.7.2確保結果的效力
	8.5.2技術紀錄
8.2產品與服務要求事項	7.1需求事項、標單及合約之審查
	7.2方法的選用、查證及確證
	7.4試驗件或校正件的處理
8.2.1顧客溝通	7.1需求事項、標單及合約之審查
8.2.2決定有關產品與服務之要求事項	7.1需求事項、標單及合約之審查
	7.8結果的報告
8.2.3審查有關產品與服務之要求事項	7.1需求事項、標單及合約之審查
	7.7確保結果的效力
8.2.4產品與服務要求事項變更	

8.3產品與服務之設計及開發	
8.3.1一般要求	
8.3.2設計及開發規劃	
8.3.3設計及開發投入	
8.3.4設計及開發管制	
8.3.5設計及開發產出	
8.3.6設計及開發變更	
8.4外部提供過程、產品與服務的管制	6.6外部提供的產品與服務
8.4.1一般要求	6.6.1外部提供的產品與服務
8.4.2管制的形式及程度	6.6.2外部提供的產品與服務
8.4.3給予外部提供者的資訊	6.6.3外部提供的產品與服務
8.5生產與服務供應	7.1需求、標單及合約的審查
	7.2方法的選用、查證及確認
	7.3抽樣
	7.4試驗件或校正件的處理
	7.5技術紀錄
	7.6量測不確定度的評估
	7.7確保結果的效力
	7.8結果的報告
8.5.1管制生產與服務供應	
8.5.2鑑別及追溯性	6.5計量追溯性
	7.4試驗件或校正件的處理
	附錄A（參考）計量追溯性 （資訊性） 計量追溯性
8.5.3屬於顧客或外部提供者之所有物	6.3設施與環境條件
	6.4設備
	6.6外部提供的產品與服務
8.5.4保存	6.3設施與環境條件
8.5.5交付後活動	
8.5.6變更之管制	6.3設施與環境條件
8.6產品與服務之放行	7.8結果的報告
8.7不符合產出之管制	7.10不符合工作

9.績效評估	6.2.3人員
9.1監督、量測、分析及評估	6.2.5人員
9.1.1一般要求	
9.1.2顧客滿意度	8.6.2改進（選項A）
9.1.3分析及評估	8.6.2改進（選項A）
9.2內部稽核	8.8內部稽核（選項A）
9.3管理階層審查	8.9管理審查（選項A）
9.3.1一般要求	
9.3.2管理階層審查投入	
9.3.3管理階層審查產出	
10.改進	8.6.1改進（選項A）
10.1一般要求	
10.2不符合事項及矯正措施	7.9抱怨
	7.10不符合工作
	8.7矯正措施（選項A）
10.3持續改進	8.6.1改進（選項A）
	8.9.1管理階層審查（選項A）

附錄 4

ISO 17025：2017 國際認證申請流程

附錄4-1　臺灣TAF（Taiwan Accreditation Foundation）實驗室認可申請流程

附錄4-2　美國A2LA（American Association for Laboratory Accreditation）實驗室認可申請流程

附錄 4-1 臺灣TAF（Taiwan Accreditation Foundation）實驗室認可申請流程

首先可至TAF 下載相關文件資料

申請表單	
文件編號（版別）	文件名稱
TAF-CNLA-B01(19)	實驗室認證申請書
TAF-CNLA-B02(12)	實驗室資訊表（校正／測試／土木工程測試適用）
TAF-CNLA-B03(3)	ILAC-MRA組合標記使用合約書
TAF-CNLA-B06(5)	網路服務帳號密碼申請表（LAB/IB/PTP/RMP適用）
TAF-CNLA-B10(4)	經濟部標準檢驗局MRA符合性評鑑機構（測試實驗室）指定申請書
TAF-CNLA-B11(2)	Laboratory Information for Applying FCC Test Firm Registration 針對申請美國FCC相互承認者，所需使用的指定申請書
TAF-CNLA-B15(5)	美國能源之星實室認證服務計畫實驗室自評表暨評鑑記錄表
TAF-CNLA-B19(4)	內部校正資訊與自我評估表
TAF-CNLA-B22(2)	機電類列檢商品之測試及量測設備自評表暨評鑑查檢表
TAF-CNLA-B23(2)	測試與校正實驗室一般要求與相關認證規範要求對照資訊
項目代碼	
文件編號（版別）	文件名稱
TAF-CNLA-D03(3)	土木工程測試領域認證項目代碼表
TAF-CNLA-D04(12)	測試領域認證項目代碼表
共通規範	
文件編號（版別）	文件名稱
TAF-CNLA-R01(5)	測試與校正實驗室能力一般要求
TAF-CNLA-R03(10)	使用認證標誌與宣稱認可要求
TAF-CNLA-R04(7)	量測結果之計量追溯政策
TAF-CNLA-R05(10)	能力試驗活動要求
TAF-CNLA-R06(8)	有關量測不確定度之政策
TAF-CNLA-R07(4)	對實驗室／檢驗機構主管之要求
TAF-CNLA-R08(2)	對報告簽署人之要求

申請表單	
TAF-CNLA-R09(4)	認可實驗室／檢驗機構地址異動之政策
TAF-CNLA-R11(2)	評鑑活動運用技術專家政策
技術規範	
文件編號（版別）	文件名稱
TAF-CNLA-T16(4)	職業衛生彈性範圍認證技術規範
TAF-CNLA-T18(2)	內部校正特定規範
TAF-CNLA-T20(1)	測試領域遊測技術規範
TAF-CNLA-T26(1)	太陽光電發電設備（系統）測試實驗室認證技術規範
TAF-CNLA-T27(1)	非破壞檢測實驗室認證技術規範
特定規範	
文件編號（版別）	文件名稱
TAF-CNLA-S01(10)	土木工程測試領域認證特定規範
TAF-CNLA-S02(5)	公共工程材料實驗室認證特定規範
認證通報	
文件編號（版別）	文件名稱
TAF-CNLA-J02(4)	電磁相容檢測實驗室設備之計量追溯要求
TAF-CNLA-J03(5)	電磁相容檢測實驗室量測不確定度評估要求
TAF-CNLA-J06(5)	商品檢驗指定試驗室認證服務計畫之實驗室報告簽署人的補充要求
TAF-CNLA-J08(6)	符合性評鑑機構回報改善情形／矯正措施之補充要求
TAF-CNLA-J12(5)	測試與（或）校正採用標準方法之版別於評鑑要求與認證範圍表示的說明
TAF-CNLA-J13(5)	認可機構提供校正／測試／檢驗工作時，維持認證規範與評鑑範圍說明
TAF-CNLA-J21(4)	測試實驗室申請電氣安規相關IEC試驗方法之試驗設備評鑑要求
TAF-CNLA-J31(1)	測試實驗室執行化學試藥氣體分析之技術性補充要求
指引與報告	
文件編號（版別）	文件名稱
TAF-CNLA-G04(5)	判定規則與符合性聲明之準則
TAF-CNLA-G05(5)	不符合的判定與處理指引
TAF-CNLA-G06(9)	評鑑指引
TAF-CNLA-G20(1)	量測儀器校正週期決定原則
TAF-CNLA-G29(3)	制定能力試驗參與計畫指引
TAF-CNLA-G49(1)	離岸風電電力設備檢測評鑑活動指引
TAF-CNLA-G50(1)	鋰電池類商品測試實驗室安全與防爆措施指引

流程	項目	說明
1	認證準備階段	了解認證的共通規範及測試實驗室一般規範等要求後，建立符合標準的作業程序
2	實驗室申請認證初次作業	符合申請資格的機構由該機構代表人提出實驗室認證申請，實驗室主管為該機構於申請認證時，授權並指定負責實驗室管理工作者，實驗室主管在實驗室認證中的責任與所需具備的資格及條件。
3	實驗室申請認證前作業	實驗室至少應辦理過一次內部稽核與管理審查。
4	申請文件與資料初步審查	申請機構的資格、資訊表、申請表單等文件符合要求，以完成申請內容的確認申請文件、資料備齊與完整性達到既定程度。
5	申請實驗室初訪	以電話、傳真、電子郵件(e-mail)等方式進行初訪為主，如必要時，則至實驗室現場進行初訪，其內容包含申請與審查紀錄、認證需求、準備狀態及申請認證範圍等申請資料審查情形。
6	評鑑作業準備	評鑑安排籌組評鑑小組，通知實驗室評鑑安排及繳交評鑑費用，評鑑小組執行文件審查、現場評鑑、不符合的改善確認與提出認可建議等事項，不符合的改善確認是以書面審查及（或）現場複查。
7	評鑑後審議作業	依技術專業領域邀聘審查人員組成評鑑審查小組，進行評鑑小組的評鑑結果與認可建議的審議作業。
8	實驗室認證決定及發證	彙整評鑑審查小組之審議意見，含評鑑後取得的相關報告與結果情形等相關資料，進行認證決定。
9	維持認證效期3年	持續維持認證規範及相關要求。

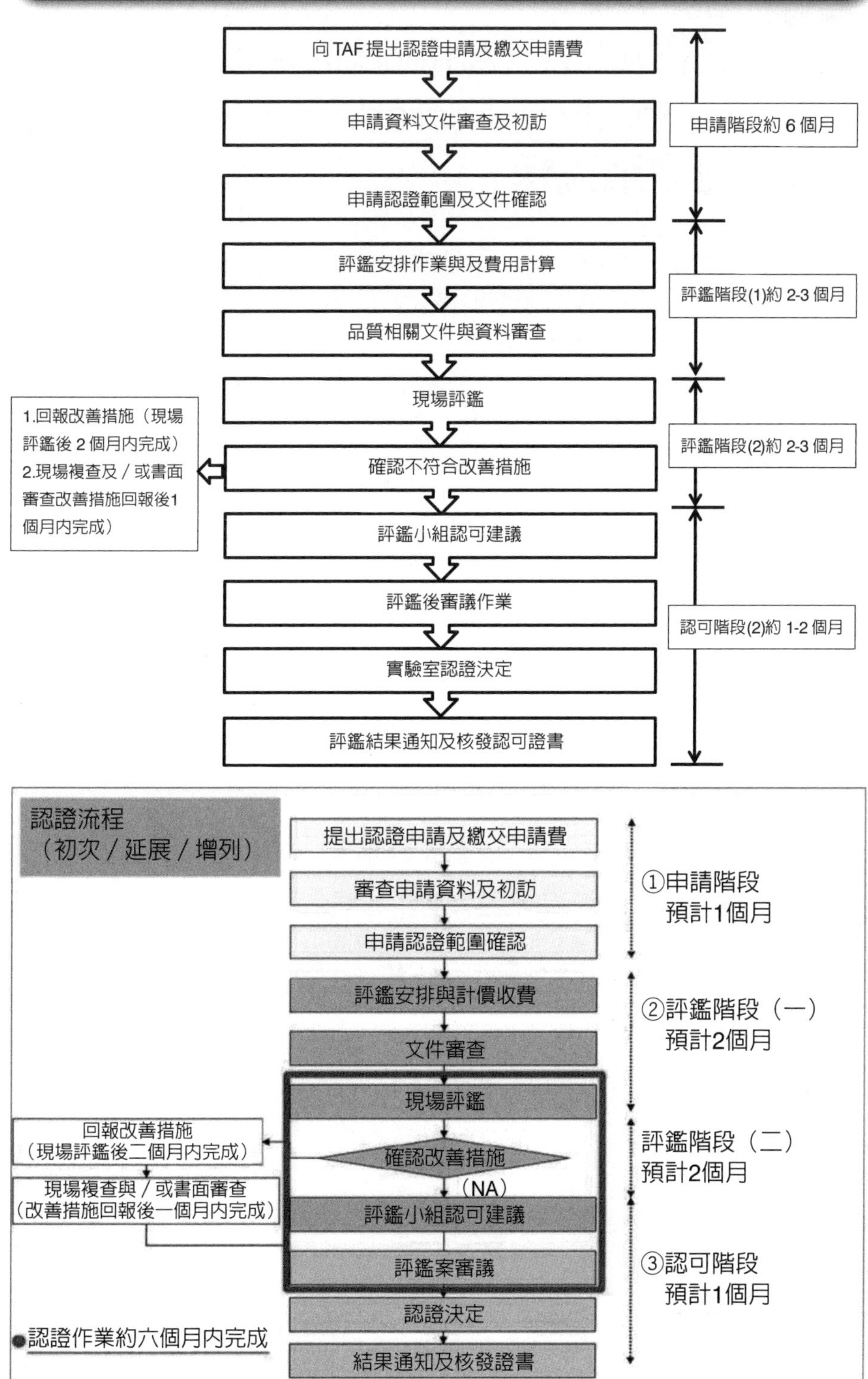
TAF 實驗室評鑑認證作業（初次 / 延展 / 增列）流程
向 TAF 提出認證申請及繳交申請費
申請資料文件審查及初訪
申請認證範圍及文件確認
申請階段約 6 個月
評鑑安排作業與及費用計算
品質相關文件與資料審查
評鑑階段(1)約 2-3 個月
現場評鑑
確認不符合改善措施
評鑑階段(2)約 2-3 個月
1.回報改善措施（現場評鑑後 2 個月內完成）
2.現場複查及 / 或書面審查改善措施回報後1個月內完成）
評鑑小組認可建議
評鑑後審議作業
實驗室認證決定
評鑑結果通知及核發認可證書
認可階段(2)約 1-2 個月
認證流程（初次 / 延展 / 增列）
提出認證申請及繳交申請費
審查申請資料及初訪
申請認證範圍確認
①申請階段 預計1個月
評鑑安排與計價收費
文件審查
②評鑑階段（一） 預計2個月
現場評鑑
確認改善措施
(NA)
回報改善措施（現場評鑑後二個月內完成）
現場複查與 / 或書面審查（改善措施回報後一個月內完成）
評鑑階段（二） 預計2個月
評鑑小組認可建議
評鑑案審議
③認可階段 預計1個月
認證決定
結果通知及核發證書
認證作業約六個月內完成

附錄 4-2 美國A2LA（American Association for Laboratory Accreditation）實驗室認可申請流程

A2LA參考文件：R101-ISO/IEC 17025實驗室認可的一般要求

A2LA參考文件：I105-ISO/IEC 17025準備認證過程的典型步驟

流程	項目	說明
1	申請認可	至A2LA網站申請
2	準備初步評鑑	建立實驗室品質管理系統，進行内部稽核與管理審查 提供實驗室品質管理系統文件和具有代表性的技術作業指導書等相關英文資料，評審組安排初始評鑑，若有需要將預先安排評鑑。
3	現場評鑑	現場品質管理系統相關文件及現場實際操作測試
4	不符合和矯正措施	1個月内作出回覆，4個月内處理完成 監督評鑑與複評鑑1個月内回覆，2個月内處理完成 必要時進行追蹤評審
5	認可決定	認可委員會投票決定授予認可 提交認可證書和認可範圍
6	監督評鑑	認可批准後1年，通常為1天現場評鑑
7	複評鑑	認可批准後2年，全面現場評鑑
8	年度評鑑	2個複評鑑之間進行，文件審查
9	特殊評鑑	由於被投訴或實驗室管理系統重大變化所導致，如飛行評鑑
10	擴大認可範圍	實驗室可隨時要求擴大認可範圍 額外的檢測或校正涉及新技術，需要進行另一次評審

A2LA整體認證週期

初始年份（第一次現場評估）

第 1 年：監督評估（通常為一天）

第 2 年：更新現場評估

第 3 年：年度評鑑（書面審查）

第 4 年：重新現場評估

第 5 年：年度評鑑（書面審查）

附錄 5

TAF對實驗室／檢驗機構主管之要求（2016/10/26）

對實驗室／檢驗機構主管之要求

文件編號：TAF-CNLA-R07(4)
文件類別：認證規範
日　　期：2016年10月26日

1. 目的

本文件規範實驗室／檢驗機構主管於財團法人全國認證基金會（以下簡稱爲本會）實驗室／檢驗機構認證中之責任與所須具備之條件。

2. 定義

實驗室／檢驗機構主管爲申請認證機構之機構負責人指定，負責監督其申請實驗室／檢驗機構遵守本基金會所訂規章與參加本會辦理之相關在職訓練，並經評鑑認證後代表實驗室／檢驗機構登錄於認證證書與認可實驗室／檢驗機構名錄中。「實驗室／檢驗機構主管」爲本會實驗室／檢驗機構認證業務中之稱謂，並不表示其須爲申請機構中之職稱。每個實驗室／檢驗機構僅有一位實驗室／檢驗機構主管，惟同一人員得擔任同一機構兩家（含）以上之實驗室／檢驗機構主管。

3. 實驗室／檢驗機構主管之責任

3.1 認可實驗室／檢驗機構由實驗室／檢驗機構主管行使其權利與遵守其義務。實驗室／檢驗機構主管爲認可實驗室／檢驗機構與本基金會之正式連絡人員。所有正式通知與相關文件／報告均寄給實驗室／檢驗機構主管或經實驗室／檢驗機構主管授權之人員。

3.2 實驗室／檢驗機構主管應確保其實驗室／檢驗機構遵守本會權利與義務規章。

3.3 不論任何情況，當實驗室／檢驗機構主管不能使其實驗室／檢驗機構符合本基金會權利與義務規章時，實驗室／檢驗機構主管應於十五日內書面通知本會。

4. 實驗室／檢驗機構主管應具備之條件

4.1 實驗室／檢驗機構主管應熟悉實驗室／檢驗機構運作，實驗室／檢驗機構主管須能以回答對其提出有關實驗室／檢驗機構運作之實務問題，來展現其熟悉實驗室／檢驗機構運作。

4.2 實驗室／檢驗機構主管應監督實驗室／檢驗機構滿足本會權利義務規章與認證規範，實驗室／檢驗機構主管須能回答對其提出之相關問題，展現其具備此條件。

4.3 醫學實驗室主管另應具備下列條件

4.3.1 實驗室主管應滿足ISO 15189：2012第4.1.1.4節要求，亦應具參與實驗室品質管理與醫學檢驗／檢查相關訓練證明。

4.3.2 實驗室主管應確保實驗室維持於認可時的品質系統與技術能力水準，並依據檢驗／檢查技術屬性，指派適當報告簽署人。

5. 實驗室／檢驗機構主管之變更

實驗室／檢驗機構主管之認可爲實驗室／檢驗機構獲得認證條件之一，若需變更實驗室／檢驗機構主管時，應由其機構負責人提出新指定人選。

附錄 6

TAF測試與校正實驗室能力一般要求與相關認證規範要求對照資訊表

〔填表說明〕：

1. 本表內容可協助實驗室瞭解及評估ISO/IEC 17025：2017測試與校正實驗室能力一般要求及相關認證規範之要求內容。本會將經由現場查證，以確認實驗室作業是否符合「測試與校正實驗室能力一般要求」(TAF-CNLA-R01)之要求。
2. 本表所提「文件出處」，請實驗室提供對應問題之相關文件化程序或流程。本表所提「出處」，請實驗室說明可能對應文件、流程、資訊作業(軟體)、會議紀錄、機制……任何可呈現對應問題的連接資訊。

相關章節	實驗室資訊（請填寫）
4一般要求	
4.1公正性	
4.1	1. 對於實驗室活動公正性承諾，實驗室管理階層□是□否，已有一套方式展現。 （〔提醒〕：**承諾可能可由政策、紀錄、文件內容、聲明……等方式**。） 2. 實驗室□是□否已有相關機制，避免可能影響其公正性判斷之商業、財務與其他壓力的作為。 （〔提醒〕：**可由政策、紀錄、文件內容、聲明、訓練……等方式**。） 3. 關於公正性風險鑑別的機制，□是□否已實施。 （〔提醒〕：**可能為某機制、某流程、某措施、某文件化程序、某系統**。） 4. 對已被鑑別出影響實驗室的公正性的風險，□是□否，已安排適當措施減低或避免。 5. 關於公正性風險的鑑別機制，實驗室□是□否已規劃持續推動鑑別的方式。 6. 依據前述如為「是」，請簡易說明持續公正性風險鑑別的時機（那種情況或時間點）或施行模式？ ______________________________。 7. 請說明關於本章節內容，實驗室之對應「出處」為？______________。
4.2保密	
4.2	1. 實驗室□是□否，已有適當方式展現滿足此章節所提具法律效力的**保密承諾**。 （〔提醒〕：**可能是合約、協議、或同意書……等方式**。） 2. 實驗室□是□否，已明定實驗室那些人員，應納入實驗室資訊保密的作法與管理？ 3. 實驗室□是□否，已確保如涉及法律或合約授權要求揭露機密資訊時，所提供資訊已通知相關顧客或關係人。 4. 實驗室□是□否，已確保對其他來源（如抱怨者、法規主管機關）所獲得屬於顧客資訊，有適當保密機制。 5. 請說明關於本章節內容，實驗室之對應「出處」為？______________。
5架構要求	
5.1	實驗室及其所屬機構□是□否為，負法律責任的實體。
5.2	1. 實驗室□是□否，於相關文件已明定實驗室全權負責的管理階層。 2. 實驗室□是□否，有適當方式，協助管理階層成員，知悉對應職務與權責。
5.3	1. 實驗室活動範圍實驗室□是□否，已明定且文件化，請說明「文件出處」為？ ______________________________。 2. 實驗室□是□否，已確保前述範圍說明，已排除由外部持續提供的實驗室活動。

相關章節	實驗室資訊（請填寫）
5.4	1. 除ISO/IEC 17025：2017要求與本會認證規範的要求外，請勾選實驗室活動尚需滿足那些要求？ □(a)實驗室顧客要求；□(b)法規主管機關要求 □(c)無 2. 目前申請認證範圍的活動場所與設施範圍，包括以下何者，請勾選（***可複選***）： □(a)實驗室所有固有設施 □(b)其固有設施以外之場所（測試場地）（如延伸測試場地） □(c)臨時性或移動性設施 □(d)顧客設施（如涉及遊測或遊校） 3. 實驗室□是□否，已於相關組織架構或管理文件呈現上述對應場所。
5.5	1. 關於呈現實驗室組織與管理架構、及在任何母公司組織之位階，以及管理、技術運作及支援服務間關係之對應「出處」為？ ________________________________。 2. 對於影響實驗室活動結果的所有管理、執行或查證工作人員，實驗室應明定其對應責任、授權及相互關係；請簡單說明「出處」為？________________。 3. 實驗室□是□否，已建立適當文件化，確保對於實驗室活動範圍一致性及結果有效性。
5.6	1. 下列任務，實驗室□是□否，已明定適當的權責人員負責？ (a)實施、維持及改進其管理系統； (b)鑑別管理系統或執行實驗室活動程序發生之偏離； (c)採取措施以預防或減少此偏離； (d)將管理系統績效與任何需要之改進，向實驗室管理階層報告； (e)確保實驗室活動之有效性； 2. 請簡單說明上述由「誰」負責？與相關說明「出處」為？________________。
5.7	實驗室管理階層應瞭解： 1. 應就管理系統的有效性及符合顧客與其他要求的重要性，與適當人員溝通？（如實驗室人員）。針對前述內容，請簡單說明，現有溝通方式或作法；________________ ________________________________。 2. 當有規劃與實施管理系統變更時，應有適當維持機制。請簡單說明維持的機制，（如有案例時可於評鑑現場提供。）________________。
6資源要求	
6.1概述	
6.1	1. 實驗室□是□否，具備有管理及執行實驗室活動必要的人員、設施、設備、系統及支援服務。
6.2人員	
6.2	1. 實驗室管理階層□是□否，已確保人員的能力維持（包括負責實驗室活動的能力與對於偏離相關執行程序／方法／要求之處理能力）。 2. 實驗室管理階層□是□否，已向相關人員傳達其職責、責任及授權。 3. 實驗室□是□否，已有對於實驗室活動有影響所有人員能力的作業流程或程序，內容包括人員遴選、訓練、監督、授權、監控程序及執行紀錄。 4. 請簡單說明實驗室目前何種職務或那類工作類型人員，已明定對應人員能力要求？ ________________________________ 5. 請說明關於本章節內容，實驗室之對應「文件出處」為？________________。

相關章節	實驗室資訊（請填寫）
	6.3設施與環境條件
6.3	1. □是□否，對實驗室活動必要設施與環境條件，有執行相關監控、管制及記錄要求。 2. 上述回答「是」，請說明依據的理由？及對應「文件出處」為？＿＿＿＿＿＿＿＿。 （〔提醒〕：**依據可能來自規格、方法或程序有要求，非指ISO/IEC 17025：2017章節出處**）。 3. 目前環境設施管理，□是□否，已有相關管制措施。 4. 如上述回答「是」，請回答下列 (1) 針對前述管制措施，實驗室□是□否，已有相關監控措施。 (2) 關於管制措施的審查時機，目前實驗室規劃方式？＿＿＿＿＿＿＿＿＿＿。 (3) 關於上述內容，請說明實驗室對應「出處」為？＿＿＿＿＿＿＿＿＿＿。 5. 目前實驗室□是□否，有使用非實驗室長期管制的場所或設施，執行測試／校正活動？ 6. 上述回答「是」，請簡易說明如何使用與管理？及對應「出處」為？＿＿＿＿。
	6.4設備
6.4	1. 實驗室□是□否，已確保實驗室使用設備範圍，符合ISO/IEC 17025：2017第6.4.1節內容。 2. 實驗室□是□否，有使用非長期管制的設備，請問管理方式的對應「出處」為？＿＿＿＿＿＿＿＿＿＿＿＿＿＿＿＿＿＿＿＿＿＿＿＿。 3. 實驗室□是□否，已確保（管制或非長期管制）設備於安裝使用前或回復使用前，已查證符合規定要求。 4. 實驗室□是□否，已有明定處理、運輸、儲存、使用及維持設備，確保其正確運作及防止汙染或損壞的機制，對應「文件出處」為？＿＿＿＿＿＿＿＿＿＿。 5. 實驗室□是□否，確保執行量測設備，已達到所需量測準確度與／或量測不確定度。 6. 實驗室□是□否，已確保，涉及以下內容時，對應設備應校正。 -量測準確度或量測不確定度影響報告結果有效性時。 -此設備的校正已予要求，為建立結果之量測追溯性時。 7. 實驗室□是□否，已確保使用設備有對應校正方案。 8. 實驗室□是□否，已確保需要校正或明定有效期限的設備有對應識別。 9. 實驗室□是□否，已確保設備當受到超負荷或不當處理、顯示可疑結果、已顯示有缺點或超出規定要求，有處理措施。 10. 實驗室□是□否，有採用中間查核維持對設備性能信心。如果是，對應「文件出處」為？＿＿＿＿＿＿＿＿＿＿＿＿＿＿＿＿＿＿＿＿＿。 11. 實驗室□是□否，已確保涉及校正與參考物質的資料（參考值或修正係數），有對應機制管理。 12. 實驗室□是□否，有可行措施，以防止設備被非預期調整。 13. 實驗室□是□否，確認影響實驗室活動設備紀錄的保存符合ISO/IEC 17025：2017第6.4.13節。
	6.5計量追溯性
6.5	1. 實驗室□是□否，已確保使用設備的計量追溯符合ISO/IEC 17025：2017第6.5節要求。（提醒應同時符合本會「量測結果計量追溯政策」（TAF-CNLA-R04））。 2. 請簡單說明目前計量追溯採用方式，已採用那些方式？ □(a) 由具備能力的實驗室提供的校正

相關章節	實驗室資訊（請填寫）
	□(b) 由具備能力的生產機構所提供聲明可追溯至國際單位制（SI）之驗證參考物質的驗證值 □(c) SI單位的直接實現，透過直接或間接與國家或國際標準比對予以保證 □(d) 其他方式：____________________。 3. 請說明關於本章節內容，實驗室之對應「出處」為？____________。
6.6外部供應的產品與服務	
6.6	1. 實驗室□是□否，已建立使用外部供應的產品與服務的程序。 2. 實驗室□是□否，已瞭解關於此章節包含外包服務。 3. 實驗室□是□否，已確保對實驗室活動有影響外部供應的產品與服務，於適用性後才使用。（〔**提醒**〕：**可參考備考內容**。） 舉例說明： (a) 預期納入於實驗室自身活動；（如使用外部供應產品：量測標準與設備、輔助設備、消耗物質與參考物質等，例如使用外部供應服務：校正服務、抽樣服務、設施與設備維修服務） (b) 經實驗室將外部提供的部分或全部產品與服務直接提供給顧客；（例如：校正服務、抽樣服務、測試服務） (c) 用以支持實驗室運作（例如：能力試驗服務、評鑑及稽核服務） 4. 請說明關於本章節內容，實驗室之對應「文件出處」為？__________。 （〔**提醒**〕：**該文件應包括對外部供應產品與服務的要求；對外部供應者的評估、遴選、監控其表現及再評估的準則；外部供應者的評估、表現的監控及再評估的結果，所採取任何措施之考量**。）
7過程要求	
7.1需求、標單及合約的審查	
7.1	1. 實驗室□是□否，已建立需求、標單及合約的審查的程序。 2. 實驗室□是□否，有案例涉及對測試／校正結果，執行規格或標準的符合性聲明。 3. 承上述，如果為「是」，請問符合性聲明的決定規則是由誰規範及對應「文件出處」為？____________________。 4. 實驗室□是□否，有修改合約的機制。（〔**提醒**〕：**如有案例時可於評鑑現場提供**） 5. 實驗室□是□否，確保涉及合約審查流程的紀錄管理，符合ISO/IEC 17025：2017第8.4節內容。 6. 請說明關於本章節內容，實驗室之對應「文件出處」為？__________。（〔**提醒**〕：**該文件還應確保包括要求明定，對應要求的資源審查方式、涉及使用外部供應者獲得顧客同意的模式**。）
7.2方法的選用、查證及確認	
7.2	1. 關於實驗室申請項目使用測試／校正方法，多為那些類型式？（請勾選；***可複選***） □(a) 國際、區域或國家標準。 □(b) 著名技術組織、相關科學書籍或期刊發行的方法 □(c) 設備製造商指定的方法 □(d) 實驗室開發或修改的方法 2. 實驗室□是□否，已確保對於使用測試／校正方法維持最新版本有對應機制。 請簡單說明實驗室對應機制及對應「出處」為？____________。 3. 實驗室□是□否，已確保方法使用前，有適當的查證機制並保有對應查證紀錄。 4. 實驗室□是□否，有涉及ISO/IEC 17025：2017第7.2.1.7節內容。 對應「文件出處」為？____________________。

相關章節	實驗室資訊（請填寫）
	5. 實驗室申請項目之使用測試／校正方法，□是□否有涉及方法確認的執行。 6. 關於前述內容，實驗室□是□否，確保具方法確認的機制且執行紀錄滿足ISO/IEC 17025：2017第7.2.2.4節內容。
7.3抽樣	
7.3	1. 實驗室申請項目□是□否，有涉及測試／校正流程的抽樣活動。 2. 如有涉及抽樣活動時，請回答（***如果無，則此部分免填***）。 (1) □是□否，確保已維持抽樣計畫與對應抽樣方法，並且可於抽樣場所獲得。 (2) □是□否，確保抽樣方法描述已滿足ISO/IEC 17025：2017第7.3.2節內容。 (3) □是□否，確保抽樣計畫展現適當的統計方法。 (4) □是□否，確保抽樣活動的紀錄已滿足ISO/IEC 17025：2017第7.3.3節內容。 (5) □是□否，確保抽樣活動的抽樣計畫、抽樣方法及對應紀錄要求，已滿足實驗室文件與紀錄的相關管理。
7.4試驗件或校正件的處理	
7.4	1. 實驗室□是□否，已建立試驗件或校正件的運輸、接收、處理、防護、儲存、保留、清理或歸還的程序，對應「文件出處」為？＿＿＿＿＿＿＿＿＿＿。 2. 前述程序□是□否，已確保包含避免於處理、運輸、儲存／等候、製備、測試或校正過程中的物件變質、污染、遺失或損壞之「預應措施」。 3. 實驗室□是□否，已建立試驗件或校正件的識別系統，並確保包括以下考量，如：識別應在物件保存期間全程維持其識別、避免發生混淆、涉及單一物件或物件群組的細分類。 4. 於過往管理實驗室□是□否，有發生接收試驗件或校正件與規定條件偏離（如對試驗或校正件的合適性有懷疑、試驗或校正件與所提供的描述不符合的狀況）的管理措施。請問處理方式？及對應「出處」為？＿＿＿＿＿。 5. 實驗室□是□否，已確保試驗件或校正件紀錄與結果報告內容的關聯，尤其是涉及結果的解釋或免責聲明。 6. 當實驗室試驗件或校正件需要存放或限制於特定環境條件中時，請回答（***如果無，則此部分免填***）。 (1) 實驗室□是□否，對於這些條件已有維持、監控措施及記錄。（〔提醒〕：**此環境條件的管制措施，可考量與對應ISO/IEC 17025 ：2017第6.3節所提及設施與環境條件相關措施，列入相同管理機制施行**）。 (2) 請說明依據的理由？（〔提醒〕：**依據理由，非指ISO/IEC 17025：2017章節出處**）。＿＿＿＿＿＿＿＿＿＿。 (3) 請問關於此小節內容，實驗室對應「文件出處」為？＿＿＿＿＿＿＿＿＿＿。
7.5技術紀錄	
7.5	1. 實驗室□是□否，已對測試／校正流程的技術紀錄建立對應管理要求。 2. 實驗室□是□否，已確保技術記錄管理，與符合ISO/IEC 17025：2017第8.4節紀錄的管制相關機制一致。（〔提醒〕：**可以為同樣一份文件、程序或機制。也可以分開以不同機制執行，僅需注意測試／校正流程的技術紀錄管理流程或程序，仍需符合ISO/IEC 17025：2017第8.4節紀錄的管制要求**）。 3. 實驗室□是□否，已確保關於技術紀錄管理，包括每項實驗室活動、查核數據與結果的日期、負責人員的識別。 4. 實驗室□是□否，已確保涉及測試／校正流程的原始觀測、數據及計算執行有立即記錄且可鑑別至特定工作。

相關章節	實驗室資訊（請填寫）
	5. 實驗室□是□否，已確保當技術紀錄涉及修改時，修改前後數據及檔案已被保存。同時，保存內容可追溯至更改的日期、更改內容、更改人員。 6. 實驗室□是□否，有相關執行案例可於現場評鑑呈現。 7. 請說明關於本章節內容，實驗室之對應「出處」為？________________。
	7.6量測不確定度的評估 及「有關量測不確定度之政策」（TAF-CNLA-R06）之部分要求
7.6	1. 實驗室□是□否，已確保關於量測結果的不確定度的評估，除符合ISO/IEC 17025：2017第7.6節，同時應滿足「有關量測不確定度之政策」（TAF-CNLA-R06）。 2. 實驗室活動範圍，包括以下何者（請勾選，***可複選***） □(a)測試；□(b)校正；□(c)測試或校正伴隨的抽樣活動。 3. 針對前述勾選，實驗室□是□否，已確保對應活動與活動項目的屬性（定量、半定量或定性），依前述的層次完成量測結果的不確定度評估，內容可能包括鑑別實驗室量測不確度的貢獻來源或完成不確定度評估。 4. 當實驗室有執行內部校正時，請回答第4題（***如果無，則此部分免填***）。 (1) □是□否，已確保當執行校正設備時，應評估所有校正的量測不確定度，包括自我校正的設備。 (2) □是□否，已完成「內部校正資訊與自我評估表」（TAF-CNLA-B19），並上傳於文件總攬。 (3) □是□否，應確保瞭解「內部校正特定規範」（TAF-CNLA-T18）要求。 5. 請說明目前實驗室評估量測不確定度，實驗室對應「出處」為。________________。
	7.7確保結果的有效性 及「能力試驗活動要求」（TAF-CNLA-R05）之部分要求
7.7	1. 實驗室□是□否，已建立一套測試或校正過程之監控結果有效性的程序。 2. 請前述程序，實驗室涉及監控機制，包括以下那些措施，請勾選（***可複選***）或簡單說明： □(a) 使用參考物質或品質管制物質 □(b) 使用其他經校正並可提供可追溯結果的替代儀器 □(c) 量測與測試設備的功能查核 □(d) 當可行時，使用具管制圖的查核或工作標準 □(e) 量測設備的中間查核 □(f) 使用相同或不同方法的重複試驗或校正 □(g) 保存的物件再測試或再校正 □(h) 物件不同特性結果的相關性 □(i) 審查已報告的結果 □(j) 實驗室內比對 □(k) 盲樣測試 □其他____。 3. 針對前述的監控作業導出數據，實驗室□是□否，已有適當趨勢偵測機制。 4. 針對上題，□是□否，有相關案例可展現超過監控準則時，有適當處理措施。 5. 實驗室□是□否，已查證申請項目亦應滿足本會「能力試驗活動要求」（TAF-CNLA-R05）。 6. 請說明關於此章節內容，實驗室對應「文件出處」為？________________。

<table>
<tr><th>相關章節</th><th>實驗室資訊（請填寫）</th></tr>
<tr><td colspan="2">7.8結果的報告</td></tr>
<tr><td>7.8</td><td>1. 實驗室□是□否，有對應測試／校正結果於發佈前的審查與授權機制。內容可能包括數據結果的匯整、經由誰審核、結果報告審核的重點內容可能包括顧客要同意的資訊、結果解釋必要資訊、使用方法要求的資訊等、其他重要審核資訊；對應「出處」為？＿＿＿＿＿＿＿＿。
2. 實驗室□是□否，已確保報告簽署人應符合本會「對報告簽署人的要求」（TAF-CNLA-R08）規定。
3. 實驗室□是□否，已確保發行的報告已納入紀錄管理相關機制管理。
4. 實驗室結果報告發出型式為，□紙本□電子型式□上述兩者皆有。
5. 實驗室□是□否，已自行查證報告資訊內容滿足ISO/IEC 17025：2017第7.8.2節內容。
6. 實驗室□是□否，已確保對報告提供所有資訊負責（除顧客提供資訊以外）。
7. 實驗室如果曾發行簡化的報告，請回答（如果無，則此部分免填）。
(1) □是□否，取得顧客同意。
(2) 請說明依據理由？＿＿＿＿＿＿＿＿。（〔提醒〕：依據理由，非指ISO/IEC 17025：2017章節出處）。
(3) 有關上述內容，請問實驗室對應「出處」為？＿＿＿＿＿＿＿＿。
8. 實驗室於報告發出內容有涉及顧客提供的資料，請回答（如果無，則此部分免填）。
(1) □是□否，有相關識別方式。
(2) □是□否，已確保於內容會影響結果有效性或樣品非實驗室本身抽樣（如顧客送樣）時，報告應有適當說明，如免責聲明或說明結果僅適用於收取的樣品。
(3) 有關上述內容，請問實驗室對應「出處」為？＿＿＿＿＿＿＿＿。
如為測試實驗室，請回答：（第9-10題）
9. 試驗結果報告涉及提供報告解釋，請回答（如果無，則此部分免填）。
(1) □是□否，已確保當實驗室涉及對試驗報告解釋時，試驗報告內容滿足ISO/IEC 17025：2017第7.8.3.1節內容。（〔提醒〕：如有案例時可於評鑑現場提供。）
(2) 有關上述內容，請問實驗室對應的「文件出處」為？＿＿＿＿＿＿＿＿。
10. 實驗室活動涉及抽樣時，請回答（如果無，則此部分免填）。
(1) □是□否，已確保當實驗室負責抽樣時，需對試驗報告解釋時，試驗報告內容滿足ISO/IEC 17025：2017第7.8.5節內容。（〔提醒〕：如有案例時可於評鑑現場提供。）
(2) 有關上述內容，請問實驗室對應的「文件出處」為？＿＿＿＿＿＿＿＿。
如為校正實驗室回答：（第11～15題）
11. 實驗室□是□否，已確保校正證書內容滿足ISO/IEC 17025：2017第7.8.2.2與7.8.4節內容。
12. 請實驗室說明上述管理對應「文件出處」為？＿＿＿＿＿＿＿＿。
13. □是□否，已確保校正證書或標籤，<u>不</u>包括校正週期建議。（除非已得到顧客同意）
14. 如果上題為「是」，由顧客要求於校正證書或標籤應包括校正週期建議時，請簡單說明？與對應報告編號為？＿＿＿＿＿＿＿＿。
15. 當實驗室校正活動涉及抽樣，請回答（如果無，則此部分免填）。
(1) □是□否，已確保當實驗室涉及抽樣，需對校正證書解釋時，校正證書內容滿足ISO/IEC 17025：2017第7.8.5節內容。（〔提醒〕：如有案例時可於評鑑現場提供。）
(2) 有關上述內容，請問實驗室對應的「文件出處」為？＿＿＿＿＿＿＿＿。</td></tr>
</table>

相關章節	實驗室資訊（請填寫）
	為測試與校正實驗室，請填寫第16-18題： 16. 當實驗室提供報告符合性聲明，請回答第16題（***如果無，則此部分免填***）。 (1) □是□否，有提供符合性聲明規則於試驗報告或校正證書的案例。 (2) □是□否，確保當試驗報告或校正證書涉及提供規格或標準的符合性聲明時，已有文件化的決定規則。 (3) □是□否，已確保提供報告的符合性聲明規則，且聲明應清楚識別ISO/IEC 17025：2017第7.8.6.2節內容。 17. 當實驗室提供報告意見與解釋，請回答第17題。（***如果無，則此部分免填***）。 (1) □是□否，由已授權者發佈。 (2) 請說明實驗室授權之對應「文件出處」為？＿＿＿＿＿＿＿＿＿＿＿＿。 （**〔提醒〕：「已授權者」所對應的人員要求管理應符合ISO/IEC 17025：2017第6.2節內容；對應職責ISO/IEC 17025：2017第5.5節內容**。） (3) □是□否，已確保維持與顧客溝通等相關紀錄。（**〔提醒〕：此紀錄的管理，應納入紀錄管制措施**。） 18. 測試與校正實驗室，對於修改報告情形（**必填**）。 (1) 實驗室□是□否，會對已發行的試驗報告或校正證書有變更、修改或重新發行。 (2) 如果上題回答「**是**」，請填下列： (a) □是□否，確保如採用變更、修改或重新發行試驗報告或校正證書，應於報告中清楚識別變更的資訊，適當時包括變更的原因。 (b) □是□否，確保如採用修改試驗報告或校正證書，已滿足ISO/IEC 17025：2017第7.8.8.2節內容。 (c) □是□否，確保如採用全新報告，應具有唯一識別及提及所取代的原始文件。 (3) 有關上述內容，請問實驗室對應的「出處」為？＿＿＿＿＿＿＿＿＿＿＿＿。
	7.9抱怨
7.9	1. 實驗室□是□否，已建立文件化處理抱怨過程，且滿足ISO/IEC 17025：2017第7.9.3節內容。 2. 請簡單說明，實驗室如何讓利害關係者於有需求此資訊時，可獲得文件化處理抱怨的方式？＿＿＿＿＿＿＿＿＿＿＿＿＿＿＿＿。 3. 實驗室□是□否，已確保對於所提供實驗室文件化的處理抱怨過程，與ISO/IEC 17025：2017第8.3節（文件管制）相關，需依實驗室文件管制要求，進行相關管理。 4. 實驗室至今，□是□否，有處理抱怨的案例。（**〔提醒〕：如為「是」，請再自行確認相關紀錄，可展現實驗室已有適當搜集與查證必要資訊確認該抱怨內容**。） 5. 如上題回答「是」，實驗室已有處理抱怨案例，請回答下列：（***如果無，則此部分免填***）。 (1) □是□否，有告知抱怨者處理進度與對應結果。（此要求為可能時）。如回答為「否」，請簡單說明無法執行的理由：＿＿＿＿＿＿＿＿＿＿＿＿。 (2) □是□否，由涉及被抱怨事件的當事人，執行抱怨處理結論的產出、審查及同意。 (3) □是□否，有安排實驗室以外人員，協助執行抱怨處理結論的產出、審查及同意。 (4) □是□否，已有對應可依循的內容或要求且維持紀錄。（**〔提醒〕：關於該員所涉及之保密（ISO/IEC 17025：2017第4.2.4節）與人員能力要求（ISO/IEC 17025：2017第6.2.2節）、可能涉及ISO/IEC 17025：2017第6.6.1節（C；第6.6.2節）外部供應的產品服務**。） (5) □是□否，有正式的通知給抱怨者？（此要求為可能時）。如回答「否」，請簡單說明無法執行的理由：＿＿＿＿＿＿＿＿＿＿＿＿。 6. 請說明關於此章節內容，實驗室對應「文件出處」為？＿＿＿＿＿＿＿＿＿＿＿＿。

相關章節	實驗室資訊（請填寫）
7.10不符合工作	
7.10	1. 實驗室□是□否，已建立文件化不符合工作處理程序，且其內容應滿足ISO/IEC 17025：2017第7.10.1節內容。 2. 實驗室□是□否，已確保舉凡與實驗室活動與工作結果，不符合實驗室明定的程序或顧客同意的要求時，皆依此程序辦理。 3. 實驗室□是□否，已確保對所提供的實驗室文件化的不符合工作處理程序，與ISO/IEC 17025：2017第8.3節（文件管制）相關，需依實驗室文件管制要求管理。 4. 實驗室至今，□是□否，有不符合工作的案例。 5. 如上題回答「是」，實驗室已執行的不符合工作案例，請回答下列：（***如果無，則此部分免填***）。 (1) □是□否，有涉及到過往或先前結果的影響？如果有涉及時，應可展現內容對應的影響分析、決定那些不符合結果是可接收，那些可能需進行相關措施（如通知顧客或召回、取消工作）。 (2) □是□否，已確保當評估不符合工作可能再發生，或是對實驗室作業與管理系統之符合性有懷疑，應實施矯正措施。 (3) □是□否，有需導入矯正措施的結果。 6. 請說明關於此章節內容，實驗室對應「文件出處」為？______________________。
7.11數據管制與資訊管理	
7.11	1. 實驗室□是□否，已確保對於執行活動產出的數據或資訊，有對應的資訊管理的機制作。（〔提醒〕：**資訊管理機制可為電腦化的模式或非電腦化的模式，甚至可為兩種功能合併作業的模式**）。 2. 如上題為「是」，前述的資訊管理機制的運作基本要項（〔提醒〕：**可能為相關程序關聯作業的流程或可能是一個電腦化的系統作業**），□是□否，已有包括數據／資訊的如何收集、如何處理、如何記錄、如何轉換成報告、如何儲存或涉及報告作業之數據或資訊的擷取，同時應滿足ISO/IEC 17025：2017第7.11.3 (a)～(e)節內容。 3. 說明對應實驗室資訊管理系統的可能相關「出處」為？或可能的作業系統名稱？______________________________。 4. 實驗室□是□否，確保資訊管理系統於使用前，已完成相關基本要項功能的確認。 5. 實驗室□是□否，現有使用的資訊系統功能，曾有過更新流程、程序、作業或功能？ 6. 實驗室□是□否，已確保針對前述的變更於使用前，完成相關要項功能的確認。 7. 實驗室□是□否，針對上述相關確認的作業，有一套文件化過程，包括誰具有權責同意已完成確認？；確認的內容包括那些要項，舉例如ISO/IEC 17025：2017第7.11.3 (a)～(e)節內容。 （〔提醒〕：**確認未經授權者取得、安全防護、非電腦化的模式，甚至於是此兩種功能合併作業的模式，涉及人工記錄與資訊轉錄（繕寫／轉謄）正確、數據／資訊維持（儲存）、電腦化系統功能失效之立即措施等**）。 8. 實驗室□是□否，已確保如資訊系統由外部場所或外部供應者提供服務時，已考量相關作業連結如（保密（ISO/IEC 17025：2017第4.2.4節）與人員能力要求（ISO/IEC 17025：2017第6.2節）、可能涉及ISO/IEC 17025：2017第6.6節外部供應的產品服務。 9. 實驗室□是□否，已提供此資訊系統相關文件或操作手冊，給使用人員。 （〔提醒〕：**提醒此文件管理應依ISO/IEC 17025：2017第8.3節（文件管制）辦理**）。 10. 實驗室活動產出的結果，□是□否，有涉及需計算或進行相關公式轉換。 11. 依據前述內容，□是□否，已有一套系統化查核機制，確認計算或進行相關公式轉換後的結果正確性。

相關章節	實驗室資訊（請填寫）
	（〔提醒〕：**提醒系統化查核可能涉及到由誰（權責）於何時（頻率）查核那些要項與範圍之管理**）。
	8管理系統要求
	8.1選項
8.1	1. 實驗室採用的管理系統為： □選項A；□選項B
	8.2管理系統文件化
8.2	1. 實驗室□是□否，已建立、文件化及維持達成ISO/IEC17025：2017目的之政策與目標。 2. 此政策與目標的方向或內容，應述明實驗室的能力、公正性及一致性運作原則，其相關「文件出處」為？______________。 2. 依據前述內容，實驗室管理階層□是□否，已將政策與目標於實驗室組織的所有階層進行相關溝通，並獲得認知與瞭解，並予實施。 3. 實驗室□是□否，就目前實驗室於滿足本文件要求相關的所有文件、過程、系統、紀錄等，引用或連結實驗室的管理系統。（〔提醒〕：**如文件架構與文件管制**）。 4. 請簡單說明，實驗室管理階層如何展現，達成發展與實施管理系統、且持續改進其有效性之承諾證據：（〔提醒〕：**可能為某個機制或、作法、或結果紀錄**）： ______________。 5. 請簡單說明，實驗室如何展現或確保，對參與實驗室活動的所有人員，能取得適用其責任的管理系統文件部分與相關資訊？______________。
	8.3管理系統的文件管制
8.3	1. 實驗室□是□否，確保關於現有使用內部與外部文件，已依據本章節進行適當管理。 2. 實驗室□是□否，已有規範那些類型的外部文件納入管理。 3. 實驗室文件管制作法，其對應「出處」為？______________。 （〔提醒〕：**可能是程序、資訊媒體、作業系統**）。 4. 實驗室文件管制作法，□是□否，可符合ISO/IEC 17025：2017第8.3.2節內容。 5. 實驗室□是□否，已確保現有符合ISO/IEC 17025：2017所有章節要求的相關作業、流程、程序及方法，已納入實驗室文件管制作法。 6. 實驗室□是□否，已確保現有使用測試／校正方法，依據實驗室文件管制作法，有定期審查的機制（〔提醒〕：**確保測試／校正方法符合最新版本**）。
	8.4紀錄的管制
8.4	1. 實驗室□是□否，確保實驗室活動產出的紀錄，已有對應的管制機制。 2. 依據前述內容，實驗室的紀錄管制機制□是□否，可展現符合紀錄的識別、儲存、保護、備份、歸檔、檢索、保留時間及清除實施措施等要素運作。 3. 請勾選，關於實驗室紀錄保存期限的依據為：（***可以複選***） □(a) 依據法規權責主管要求； □(b) 依據TAF權利義務規章； □(c) 依據TAF的服務計畫要求； □(d) 其他：______________。 4. 實驗室□是□否，確保關於紀錄的取閱符合保密承諾且易於取閱。 （〔提醒〕：**此部份涉及保密（ISO/IEC 17025：2017第4.2.4節）**） 5. 請說明關於此章節內容，實驗室對應「出處」為？______________。

相關章節	實驗室資訊（請填寫）
	8.5處理風險與機會之措施
8.5	1. 實驗室□是□否，已有對應的機制／措施，鑑別達成以下成效的風險與機會，（如對管理系統達成其預期結果給予保證；強化達成實驗室目的與目標的機會；預防或降低實驗室活動中所不希望的影響與潛在的失敗；達成改進）。 2. 實驗室□是□否，知悉可由參考ISO/IEC 17025：2017第8.5.3節備考1與備考2、第8.6.1節與第8.6.2節的備考，獲得處理風險與改進的機會的資訊。 3. 實驗室至今□是□否，有相關案例，可展現對已鑑別可處理風險與改進的機會的措施。 4. 針對實驗室處理風險與機會措施，請簡單說明施行作法： □(a) 採用一套運作系統；簡單說明內容： ______________________________________。 □(b) 以現有流程／程序／機制實施； 簡單說明對應相關文件、流程或機制： ______________________________________。 5. 實驗室□是□否，確保處理風險與機會所採取的措施，已與實驗室結果有效性的潛在影響成比例。 6. 請簡單說明此措施及對應相關「出處」為？____________。
	8.6改進
8.6	1. 實驗室□是□否，鑑別及選擇改進的機會，並實施任何必要之措施。 2. 實驗室□是□否，有相關措施獲得顧客正面或負面回饋。 3. 請簡單說明此措施及對應相關「出處」為？____________。
	8.7矯正措施
8.7	1. 實驗室□是□否，已確保依據不符合工作第7.10節而導入矯正措施的結果案例，可展現矯正措施的執行流程與考量，且滿足ISO/IEC 17025：2017第8.7節內容。 2. 實驗室□是□否，有施行矯正措施的相關流程、程序或機制？ 3. 如上題為「是」，請說明對應「出處」為？____________________。（**〔提醒〕：<u>此流程、程序或機制，可與第7.10節的文件化程序合併或獨立；由實驗室依據需要決定</u>**）。
	8.8內部稽核
8.8	1. 實驗室□是□否，已建立一套內部稽核方案，規劃與實施實驗室的內部稽核。 2. 內部稽核方案□是□否，包括頻率、方法、責任、規劃要求及報告。 3. 實驗室□是□否，已就新版ISO/IEC 17025：2017範圍，執行至少一次的內部稽核。 4. 如果上題為「是」，請回答下列：（***<u>如果無，則此部分免填</u>***）。 (1) □是□否，內部稽核施行已考量實驗室活動的重要性、對實驗室有影響的改變，以及先前稽核的結果並包括準則與範圍。 (2) □是□否，已向相關的管理階層報告。 (3) □是□否，有適當的改正與矯正措施，且維持對應執行紀錄。 (4) □是□否，已完成相關改正與矯正措施。
	8.9管理審查
8.9	1. 實驗室□是□否，有一套方案，審查本身管理系統可達成ISO/IEC 17025：2017相關的政策聲明與目標之適當性、充分性及有效性。

相關章節	實驗室資訊（請填寫）
	2. 如上題回答「是」，請簡單說明此措施及對應相關「出處」為？＿＿＿＿＿＿。 3. 實驗室□是□否，已就新版ISO/IEC 17025：2017範圍，執行過一次管理審查。 4. 如果上題為「是」，請回答下列：（***如果無，則此部分免填***）。 (1) □是□否，管理審查輸入已記錄且滿足ISO/IEC 17025：2017第8.9.2節內容。 (2) □是□否，管理審查輸出已記錄且滿足ISO/IEC 17025：2017第8.9.3節內容。 (3) □是□否，管理審查的輸出措施已導入必要的改進。
對實驗室／檢驗機構主管之要求（TAF-CNLA-R07）	
	1. 實驗室□是□否，已有一套訓練方案（內部或外部），協助人員瞭解新版ISO/IEC 17025：2017內容。 2. 實驗室□是□否，已確保實驗室主管瞭解新版ISO/IEC 17025：2017內容。
「使用認證標誌與宣稱可要求」（TAF-CNLA-R03） 請已經為認證之實驗室填妥下列問題（初次申請者不用填寫）。	
	1. 實驗室□是□否，有運用認證標誌於核發的報告中或相關廣宣。 2. 實驗室□是□否，有與本會簽署「ILAC MRA組合標記使用合約書」（TAF-CNLA-B03(3)）並且保留正本合約書。（**〔提醒〕：當實驗室欲使用CAB ILAC-MRA實驗室組合標記時，應與本會簽屬合約書且收到正本合約後，方可使用ILAC MRA組合標記於報告或廣宣中**。） 3. 如上題為「是」，請問實驗室目前使用獲認證實驗室ILAC-MRA組合標記於那些地方？（***可以複選***） □(a)無　□(b)校正／測試報告　□(c)對外的招牌　□(d)標示於機構內部 □(e)機構／實驗室簡介　□(f)信封　□(g)委託單　□(h)外部網站　□(i)名片 □(j)其他（社群媒體……等）

附錄 7

TAF符合性聲明書（參考例）

報驗義務人代碼 Code of the applicant	編　號 Number
D2xxxx	

符合性聲明書
Declaration of Conformity

本符合性聲明書應依商品檢驗法規定備齊相關技術文件後始得簽具
Please check all the related technical documents in accordance with the Commodity Inspection Act before signing the form.

報驗義務人：XXXX 有限公司
Obligatory Applicant

> 同申請「符合性聲明指定代碼申請書」所用之(報驗義務人)與地址、電話…

地址：　　　市　　　區　　　路　　　巷　　　弄　　　號　　　樓
Address

電話：
Telephone

商品中（英）文名稱：(中文) 太陽眼鏡
Commodity Name

(英文) Sunglasses

> 填上主型式型號與系列型式型號，
> 若系列型式太多，
> 可只填主型式型號為代表

商品型式（或型號）：P8403AC
Commodity Type （Model）

> 填上此批「試驗報告」編號
> 如：主型式編號：**10-03-BAG-0XX** 和/或
> 系列型式編號：**10-03-BAG-0XX-01~0x**

符合之檢驗標準及版次：CNS 15067 太陽
Standard(s) and version

試驗報告編號：10-03-BAG-0xx / 10-03-BAG-0xx-01 ~ 0x
Test Report Number

試驗室名稱及代號：財團法人台灣電子檢驗中心檢定/測試實驗室
Testing laboratory name and designation number

及綠色產品測試實驗室（代號：SL3JKN0002）

符合性聲明檢驗標識及識別號碼：
The form of the DoC marking appears like this

D2xxxx　　或 or　　D2xxxx

茲聲明上述商品符合商品檢驗法符合性聲明之規定，若因違反本聲明書所聲明之內容，願意擔負相關法律責任。

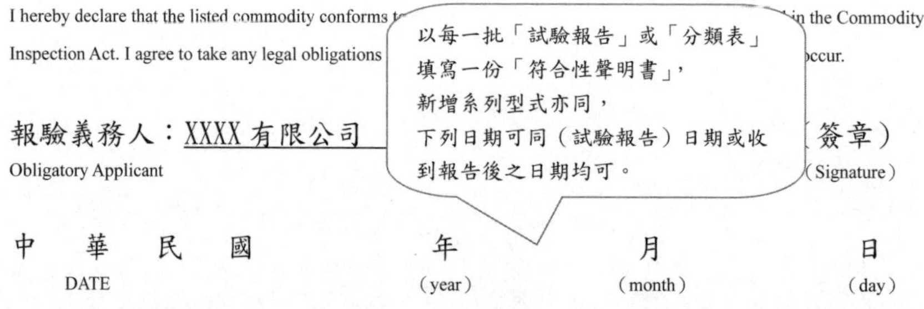

I hereby declare that the listed commodity conforms t ... in the Commodity Inspection Act. I agree to take any legal obligations ... ccur.

報驗義務人：XXXX 有限公司　　　（簽章）
Obligatory Applicant　　　（Signature）

中　華　民　國　　　年　　　月　　　日
DATE　　　(year)　　　(month)　　　(day)

說明：

（一）**試驗室須為經濟部標準檢驗局或其認可之指定試驗室，試驗室為標準檢驗局時，無需填寫試驗室代碼。**

（二）**本符合性聲明書及技術文件之保存期限，為商品停止生產或停止輸入後五年。**

（三）商品檢驗法第四十七條：依本法所為之符合性聲明，有下列情形之一者，**視為未經符合性聲明：**

1. 未依第四十三條規定備置技術文件，或未依第四十四條規定向標準檢驗局或其認可之指定試驗室辦理試驗者。
2. 符合性聲明或技術文件之內容有虛偽不實之情形者。

（四）商品檢驗法第四十八條：依本法所為之符合性聲明，有下列情形之一者，**符合性聲明失其效力**：
1. 商品經公告廢止應施檢驗或停止適用符合性聲明檢驗方式者。
2. 因檢驗標準之變更，有維護商品之安全、衛生或環保之需要者。
3. 經取樣檢驗結果不符合檢驗標準者。
4. 未依第十一條及第十二條規定為標示，經限期改正，屆期未改正完成者。
5. 經限期提供符合性聲明書、技術文件或樣品，無正當理由拒絕提供或屆期仍未提供者。
6. 其他嚴重違規或虛偽不實之情形。

罰則：

（一）商品檢驗法第五十九條：應施檢驗商品之報驗義務人，違反商品檢驗法第十一條或第十二條有關標示之規定，經主管機關限期改正而屆期不改正者，處新臺幣十萬元以上一百萬元以下罰鍰。

應施檢驗商品之報驗義務人，為不實之標示者，處新臺幣十五萬元以上一百五十萬元以下罰鍰。

（二）商品檢驗法第六十條：應施檢驗商品之報驗義務人，有下列情形之一者，處新臺幣二十萬元以上二百萬元以下罰鍰：
1. 違反第六條規定，將未符合檢驗規定之商品運出廠場或輸出入或進入市場者。
2. 違反第四十五條第二項重新聲明之規定者。
3. 未依第四十七條第一款辦理，或第四十七條第二款虛偽不實之情形者。

有前項情形且經檢驗不符合者，處新臺幣二十五萬元以上二百五十萬元以下罰鍰。

（三）商品檢驗法第六十一條：應施檢驗商品之報驗義務人，違反本法之規定致損害消費者生命、身體、健康或有重大損害之虞者，處新臺幣七十五萬元以上七百五十萬元以下罰鍰。

（四）商品檢驗法第六十二條：違反第五十一條第二項不得規避、妨礙或拒絕封存、檢查、調查或檢驗之規定者，處新臺幣十五萬元以上一百五十萬元以下罰鍰，並得按次連續處罰及強制執行檢查、調查或檢驗。

（五）商品檢驗法第六十三條：有前四條情形之一者，主管機關並得命令限期停止輸出入、生產、製造、陳列或銷售。

報驗義務人違反主管機關依前項規定所發命令者，處新臺幣二十五萬元以上二百五十萬元以下罰鍰，並得按次連續處罰。

經銷者違反主管機關依第一項規定所發命令者，處新臺幣一萬元以上十萬元以下罰鍰，並得按次連續處罰。

違反主管機關依第一項主管機關規定限期停止輸出入、生產、製造、陳列或銷售之商品流入市場者，主管機關應通知報驗義務人限期改善、回收或銷燬；屆期不改善、回收或銷燬者，處新臺幣十五萬元以上一百五十萬元以下罰鍰，並得按次連續處罰。

違反前項規定，主管機關並得扣留、沒入、銷燬該流入市場之商品或採取其他必要之措施。

（六）商品檢驗法第六十四條：依本法所處之罰鍰，經限期繳納，屆期不繳納者，依法移送強制執行。

附錄 8

ARES國際驗證 ISO 17025培訓試題

17025培訓考試試題

姓名		部門	
培訓時間		培訓地點	
閱卷人簽字		成績	

一、判斷題（每小題3分，共75分；在（）內劃「√」或「×」表示正確或錯誤）

A類認可題（1題-20題）

1. ISO/IEC 17025：2017中說明瞭：如果實驗室滿足ISO/IEC 17025標準的要求，則其實驗室活動所運作的品質管制系統也滿足ISO 9001標準的原則。（ ）
2. 如果實驗室是某個較大組織的一部分，該實驗室希望根據ISO/IEC 17025標準獲得實驗室認可，應充分證明其公正性。（ ）
3. 實驗室的管理人員對實驗室中進行檢測／校準正式員工進行管理，對在試用期的人員或臨時聘用的人員可不必管理。（ ）
4. 準則要求全部管理系統檔必須電子及電子列印的方式進行修改，不允許任何手寫的修改。（ ）
5. 合同評審不包括由外部提供者實施的實驗室活動。（ ）
6. 實驗室的檢測／校準場所應方便獲取所需的技術檔的有效版本。（ ）
7. 實驗室應確保影響實驗室活動的外部產品和服務的適用性，並對外部供應商進行評價，並保存評價的記錄。（ ）
8. 對檢測和校準方法的偏離，只有在方法確認後經管理人員批准，才允許發生。（ ）
9. 主要考慮近期內稽結果。（ ）
10. 影響實驗室檢測／校準活動結果有效性的因素包括人員、設施和環境條件、方法、設備、測量的溯源性、抽樣、檢測和校準物品的處置等，這些因素對總的測量不確定度的影響程度在（各類）檢測和（各類）校準之間會有不同。（ ）
11. 實驗室用於檢測／校準的所有設備在每次使用前必須進行校準。（ ）
12. 在實驗室固定設施以外的場所進行抽樣、檢測或校準時，無須考慮環境條件影響。（ ）
13. 實驗室應對非標準方法、實驗室制定的方法、超出預定範圍使用的標準方法、或其他改的標準方法進行確認，以證實滿足預期的要求。（ ）
14. 實驗室應對管理系統檔進行定期評審，必要時進行更新，以保證持續適用和滿足使用的要求。（ ）
15. 所使用的國際、區域或國家標準或其他公認的規範因其權威性，無需再制定附加細則或補充檔。（ ）
16. 確保計量追溯性是實驗室檢測／校準的結果能被客戶所接受的前提。（ ）

17. 當需要對檢測結果作解釋時，實驗室應將對抽樣方法或程序有關的標準或規範的偏離、增添或刪節的資訊寫入檢測報告。（　）
18. 當檢測報告包含了由外部提供者所出具的檢測結果時，這些結果應予以消晰標明。（　）
19. 管理審查無須考慮到管理和管理人員的報告以及員工的培訓情況。（　）
20. 實驗室因工作需要租借的設備可以不必考慮符合ISO/IEC 17025標準的要求。（　）

B類資質認定題（21題-25題）

21. TAF在《檢驗檢測機構資質認定評審準則》基礎上，針對不同行業和領域檢驗檢測機構的特殊性，制定和發佈的評審補充要求，僅作為指南性檔，不作為強制性評審依據要求。（　）
22. 如確需方法偏離，應有檔規定，經技術判斷和批准，並征得客戶同意。當客戶建議的方法不適合或已過期時，可不通知客戶。（　）
23. 檢驗檢測機構應對操作設備的人員，按要求根據相應的教育、培訓、經驗、技能對其進行資格確認，但無需其開展工作時持證上崗。（　）
24. 檢驗檢測機構無需一定要有固定場所，相關檢驗檢測活動在移動設施中進行也可。（　）
25. 檢驗檢測機構應當對檢驗檢測原始記錄、報告、證書歸檔留存，保證其具有可追溯性。檢驗檢測原始記錄、報告、證書的保存期限不少於5年。（　）

二、不定項選擇題（每小題1分，共10分；在你認為正確的答案上畫「√」

A類認可題（1題-5題）

1. 實驗室應與外部供應商溝通以明確哪些要求？（　　　　）
   (a) 需提供的產品和服務；
   (b) 驗收準則；
   (c) 能力，包括人員所具備的資格；
   (d) 實驗室或其客戶擬在外部供應商的場所進行的活動。
2. 實驗室管理層的職責，包括：（　　　　）
   (a) 維護實驗室活動的公正性，做出公正性承諾；
   (b) 確保管理系統的完整性、有效性；
   (c) 按照策劃的時間間隔進行內部審核；
   (d) 按照策劃的時間間隔對實驗室的管理系統進行評審。
3. 實驗室可以通過以下哪些方式確保測最結果可溯源到國際單位制（SI）：（　　）
   (a) 由通過ISO/IEC 17025認可的實驗室提供的校準；
   (b) 滿足ISO17034要求的標準物質生產者提供並聲明計量追溯至SI的有證標準物質的標準值；
   (c) SI單位的直接複現，並通過直接或間接與國家或國際標準比對來保證；
   (d) 使用國際通用計量單位。

4. 關於測量不確定度的評定，以下哪些說法是錯誤的：（　　　　）
(a) 實驗室應識別測量不確定度的貢獻，無論校準實驗室或檢測實驗室：
(b) 應採用適當的分析方法考慮所有顯著貢獻，包括來自抽樣的貢獻；
(c) 開展校準的實驗室，應評定所有校準活動的測量不確定度，但不用考慮校準自己的設備；
(d) 由於檢測方法的原因難以嚴格評定測量不確定度時，可以不進行評估。
5. 影響報告結果有效性的設備類型包括：（　　　　）
(a) 用於直接測量被測量的設備；
(b) 用於日常監控實驗室環境條件的設備；
(c) 用於從多個測量值計算獲得測量結果的設備；
(d) 用於修正測量值的設備。

B類資質認定題（6題-10題）

6. 檢驗檢測機構應建立和保持控制其管理系統的內部和外部檔的程序，包括：（　　　　）
(1) 法律法規
(2) 標準
(3) 規範性檔
(4) 檢驗檢測方法
(5) 品質記錄
(6) 以及通知、計畫、圖紙、圖表、軟體、規範、手冊、指導書
7. 檢驗檢測機構需分包檢驗檢測專案時：（　　　　）
(1) 應分包給依法取得資質認定並有能力完成分包項目的檢驗檢測機構；
(2) 具體分包的檢驗檢測專案應當事先取得委託人書面同意：
(3) 分包專案應給予測量不確定度評定：
(4) 檢驗檢測報告或證書應體現分包專案，並予以標注。
8. 管理審查輸出應包括以下內容：（　　　　）
(1) 管理系統有效性及過程有效性的改進
(2) 糾正措施和預防措施
(3) 上次管理審查結果跟蹤
(4) 滿足本準則要求的改進
(5) 資源需求
9. 檢驗檢測機構及其人員從事檢驗檢測活動，應：（　　　　）
(1) 遵守國家相關法律法規的規定
(2) 遵循客觀獨立、公平公正、誠實信用原則
(3) 恪守職業道德，承擔社會責任
(4) 獨立於其出具的檢驗檢測資料、結果所涉及的利益相關各方
(5) 不受任何可能幹擾其技術判斷因素的影響
(6) 確保檢驗檢測資料、結果的眞實、客觀、準確

10. 檢驗檢測機構應保留所有技術人員的相關記錄：（　　　　　）

(1) 授權、能力、教育、資格、培訓記錄

(2) 檢驗專案批次記錄

(3) 技能、經驗和管理的記錄

(4) 並包含授權、能力確認的日期

三、簡答題（共15分）

簡述內稽的目的及內稽的主要步驟。

四、場景題（每小題10分，共10分）

評審員在現場查閱實驗室的內稽記錄時發現實驗室內的一位資深內稽員在最近一次的內稽過程中開具的某一不符合項報告在去年的內稽報告中已出現過，但最近的一次內稽又重複發生，試進行

原因分析：

糾正、糾正措施：

請選擇：

□不符合ISO/IEC 17025：2017認可準則條款：________________________________

□不符合資質認定評審準則條款：________________________________

□不符合管理系統文件／標準：________________________________

□觀察項

國家圖書館出版品預行編目資料

圖解實驗室品質管理系統ISO 17025：2017實務／林澤宏，孫政豊編著．——初版．——臺北市：五南圖書出版股份有限公司，2023.08
面；　公分
ISBN 978-626-343-972-6（平裝）

1.CST：實驗室　2.CST：國際標準　3.CST：品質管理

303.4　　112004265

5AD9

圖解實驗室品質管理系統
ISO 17025：2017實務

作　　者 — 林澤宏（119.6）、孫政豊（176.6）
發 行 人 — 楊榮川
總 經 理 — 楊士清
總 編 輯 — 楊秀麗
副總編輯 — 王正華
責任編輯 — 張維文
封面設計 — 姚孝慈
出 版 者 — 五南圖書出版股份有限公司
地　　址：106台北市大安區和平東路二段339號4樓
電　　話：(02)2705-5066　　傳　　真：(02)2706-6100
網　　址：https://www.wunan.com.tw
電子郵件：wunan@wunan.com.tw
劃撥帳號：01068953
戶　　名：五南圖書出版股份有限公司

法律顧問　林勝安律師

出版日期　2023年8月初版一刷
定　　價　新臺幣400元

經典永恆・名著常在

五十週年的獻禮——經典名著文庫

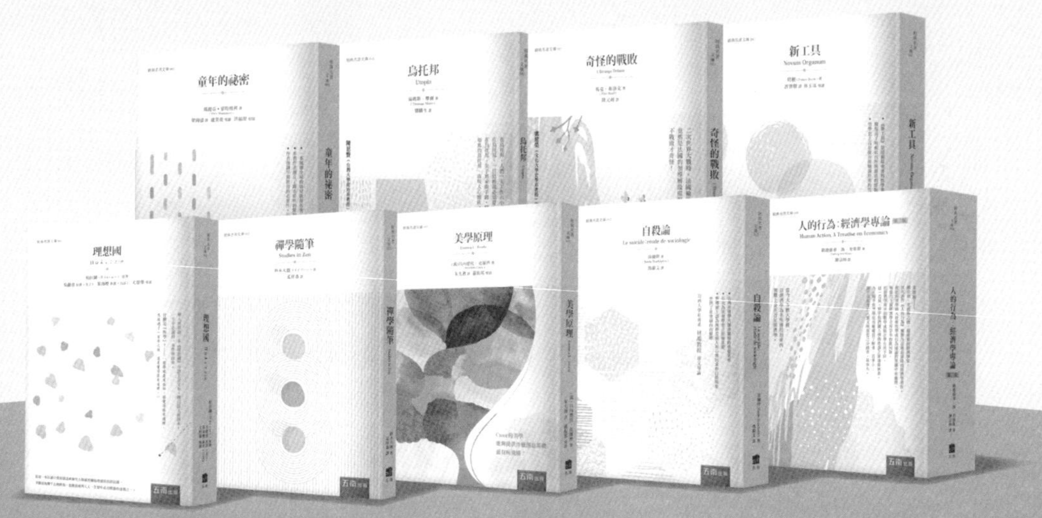

五南，五十年了，半個世紀，人生旅程的一大半，走過來了。
思索著，邁向百年的未來歷程，能為知識界、文化學術界作些什麼？
在速食文化的生態下，有什麼值得讓人雋永品味的？

歷代經典・當今名著，經過時間的洗禮，千錘百鍊，流傳至今，光芒耀人；
不僅使我們能領悟前人的智慧，同時也增深加廣我們思考的深度與視野。
我們決心投入巨資，有計畫的系統梳選，成立「經典名著文庫」，
希望收入古今中外思想性的、充滿睿智與獨見的經典、名著。
這是一項理想性的、永續性的巨大出版工程。
不在意讀者的眾寡，只考慮它的學術價值，力求完整展現先哲思想的軌跡；
為知識界開啟一片智慧之窗，營造一座百花綻放的世界文明公園，
任君遨遊、取菁吸蜜、嘉惠學子！